HEYNE BÜCHER

SCIENCE FICTION

Herausgegeben
von Wolfgang Jeschke

Von James White erschien in der Reihe
HEYNE SCIENCE FICTION & FANTASY:

Die Föderation · 06/4826

Der ORBIT HOSPITAL-Zyklus:

1. *Hospital Station* · 06/4974
2. *Star Chirurg* · 06/4975
3. *Großoperation* · 06/4976
4. *Ambulanzschiff* · 06/4977 (in Vorb.)
5. *Sector General* · 06/4978 (in Vorb.)
6. *Notfall Code Blau* · 06/4979 (in Vorb.)
7. *Der Wunderheiler* · 06/4980 (in Vorb.)
8. *Radikaloperation* · 06/4981 (in Vorb.)

JAMES WHITE

GROSSOPERATION

Dritter Roman des Zyklus
ORBIT HOSPITAL

Ungekürzte Neuausgabe

Aus dem Englischen übersetzt von
Kalla Wefel

WILHELM HEYNE VERLAG
MÜNCHEN

HEYNE SCIENCE FICTION & FANTASY
Band 06/4976

Titel der englischen Originalausgabe
MAJOR OPERATION
Deutsche Übersetzung von Kalla Wefel
Das Panorama der Umschlagbilder
malten Boros Zoltán und Szikszai Gábor

Redaktion: Wolfgang Jeschke

Printed in Germany 1993
Umschlaggestaltung: Atelier Ingrid Schütz, München
Technische Betreuung: Manfred Spinola
Satz: Schaber Satz- und Datentechnik, Wels
Druck und Bindung: Elsnerdruck, Berlin

ISBN 3-453-06221-3

Inhalt

Der Eindringling

Weit draußen am Rande der Galaxis, wo die Sternsysteme weit verstreut sind und wo fast absolute Dunkelheit herrscht, schwebte im galaktischen Sektor zwölf die gewaltige Konstruktion des Orbit Hospitals frei im Raum. Auf den dreihundertvierundachtzig Ebenen konnten die Umweltbedingungen sämtlicher der galaktischen Föderation bekannten intelligenten Spezies reproduziert werden; ein biologisches Spektrum, das bei den unter extremen Kältebedingungen lebenden Methanarten begann und über die eher normalen Sauerstoff- und Chloratmer bis zu hin zu den exotischeren Lebensformen reichte, die von der direkten Umwandlung harter Strahlung lebten. Zusätzlich zu den Patienten, deren Anzahl und physiologische Klassifikationen sich ständig veränderten, gab es medizinisches sowie Wartungspersonal, das sich aus mehr als sechzig verschiedenen Lebensformen mit ebenso vielen unterschiedlichen Verhaltensweisen, Körpergerüchen und Lebensanschauungen zusammensetzte.

Das Personal des Orbit Hospitals bestand aus hochqualifizierten Mitarbeitern, die ihre Arbeit zwar mit viel Engagement erledigten, ohne dabei aber von übertriebenem Ehrgeiz besessen zu sein, und die in jeder Hinsicht tolerant gegenüber ihren Mitwesen waren. Wäre dies nicht so gewesen, hätten sie ihren Dienst sowieso niemals in einem Krankenhaus mit vielfältigen Umweltbedingungen versehen können. Sie konnten sich rühmen, daß für sie kein Fall zu groß, zu klein oder zu hoffnungslos war, und ihr fachliches Können und ihre tatkräftige Unterstützung stand in der gesamten Galaxis hoch im Kurs.

Folglich schien es praktisch undenkbar, daß jemand aus ihren Reihen einen Patienten aus reiner Fahrlässigkeit fast getötet hätte.

»Natürlich ist ein solcher Gedanke durchaus vorstellbar«, widersetzte sich O'Mara, der Chefpsychologe des Hospitals, dieser allgemein vorherrschenden Meinung. »Mir geht er jedenfalls durch den Kopf, wenn auch nur widerwillig, und Ihnen drängt er sich sicherlich ebenfalls auf, und sei es nur zeitweilig. Noch schlimmer aber ist, daß Mannon selbst von seiner Schuld überzeugt ist. Deshalb bleibt mir keine andere Wahl, als ihn zu ...«

»Nein!« protestierte Conway, dessen heftige Gefühlsregung sich über seinen üblichen Respekt vor Autoritäten hinwegsetzte. »Mannon ist einer der besten Chefärzte, die wir haben, und Sie wissen das auch! Er würde doch nicht ... ich meine, er ist nicht der Typ, der einfach ... immerhin ist er ein ...«

»... ein guter Freund von Ihnen«, beendete O'Mara den Satz lächelnd. Als Conway nichts entgegnete, fuhr er fort: »Meine Zuneigung für Mannon mag vielleicht nicht ganz so ausgeprägt sein wie bei Ihnen, aber aufgrund meiner speziellen Fachkenntnisse kann ich ihn sicherlich wesentlich genauer und objektiver einschätzen als Sie. Dennoch hätte ich bis vorgestern niemals geglaubt, daß er sich zu so einer Tat hinreißen lassen könnte. Ach, verdammter Mist! Es ärgert mich einfach immer wieder, wenn jemand plötzlich ein Verhalten an den Tag legt, das für ihn völlig untypisch ist und das man nicht nachvollziehen kann ...«

Letzteres konnte Conway durchaus verstehen. Als Chefpsychologe galt O'Maras Hauptaugenmerk dem guten und reibungslosen Funktionieren des medizinischen Personals. Doch die harmonische Zusammenarbeit so vieler verschiedener und sich grundsätzlich widersprechender Lebensformen aufrechtzuerhalten war eine wichtige Aufgabe, deren Grenzen man — genau wie die von O'Maras Machtbefugnissen — nur schwer bestimmen konnte. Selbst wenn man äußerste Toleranz und gegenseitigen Respekt unter dem Personal voraussetzte, gab es immer noch Anlässe zu Reibereien.

Potentiell gefährliche Situationen entstanden in erster Linie durch Unwissenheit und Mißverständnisse, aber auch wenn ein Wesen eine neurotische Xenophobie entwickelte, die seine geistige Stabilität oder Leistungsfähigkeit oder beides zusammen beeinträchtigen konnte. Ein terrestrischer Arzt zum Beispiel, der eine unterbewußte Angst vor Spinnen hatte, wäre nicht in der Lage gewesen, einem der insektenartigen Patienten von Cinruss das angebrachte Maß an sachlicher Distanz entgegenzubringen, das für dessen Behandlung notwendig war. Und so war es O'Maras Aufgabe, solche Probleme rechtzeitig zu erkennen und auszuräumen oder die potentiellen Störenfriede zu entfernen. Dieses Vorgehen gegen falsche, schädliche und intolerante Denkweisen nahm der Monitor mit einem solchem Pflichteifer wahr, daß man ihn im Orbit Hospital mit dem ersten Großinquisitor der Menschheitsgeschichte verglich und O'Mara hinter vorgehaltener Hand gern als ›modernen Torquemada‹ bezeichnete.

Jetzt aber hatte es den Anschein, als sei dieser mustergültige Psychologe nicht ganz auf der Hut gewesen. In der Psychologie geht jeder Wirkung eine Ursache voraus, und O'Mara mußte nunmehr glauben, daß er ein kleines, aber entscheidendes Warnsignal übersehen hatte, das ihn auf die Probleme, vor denen Dr. Mannon gestanden hatte, hätte aufmerksam machen müssen — vielleicht hatte er nur einen etwas uncharakteristischen Ausdruck oder Satz oder eine etwas untypische Verhaltensweise des Chefarztes einfach nicht hinreichend beachtet.

Der Chefpsychologe lehnte sich zurück und musterte Conway mit seinen stahlgrauen Augen, die in Verbindung mit seinem scharf analytischen Verstand so viel sahen, daß sie dem Chefpsychologen fast telepathische Fähigkeiten verliehen. »Bestimmt denken Sie, mit mir geht's bergab«, fuhr er schließlich grinsend fort, »und wahrscheinlich glauben Sie, daß Mannons Problem im

Grunde psychologischer Natur ist und es für das, was passiert ist, noch eine andere Erklärung als den Tatbestand der Fahrlässigkeit geben muß. Vielleicht kommen Sie sogar zu dem Schluß, der kürzliche Tod seines Hunds sei der Grund dafür, daß er vor lauter Kummer durchgedreht ist. Und bestimmt fallen Ihnen noch andere, ähnlich unkomplizierte und absurde Erklärungen ein. Meiner Meinung nach ist es jedenfalls absolute Zeitverschwendung, wenn man auch nur eine Minute in die Untersuchung der psychologischen Aspekte dieser Angelegenheit investiert. Doktor Mannon hat sich den anstrengendsten psychologischen und gesundheitlichen Tests unterzogen. Er ist körperlich völlig gesund und geistig genauso normal wie wir beide — nun, jedenfalls so normal wie ich ...«

»Zu freundlich, Sir«, bemerkte Conway spöttisch.

»Ich hab Ihnen schon des öfteren gesagt, Doktor«, fuhr O'Mara griesgrämig fort, »daß ich hier bin, um die Leute auf den Boden der Tatsachen zurückzuholen und nicht, um sie abheben zu lassen. Ihr Auftrag, wenn man ihn so nennen kann, ist absolut inoffiziell. Da es in gesundheitlicher wie in psychologischer Hinsicht für Mannons Fehlverhalten keinerlei Entschuldigung gibt, möchte ich, daß Sie nach anderen Ursachen suchen, vielleicht nach irgendwelchen äußeren Einflüssen, die dem Arzt selbst gar nicht bewußt sind. Doktor Prilicla hat den fraglichen Vorfall beobachtet und kann Ihnen möglicherweise weiterhelfen.

Sie haben einen eigensinnigen Kopf, Doktor«, schloß O'Mara, während er aufstand, »und eine höchst merkwürdige Art, sich Problemen zu nähern. Wir wollen Doktor Mannon zwar nicht verlieren, aber wenn Sie es *tatsächlich* schaffen sollten, ihm aus seinen Schwierigkeiten zu helfen, werde ich wahrscheinlich vor lauter Überraschung auf der Stelle tot umfallen. Letzteres erwähne ich nur, damit Sie einen zusätzlichen Ansporn bei Ihren Bemühungen haben ...«

Als Conway das Büro verließ, brodelte er innerlich vor Wut. O'Mara hielt ihm ständig seine angeblich eigensinnige Denkweise vor — obwohl es der schlichten Wahrheit entsprach, daß Conway nach Aufnahme seiner Tätigkeit im Hospital besonders Schwestern der menschlichen Spezies gegenüber anfangs so schüchtern gewesen war, daß er sich in extraterrestrischer Gesellschaft zunächst sehr viel wohler gefühlt hatte. Inzwischen war er zwar nicht mehr schüchtern, aber er hatte unter den skurrilen und phantastisch anmutenden Bewohnern von Traltha, Illensa oder anderen Planeten noch immer mehr Freunde als unter den Angehörigen seiner eigenen Spezies. Wie Conway eingestand, mochte das zwar merkwürdig erscheinen, doch für einen Arzt in einem Hospital mit vielfältigen Umweltbedingungen stellte dieser Umstand auch einen eindeutigen Vorteil dar.

Draußen auf dem Korridor setzte sich Conway mit Prilicla in Verbindung, der zu seiner großen Erleichterung zur Zeit abkömmlich war, und vereinbarte mit ihm eine schnellstmögliche Zusammenkunft auf der sechsundvierzigsten Ebene, wo sich der hudlarische Operationssaal befand. Danach widmete er einen Teil seiner Gedanken Mannons Problem, während ihn der Rest seiner geistigen Aufmerksamkeit zur Ebene sechsundvierzig geleitete und ihn vor allem davor bewahrte, unterwegs zu Tode getrampelt zu werden.

Seine Armbinde, die ihn als Chefarzt auswies, gewährte ihm automatisch den Vortritt, jedenfalls was Schwestern, Pfleger und Assistenzärzte betraf. Doch gab es unaufhörlich Zusammenstöße mit den etwas blasierten und häufig geistig abwesenden Diagnostikern, die sich unbekümmert ihren Weg durch alles und jeden bahnten, der ihnen entgegenkam, aber auch mit rangniedrigeren Personalangehörigen, die zufällig einer kräftiger gebauten Spezies angehörten. So gab es die Tralthaner der physiologischen Klassifikation FGLI, warmblütige Sauerstoffatmer, die eine gewisse Ähnlichkeit mit sechsbeinigen Elefanten mit langgestrecktem Oberkörper hatten, oder kelgianische DBLFs, riesige Raupen mit silbernem Fell, die wie eine Sirene heulten, wenn man sie anrempelte, ob sie nun rangniedriger waren oder nicht, und krabbenartige ELNTs von Melf IV und und und ...

Die Mehrheit der intelligenten Spezies in der galaktischen Föderation gehörte zu den Sauerstoffatmern, deren physiologische Klassifikationen sich allerdings enorm unterschieden. Doch eine weit größere Gefahr für Conways Fortbewegung zu Fuß stellte gerade ein Wesen dar, das eine Ebene nur in einem Schutzpanzer durchqueren konnte. Der TLTU-Arzt benötigte eigentlich die dreifachen Schwerkraft- und Druckverhältnisse, als sie auf den Sauerstoffebenen herrschten, und zusätzlich brauchte er extrem heißen Dampf zur Atmung. Der für ihn erforderliche Schutzpanzer wirkte wie ein großer, scheppernder Lastwagen aus längst vergessenen Vorzeiten, dem man um jeden Preis aus dem Weg gehen mußte.

In der nächsten Verbindungsschleuse mußte Conway selbst einen leichten Schutzanzug anlegen, bevor er sich in die neblige, gelbe Welt der chloratmenden Illensaner begab. Hier wimmelte es auf den Korridoren von stacheligen, membranartigen und ungeschützten Bewohnern des Planeten Illensa, und diesmal waren es die sauerstoffatmenden Tralthaner, Kelgianer oder Terrestrier wie er selbst, die in Schutzkleidung steckten oder sich sogar in Spezialfahrzeugen fortbewegen mußten.

Der nächste Abschnitt seines Wegs führte ihn durch das gewaltige Becken der AUGL-Station, wo die bis zu zwölf Meter langen wasseratmenden Wesen von Chalderescol II schwerfällig durch ihre warme, grüne Welt schwammen. Den Schutzanzug brauchte er nicht abzulegen, doch die Notwendigkeit zu schwimmen verringerte seine Geschwindigkeit ein wenig, obwohl der Publikumsverkehr hier nicht sonderlich dicht war. Trotz dieser Unwägbarkeiten waren erst fünfzehn Minuten vergangen, seit er O'Maras Büro verlassen hatte, und von seinem Anzug tröpfelte noch immer chalderisches Wasser, als er auf der Zuschauergalerie der sechsundvierzigsten Ebene ankam. Prilicla traf kurz nach ihm ein.

»Guten Morgen, mein Freund«, begrüßte ihn der Empath und schwang sich auf seinen sechs zerbrechlich wirkenden Beinen geschickt an die Decke, wo er dank seiner mit Saugnäpfen versehenen Füße haftenblieb. Die rollenden Schnalzlaute seiner melodischen cinrusskischen Sprache wurden zunächst von Conways Translator empfangen, dann zum gewaltigen Übersetzungscomputer im Zentrum des Hospitals übertragen und schließlich ohne merkbare Verzögerung als klang- und emotionsloses Terranisch wieder zu seinem Kopfhörer zurückgesendet. Leicht zitternd fuhr der Empath fort: »Wie ich spüre, brauchen Sie Hilfe, Doktor.«

»Ja, allerdings«, entgegnete Conway, dessen Äußerung umgekehrt denselben Übersetzungsprozeß durchlief und bei Prilicla als gleichermaßen emotionsloses Cinrusskisch ankam. »Es geht um Doktor Mannon. Ich hatte leider keine Zeit, Ihnen sämtliche Einzelheiten zu erzählen, als ich Sie eben angerufen hab und ...«

»Das ist auch nicht nötig, mein Freund«, erwiderte Prilicla. »Was den Mannon-Vorfall angeht, brodelt es in der Gerüchteküche des Hospitals wieder einmal ganz gehörig. Und Sie wollen jetzt natürlich wissen, was ich alles gehört und gespürt hab.«

»Sicher, aber nur wenn es Ihnen nichts ausmacht«, bat Conway entschuldigend.

Prilicla entgegnete zwar, es mache ihm natürlich nichts aus, aber der Cinrussker war nicht nur das liebenswerteste Lebewesen im gesamten Hospital, sondern obendrein auch der größte Lügner.

Er gehörte der physiologischen Klassifikation GLNO an, einer insektenartigen Spezies mit sechs streichholzdünnen Beinen, einem Ektoskelett und zwei schillernden, nicht ganz verkümmerten Flügelpaaren. Diese Wesen besaßen hochentwickelte empathische Fähigkeiten. Nur auf seinem Heimatplaneten Cinruss, auf dem weniger als ein Zwölftel der Erdanziehungskraft herrschte, hatte eine Insektenspezies zu solcher Größe heranwachsen und mit der Zeit Intelligenz und eine fortschrittliche Kultur entwickeln können. Im Orbit Hospital allerdings befand sich Prilicla den größten Teil seines Arbeitstags in echter Todesgefahr. Außerhalb seiner Unterkunft mußte er überall Schwerkraftneutralisatoren, sogenannte G-Gürtel, tragen, weil er unter dem Druck der Anziehungskraft, den die Mehrheit seiner Kollegen für normal hielt, regelrecht zermalmt worden wäre. Und wenn sich Prilicla mit irgend jemandem unterhielt, begab er sich sofort außer Reichweite seines Gegenübers, denn schon durch eine einzige gedankenlose Bewegung eines Arms oder Tentakels hätte ihm ein Bein abgerissen oder gar sein ganzer zerbrechlicher Körper zerstört werden können. Damit ihm ein solches oder ähnliches Schicksal erspart blieb, wenn er zum Beispiel andere Ärzte auf einer Visite begleitete, hielt er mit seinen Kollegen Schritt, indem er an den Korridorwänden oder an der Decke entlanglief.

Natürlich wollte niemand im Krankenhaus Prilicla auf irgendeine Weise mutwillig verletzen, denn dazu war er bei allen viel zu beliebt. Seine empathischen Fähigkeiten sorgten dafür, daß der kleine Cinrussker stets die passenden Worte fand oder das Richtige tat, wenn sich andere Wesen in seiner Umgebung befanden — als ein für Emotionen empfängliches Lebewesen etwas anderes zu tun, hätte nämlich bedeutet, durch eigene gedankenlose Handlungen beim Gesprächspartner hervorgerufene Gefühle des Zorns oder des Kummers buchstäblich ins Gesicht zurückgeschlagen zu bekommen. Deshalb war der kleine Empath gezwungen, permanent zu lügen und immer freundlich und rücksichtsvoll zu sein, um die emotionale Ausstrahlung der Wesen in seiner Umgebung für sich selbst so angenehm wie möglich zu gestalten.

Ganz anders verhielt es sich, wenn ihn seine dienstlichen Pflichten daran hinderten, sich Schmerzempfindungen und heftigen Emotionen eines Patienten zu entziehen, oder wenn er einem Freund helfen wollte.

Kurz bevor Prilicla mit seinem Bericht anfing, sagte Conway: »Ich bin mir selbst nicht sicher, wonach ich eigentlich suche, Doktor. Aber falls Sie sich an irgend etwas erinnern können, das an den Handlungen oder Emotionen Mannons oder seines Mitarbeiterstabs in irgendeiner Weise ungewöhnlich war, dann ...«

Bei der Erinnerung an den Gefühlssturm, der vor zwei Tagen in dem jetzt leerstehenden hudlarischen OP gewütet hatte, zitterte Prilicla plötzlich am ganzen Körper, und er beschrieb Conway das Geschehen, wie es sich noch zu Beginn der fraglichen Operation an dem hudlarischen Patienten dargestellt hatte. Er selbst hatte es damals nicht für notwendig gehalten, sich mit Hilfe eines Schulungsbands über die Physiologie der Hudlarer zu unterrichten, und hatte deshalb den eigentlichen Operationsverlauf geistig nicht nachvollziehen können, zumal der Patient narkotisiert worden war und fast keine Emotionen ausgestrahlt hatte. Mannon und seine Mitarbeiter hingegen waren ganz auf ihre Arbeit konzentriert und hatten deshalb kaum noch andere Gedanken oder Gefühle ausgestrahlt. Und dann war Chefarzt Mannon dieses ... Mißgeschick passiert. Eigentlich hatte es sich dabei um fünf einzelne und vollkommen verschiedene Mißgeschicke gehandelt.

Priliclas Körper bebte jetzt heftig, und Conway sagte entschuldigend: »Es ... es tut mir wirklich leid, daß die Erinnerung daran, bei Ihnen so starke Gefühlsregungen auslöst, aber ...«

»Ach, das weiß ich doch, mein Freund«, entgegnete der Empath und fuhr mit seinem Bericht fort.

Der hudlarische Patient war teilweise einer Dekompression unterzogen worden, damit man an der Operationsstelle effektiver hatte arbeiten können. Diese Methode barg zwar in bezug auf Puls und Blutdruck des Hudlarers einige Risiken, doch hatte Mannon dieses Verfahren selbst entwickelt und war von daher am besten in der Lage gewesen, diese Gefahren einzuschätzen. Seit er den Patienten vor der Operation einer Dekompression unterzoge. hatte, mußte er schnell arbeiten, und zuerst schien auch alles glattzugehen. Er hatte bereits einen Hautlappen in dem lederartigen Panzer des Hudlarers geöffnet und die Blutung des subkutanen Zellgewebes unter Kontrolle gehalten, als ihm der erste Fehler unterlief, dem unmittelbar darauf zwei weitere folgten. Bei der bloßen Beobachtung fiel es Prilicla damals gar nicht auf, daß es sich dabei um Fehler handelte, obwohl der Patient erheblich blutete. Erst durch Mannons Gefühlsreaktionen — die zu den heftigsten zählten, die der Empath jemals empfangen hatte — erkannte Prilicla, daß dem Chirurgen einige böse und dumme Schnitzer unterlaufen sein mußten.

Zwischen den beiden folgenden Fehlern lagen größere Abstände, denn Mannons Arbeitstempo hatte sich drastisch verringert, wobei seine Technik eher an das erste ungeschickte Umhertasten eines Medizinstudenten als an die Versiertheit eines der geschicktesten Chirurgen des Hospitals erinnerte. Er war so langsam geworden, daß keine erfolgreiche Operation mehr möglich war, und ihm blieb auch kaum noch Zeit, sie zu beenden und den Druck wiederherzustellen, bevor sich der Zustand des Patienten über den Punkt hinaus zu verschlechtern drohte, von dem es kein Zurück mehr gegeben hätte.

»Es war wirklich deprimierend«, sagte Prilicla, der immer noch heftig zitterte. »Er wollte zwar schnell arbeiten, aber die vorausgegangenen Fehler hatten ihm die Selbstsicherheit geraubt. Mannon überlegte alles zweimal, selbst die simpelsten Dinge, die bei einem Chirurg mit seiner Erfahrung normalerweise automatisch und ohne nachzudenken ablaufen.«

Conway entgegnete einen Moment lang nichts, weil er über die furchtbare Situation nachdachte, in der sich Mannon befunden hatte. Dann fragte er: »War an seinen Gefühlen irgend etwas Ungewöhnliches? Oder an den emotionalen Ausstrahlungen des OP-Teams?«

Prilicla zögerte kurz und antwortete dann: »Es ist selbst für mich sehr schwierig, feine Gefühlsnuancen herauszufiltern, wenn die Quelle so heftige Emotionen ausstrahlt. Aber ich hatte den Eindruck als ob ich ... — also, der Effekt ist schwer zu beschreiben — ... nun, es war fast so, als ob ich so etwas wie ein schwaches emotionales Echo von unregelmäßiger Dauer empfinge ...«

»Wahrscheinlich das Hudlarerband«, warf Conway ein. »Mir hat ein Physiologieband schon des öfteren den Eindruck vermittelt, als würde ich in Gedanken alles doppelt sehen.«

»Nun, das kann möglicherweise der Fall sein«, entgegnete Prilicla. Für ein Wesen, das mit jeder ihm gegenüber formulierten Aussage ausnahmslos einer Meinung war, stellte diese Äußerung die größtmögliche Annäherung an eine verneinende Antwort dar.

Allmählich bekam Conway das Gefühl, daß er auf etwas wirklich Wichtiges stoßen könnte. »Und was war mit den anderen im OP?« hakte er nach.

»Zwei Mitarbeiterinnen strahlten jene Mischung aus Angst, Sorge und Schock aus, die für eine unmittelbar zurückliegende, leicht traumatische Erfahrung typisch ist. Ich war auf der Zuschauergalerie, als sich die beiden Vorfälle ereigneten, und einer davon hat mir einen ziemlichen Schock versetzt ...«

Bei diesem Vorfall hätte eine der kelgianischen Schwestern beinahe einen Unfall gehabt, als sie gerade ein Instrumententablett in den Händen gehalten hatte. Eins der Instrumente, ein langes, schweres Skalpell vom hudlarischen Typ sechs, das zum Öffnen der unwahrscheinlich widerstandsfähigen und zähen Haut dieser Spezies benutzt wurde, war aus irgendeinem Grund vom Tablett gerutscht. Schon eine kleine Stich- oder Schnittwunde stellte für Kelgianer eine sehr ernsthafte Verletzung dar, und als die Schwester die grauenhafte Klinge auf ihre ungeschützte Körperseite herabfallen sah, erstarrte sie vor Schreck. Doch irgendwie prallte das Skalpell so glücklich gegen ihren Körper — man konnte im nachhinein nur schwer erahnen, wie, wenn man die Klingenform und das fehlende Gegengewicht bedachte —, daß es weder in die Haut eindrang, noch das Fell anritzte. Die Kelgianerin war zwar nach außen hin entsprechend erleichtert gewesen, hatte sich innerlich aber erst sehr viel später beruhigen können.

»Das kann ich durchaus nachvollziehen«, bemerkte Conway. »Bestimmt hat ihr die Oberschwester gehörig die Leviten gelesen. Schließlich können sich schon aus den kleinsten Fehlern des OP-Personals regelrechte Katastrophen entwickeln ...«

Priliclas Beine fingen erneut an zu zittern, ein Zeichen dafür, daß er sich seelisch auf die Anstrengung vorbereitete, ein klein wenig zu widersprechen. »Nun, die betreffende Kelgianerin war ja die Oberschwester«, sagte er. »Deshalb gab es von ihr auch nur einen relativ leichten Rüffel, als sich eine ihr untergebene Schwester andauernd bei den Instrumenten verzählte — entweder war immer eins zu viel oder eins zu wenig da. Und während dieser beiden Ereignisse nahm ich den von Mannon ausgehenden Echoeffekt war, obwohl er in diesen Fällen nur das Echo von den betreffenden Schwestern reflektierte.«

»Da haben wir doch schon was!« rief Conway aufgeregt. »Hatten die Schwestern irgendeinen körperlichen Kontakt mit Mannon?«

»Sie haben ihm assistiert«, antwortete Prilicla, »und alle Beteiligten haben Schutzanzüge getragen. Ich wüßte nicht, wie irgendeine parasitäre Lebensform oder Bakterie von einem zum anderen gelangt sein könnte, falls das die Vermutung sein sollte, die Sie im Moment so aufgeregt und hoffnungsvoll macht. Es tut mir sehr leid, mein Freund, aber dieser Echoeffekt scheint mir nicht von Bedeutung zu sein, obwohl er wirklich sehr eigenartig ist.«

»Es muß aber irgend etwas gewesen sein, was die drei gemeinsam hatten«, meinte Conway.

»Ja«, erwiderte Prilicla. »Aber dieses *Etwas* besaß keine eigene Identität, es war kein Individuum, sondern lediglich ein sehr schwaches emotionales Gefühlsecho der beteiligten Wesen.«

»Und trotzdem«, wandte Conway ein.

Drei Wesen, die allesamt ein sonderbares, von Prilicla nicht für wichtig gehaltenes emotionales Echo ausgestrahlt hatten, waren in diesem Operationssaal Fehler oder Mißgeschicke unterlaufen. Daß sie allein vom Pech verfolgt gewesen waren, schloß Conway aus, weil O'Maras Überprüfungsmethoden in dieser Hinsicht viel zu gründlich waren. Aber angenommen, Prilicla hatte unrecht, und irgend etwas war in den OP oder das Hospital gelangt... eine Lebensform, die schwer wahrzunehmen war und mit der man noch nie etwas zu tun gehabt hatte. Wenn im Orbit Hospital merkwürdige Dinge geschahen, dann lagen die Gründe dafür sehr oft außerhalb des Klinikkomplexes — das war allen bekannt. Im Moment hatte Conway jedoch nicht genügend Anhaltspunkte, um auch nur eine vage Theorie aufzustellen. Seine erste Aufgabe bestand nun also darin, Informationen einzuholen — selbst wenn er entsprechende Hinweise auch dann nicht erkennen würde, wenn er mit beiden Füßen darüber stolperte.

»Ich hab Hunger, und es ist höchste Zeit, daß wir uns mit Doktor Mannon persönlich unterhalten«, schlug

Conway seinem empathischen Kollegen vor. »Lassen Sie uns ihn suchen und zum Mittagessen einladen.«

Die Kantine für das sauerstoffatmende medizinische und Wartungspersonal nahm eine ganze Ebene ein und war früher einmal durch niedrige Trenntaue nach physiologischen Arten unterteilt gewesen. Doch das hatte nicht allzu gut funktioniert, weil die Speisenden sehr oft mit ihren Kollegen anderer Spezies fachsimpeln wollten oder keine freien Plätze mehr in dem ihnen zugeteilten Bereich fanden, dafür aber ungenutzten Raum bei einer anderen Lebensform. Deshalb war es für Conway, Prilicla und Mannon keine Überraschung, als sie bei ihrer Ankunft die Wahl hatten, an einem riesigen Tralthanertisch auf Bänken zu sitzen, die ein ganzes Stück zu weit von der Tischkante entfernt waren, oder an einem Tisch im Bereich der Melfaner Platz zu nehmen, der zwar einen gemütlicheren Eindruck machte, dessen Stühle aber surrealistischen Papierkörben ähnelten. Schließlich wanden sie sich in drei dieser Sitzmöbel hinein und begannen mit den üblichen Vorbereitungen zur Bestellung.

»Ich bin heute nur ich selbst«, antwortete Prilicla auf Conways Frage. »Für mich also das Übliche, bitte.«

Conway bestellte ihm das Übliche, nämlich eine dreifache Portion Spaghetti terrestrischer Art, dann blickte er Mannon fragend an.

»Mir spuken zur Zeit ein FROB *und* ein MSVK im Kopf herum«, klärte ihn der Chefarzt im schroffen Ton auf. »Hudlarer sind mit Essen ja nicht gerade pingelig, aber diese verdammten MSVKs sind doch schon beleidigt, wenn nicht gleich alles, was man ihnen vorsetzt, wie Vogelfutter aussieht! Bestellen Sie mir einfach irgend etwas Nahrhaftes, aber sagen Sie mir bloß nicht, was es ist, und packen Sie es bitte in ein paar Sandwiches, damit ich das Zeug nicht sehen kann ...«

Während sie auf ihr Essen warteten, sprach Mannon

mit ruhiger Stimme. Die Normalität seines Tons wurde jedoch durch die Tatsache Lügen gestraft, daß Prilicla durch Mannons emotionale Ausstrahlung wie ein Blatt im Wind geschüttelt wurde. »Laut Gerüchteküche wollen Sie beide versuchen, mir aus der Patsche zu helfen, in der ich stecke«, begann Mannon. »Das ist zwar nett von Ihnen, aber Sie verschwenden damit nur Ihre Zeit.«

»Das glauben wir beide allerdings nicht, Doktor ... und auch O'Mara nicht«, erwiderte Conway, womit er die Wahrheit erheblich zurechtstutzte. »O'Mara hat bescheinigt, daß Sie in guter geistiger wie körperlicher Verfassung sind, und er meinte, Ihr Verhalten sei für Sie völlig uncharakteristisch gewesen. Dafür muß es eine Erklärung geben, vielleicht irgendeinen Umwelteinfluß oder etwas, dessen Vorhandensein oder Fehlen Sie dazu gebracht hat, sich, wenn auch nur zeitweilig, in untypischer Weise zu verhalten ...«

Conway umriß kurz das Wenige, das sie bislang wußten, und bemühte sich, hoffnungsvoller zu klingen, als er wirklich war. Aber Mannon war kein Narr.

»Ich weiß nicht, ob ich Ihnen für Ihre Bemühungen dankbar sein soll oder mich lieber um das geistige Wohlbefinden von Ihnen beiden sorgen soll«, entgegnete Mannon, als Conway ausgeredet hatte. »Diese eigenartigen und ziemlich verschwommenen geistigen Echoeffekte sind ... sind doch ... Ach, auch auf die Gefahr hin, unseren Freund Daddy Langbein hier zu beleidigen, würde ich behaupten, daß sich sämtliche sogenannten Eigentümlichkeiten nur in Ihren eigenen starrsinnigen Querköpfen abspielen. Ihre Versuche, Entschuldigungen für mich zu finden, sind zwar ehrenhaft, aber absolut lächerlich!«

»Ausgerechnet *Sie* müssen mir erzählen, ich sei ein starrsinniger Querkopf«, erwiderte Conway gereizt.

Mannon lachte leise vor sich hin, doch Prilicla zitterte schlimmer denn je.

»Eine Sache oder eine Person oder irgendein Ereignis,« fuhr Conway fort, »deren An- oder Abwesenheit möglicherweise Auswirkungen auf Ihre ...«

»Du meine Güte!« platzte Mannon heraus. »Sie denken doch nicht etwa an meinen Hund?«

Natürlich hatte Conway an Mannons Hund gedacht, aber um das ausgerechnet jetzt zuzugeben, war er in moralischer Hinsicht ein viel zu großer Feigling. Statt dessen sagte er: »Haben Sie denn während der Operation an ihn gedacht, Doktor?«

»Ach was!« widersprach Mannon empört.

Hierauf folgte ein langes, betretenes Schweigen, in dessen Verlauf die Servierklappen aufglitten und ihre dahinter hochfahrenden Essensbestellungen in Sicht kamen.

Mannon unterbrach die Stille als erster. »Ich hab den Hund wirklich sehr gemocht«, sagte er in ruhigem Ton. »Das heißt, als ich noch ich selbst war. Während der letzten vier Jahre mußte ich wegen meiner Lehraufträge ständig MSVK- und LSVO-Bänder im Kopf mit mir herumschleppen, und in letzter Zeit benötigte ich zusätzlich die Hudlarer- und Melfanerbänder, da ich auf Einladung Thornnastors an einem speziellen Projekt teilnehme. Diese Bänder geistern also auch noch ständig in meinem Kopf herum. Mit einem Gehirn, das glaubt, fünf verschiedene Wesen gleichzeitig zu sein, fünf *völlig* verschiedene Wesen, da ist man ... na, Sie wissen ja, was das heißt ...«

Natürlich wußten Conway und Prilicla nur zu gut, was das hieß.

Zwar besaß das Orbit Hospital die notwendige Ausstattung, jede der galaktischen Föderation bekannte intelligente Lebensform zu behandeln, aber kein einzelnes Wesen hätte auch nur einen Bruchteil der für diesen Zweck benötigten physiologischen Daten im Kopf behalten können. Chirurgisches Geschick war eine Frage der Fähigkeiten und der Ausbildung, doch sämtliches Wissen über die physiologische Beschaffenheit eines Patienten wurde durch ein sogenanntes Schulungsband vermittelt. Auf einem solchen Band waren einfach die Gehirnströme einer medizinischen Kapazität aufgezeichnet worden, die der gleichen oder einer ähnlichen Spezies angehörte wie der zu behandelnde Patient. Wenn ein terrestrischer Arzt einen kelgianischen Patienten zu behandeln hatte, speicherte er ein DBLF-Physiologieband im Gehirn und behielt es solange bei sich, bis die Behandlung abgeschlossen war. Danach ließ er es wieder löschen. Die einzigen Ausnahmen stellten Chefärzte mit Lehraufträgen und Diagnostiker dar.

Ein Diagnostiker gehörte zur geistigen Elite und war eines jener seltenen Wesen, deren Psyche und Verstand als ausreichend stabil erachtet wurden, permanent sechs, sieben oder gar zehn Bänder gleichzeitig im Kopf gespeichert zu haben. Ihren mit Daten vollgestopften Hirnen oblag in erster Linie die Aufgabe, medizinische Grundlagenforschung zu leisten und neue Krankheiten bislang unerforschter Lebensformen zu diagnostizieren und zu behandeln.

Mit einem Schulungsband wurden einem aber nicht nur die physiologischen Fakten einer Spezies ins Gehirn eingeimpft, sondern auch die Persönlichkeit und das Gedächtnis des Wesens, das dieses Wissen besessen hatte. Praktisch setzte sich ein Diagnostiker somit freiwillig einer höchst drastischen Form multipler Schizophrenie aus. Die fremden Persönlichkeiten, die seinen Geist scheinbar mit ihm teilten, konnten unangenehme und aggressive Wesen mit allen Arten von Reizbarkeit und Phobien sein — schließlich sind Genies nur selten charmante Persönlichkeiten. Das wurde nicht nur zu den Essenszeiten deutlich, sondern insbesondere dann — und auf noch verheerendere Weise —, sobald sich der Bandbesitzer zum Einschlafen entspannen wollte. Die Alpträume von Aliens konnten so entsetzlich alptraumhaft sein und ihre sexuellen Phantasien und Wunschträume vollkommen ausreichen, die betroffene Person wünschen zu lassen, sie wäre lieber tot — vorausgesetzt, sie war überhaupt noch in der Lage, einen zusammenhängenden Wunsch zu äußern.

»Innerhalb weniger Minuten«, fuhr Mannon fort, »veränderte sich der Hund von einer wilden, haarigen Bestie, die entschlossen war, mir die Bauchfedern auszureißen, über ein gehirnloses Fellbündel, das ich mit einem meiner sechs nicht vorhandenen Füße zerquetschen wollte, wenn es mir, verdammt noch mal, nicht aus dem Weg ging, bis hin zu einem absolut normalen Hund, der mit mir nur spielen wollte. Wissen Sie, es war gegenüber dem Köter einfach nicht fair. Zum Schluß war er nur noch ein sehr alter und verwirrter Hund, und ich bin eher glücklich als traurig darüber, daß er gestorben ist.

Und nun lassen Sie uns über ein anderes Thema sprechen und vor allem andere Gefühle ausstrahlen«, beendete Mannon seine Ausführungen forsch. »Ansonsten verderben wir Doktor Prilicla sein Essen noch völlig ...«

Aber genau das tat Mannon während des restlichen Mittagessens, indem er mit offensichtlichem Vergnügen eine pikante Klatschgeschichte aus der SNLU-Abteilung der Methanstation zum Besten gab. Wie sich überhaupt irgend etwas Skandalöses zwischen zwei intelligenten kristallinen Lebensformen ereignen konnte, die bei minus einhundertfünfzig Grad Celsius lebten, verblüffte Conway durchaus, noch mehr erstaunte ihn aber, warum ihre moralischen Fehltritte ausgerechnet für einen warmblütigen Sauerstoffatmer von solch großem Interesse sein konnten. Es sei denn, Chefarzt Mannon empfand innerlich zu diesen Wesen bereits eine starke Bindung, zumal er kurz davorstand, selbst zum Diagnostiker berufen zu werden.

Oder kurz davorgestanden hatte.

Wenn Dr. Mannon Thornnastor, dem leitenden Diagnostiker der Pathologie (und als solcher der Chefdiagnostiker des Hospitals), bei einem seiner Projekte assistierte, dann *mußte* Mannon einfach in guter physischer und psychischer Verfassung sein, denn Diagnostiker waren bei ihren Assistenten äußerst wählerisch. Und alles, was der Chefpsychologe Conway über Dr. Mannon erzählt hatte, wies in die gleiche Richtung. Aber *was* war dann vor zwei Tagen in Mannon gefahren, daß er sich im OP derartig tolpatschig aufgeführt hatte?

Während sich Mannon und Prilicla unterhielten, wurde Conway langsam klar, daß die erforderlichen Beweise, womöglich schwer zusammenzutragen sein würden. Die zu stellenden Fragen verlangten nach Takt und einer Rechtfertigung, mit der er den betroffenen Personen seine Vorgehensweise erklären konnte. Er war mit seinen Gedanken noch immer meilenweit entfernt, als Mannon und Prilicla bereits aufstanden, um zu gehen. Als sie schließlich gemeinsam den Tisch verließen, flüsterte Conway Prilicla ins Ohr: »Irgendwelche Echos, Doktor?«

»Nichts«, antwortete Prilicla. »Absolut nichts.«

Ihre freien Plätze am Tisch wurden umgehend von drei Kelgianerinnen eingenommen, die ihre langen, silbrigen Raupenkörper so über die Lehnen der ELNT-Stühle drapierten, daß ihre vorderen Greiforgane in einem bequemen Abstand zum Essen über dem Tisch hingen. Eine der Raupen war Naydrad, die Oberschwester von Mannons OP-Team. Conway entschuldigte sich bei seinen Freunden und kehrte rasch zum Tisch zurück.

Als er mit seinen Ausführungen fertig war, antwortete Naydrad als erste: »Wir würden Ihnen ja gerne helfen, Doktor, aber Ihr Wunsch ist äußerst ungewöhnlich. Zumindest hieße das für uns, einen vollkommenen Vertrauensbruch begehen zu müssen ...«

»Ich will ja gar keine Namen wissen«, betonte Conway nachdrücklich. »Die begangenen Fehlleistungen werden lediglich für statistische Zwecke benötigt und werden keine disziplinarischen Maßnahmen nach sich ziehen. Es handelt sich dabei nur um eine inoffizielle Untersuchung meinerseits, deren einziger Zweck darin besteht, Doktor Mannon zu entlasten.«

Natürlich wollten die kelgianischen Schwestern ihrem Chef gern helfen, und Conway fuhr fort: »Um also zusammenzufassen: Wenn wir voraussetzen, daß Doktor Mannon zu keinem groben Berufsvergehen fähig ist — was wir ja alle glauben —, dann müssen wir annehmen, daß sein Fehler durch äußere Einflüsse verursacht wurde. Da es überzeugende Beweise für seine geistige Ausgeglichenheit gibt und er unter keiner Krankheit oder sonstigen körperlichen Beeinträchtigungen leidet, folgt daraus, daß wir nach einem Einfluß von außen suchen müssen, der womöglich unkörperlich ist — oder, genauer gesagt, nach den Anzeichen für das Vorhandensein eines solchen äußeren Einflusses.

Wenn jemand in verantwortlicher Position einen Fehler begeht, ist das immer auffälliger und schwerwiegender als beim Hilfspersonal«, führte Conway weiter aus. »Aber wenn solche Fehler durch äußere Ursachen hervorgerufen werden, dann würden sich solche Mißgeschicke nicht nur auf Chefärzte beschränken. Und genau hierüber brauchen wir Angaben. Fehler müssen logischerweise auftreten, besonders bei Auszubildenden. Das ist uns allen klar. In diesem Fall müssen wir aber wissen, ob es einen allgemeinen oder einen örtlich begrenzten Anstieg der Fehlerquote gegeben hat und, wenn ja, wann und wo genau diese Fehler aufgetreten sind.«

»Ist diese Angelegenheit vertraulich zu behandeln?« fragte eine der Kelgianerinnen.

Conway wurde bei der Vorstellung, im Orbit Hospital etwas vertraulich behandeln zu müssen, regelrecht übel. Doch glücklicherweise wurde der ironische Unterton in seiner Stimme durch den Übersetzungsvorgang herausgefiltert.

»Je mehr Leute Angaben darüber machen und auch selbst sammeln, desto besser«, antwortete er. »Handeln Sie einfach nach eigenem Ermessen ...«

Einige Minuten später befand er sich bereits an einem anderen Tisch und sagte dort dasselbe, dann an einem weiteren und schließlich an noch einem. Zwar würde er heute erst spät auf seiner Station sein, aber zum Glück hatte er einige sehr gute Assistenten, die immer begierig darauf waren, ihm zu beweisen, wie gut sie auch ohne ihn zurechtkamen.

Während des restlichen Tages erhielt er zwar keine große Resonanz, aber etwas anderes hatte er auch gar nicht erwartet hatte. Doch schon am zweiten Tag traten Schwestern und Pfleger der verschiedensten Spezies an ihn heran, um ihm in gekünstelter Heimlichtuerei von Zwischenfällen zu berichten, die einer dritten Partei zugestoßen waren. Conway notierte sich jeweils sorgfältig Zeit und Ort des Geschehens, ohne irgendwelche Neugier über die Identität der betreffenden Wesen zu zeigen.

Am Morgen des dritten Tages machte ihn dann Dr. Mannon während einer Visite ausfindig. »Sie arbeiten wirklich hart an dieser Sache, Conway, stimmt's?« begrüßte ihn der Chefarzt und fügte dann etwas ungehalten hinzu: »Ich bin Ihnen zwar durchaus dankbar, schließlich ist Loyalität immer angenehm, selbst wenn sie unangebracht ist, aber ich wünschte mir, Sie würden endlich aufhören. Sie steuern auf ernsthafte Schwierigkeiten zu.«

»Sie sind derjenige, der hier in Schwierigkeiten steckt, Doktor, nicht ich«, widersprach Conway.

»Das glauben auch nur Sie«, entgegnete Mannon schroff. »Ich komme nämlich gerade aus O'Maras Büro. Er will Sie sprechen, und zwar sofort.«

Wenige Minuten später wurde Conway von einem von O'Maras Assistenten in das Innere des Allerheiligsten hereingewinkt. Der Assistent versuchte verzweifelt, Conway mit den Augenbrauen vor heraufziehendem Unheil zu warnen, wobei er gleichzeitig durch herabgezogene Mundwinkel sein Mitgefühl ausdrücken wollte. Die lächerliche Wirkung dieser merkwürdigen Kombination zweier Gesichtsausdrücke wurde Conway erst richtig bewußt, als er sich bereits im Büro des Chefpsychologen befand und selbst mit einer Art Mischung aus dummen Grinsen und verlegenem Lächeln einem äußerst wütenden O'Mara gegenüberstand.

Der Psychologe zeigte mit einem Finger auf den unbequemsten Stuhl und brüllte: »Was, zum Teufel, denken Sie sich eigentlich dabei, über das ganze Hospital mit so etwas wie einer körperlosen Intelligenz herzufallen?«

»Mit was ...?« fragte Conway betroffen.

»Wollen Sie sich nur selbst lächerlich machen?« tobte O'Mara weiter, ohne ihn zu beachten. »Oder wollen Sie *mich* lächerlich machen? Und unterbrechen Sie mich gefälligst nicht! Zugegeben, Sie sind hier der jüngste Chefarzt, und Ihre Kollegen halten viel von Ihnen, obwohl keiner von denen Spezialist in angewandter Psychologie ist. Aber so ein idiotisches und unverantwortliches Verhalten wie sie es an den Tag legen, ist doch allenfalls eines Patienten in einer geschlossen Anstalt würdig!

Dank Ihnen geht die Disziplin der Assistenzärzte zusehends den Bach runter«, fuhr O'Mara ein klein wenig leiser fort. »Es gilt jetzt schon als normal, Fehler zu machen! Praktisch jede Oberschwester verlangt mittlerweile in kreischendem Ton von mir — von mir! —, dieses ... dieses *Etwas* endlich loszuwerden. Alles, was *Sie* bisher zustande gebracht haben, ist, dieses unsichtbare, nicht ausfindig zu machende, immaterielle Monster zu erfinden! Aber anscheinend fällt es allein in den Zuständigkeitsbereich des Chefpsychologen, dieses Etwas wieder loszuwerden!«

O'Mara machte eine Pause, um wieder zu Atem zu kommen, und als er weitersprach, war sein Ton ruhig und fast freundlich geworden. »Und glauben Sie ja nicht, daß Sie irgend jemanden an der Nase herumführen können. Um es auf die einfachste Formel zu bringen: Sie hoffen, daß die Fehler Ihres Freunds relativ unbemerkt bleiben, wenn nur genügend andere Mitarbeiter Fehler begehen. Und hören Sie endlich damit auf, ständig Ihren Mund auf- und zuzumachen! Sie kommen schon noch dran! Einer der Aspekte, der mich an dieser ganzen Angelegenheit wirklich stört, ist der, daß ich selbst für diesen ganzen Mist mitverantwortlich bin, weil ich Sie mal wieder vor ein unlösbares Problem gestellt hab. Ich hatte einfach gehofft, Sie würden die ganze Geschichte vielleicht von einem anderen Standpunkt her in Angriff nehmen, von einem Standpunkt, der womöglich wenigstens eine Teillösung des Problems ergeben hätte, um Ihren Freund herauszupauken. Doch statt dessen haben Sie ein neues und vielleicht noch größeres Problem geschaffen.

Nun, ich hab die Dinge aus verständlichem Ärger vielleicht ein wenig übertrieben dargestellt, Doktor«, fuhr O'Mara jetzt noch ruhiger fort, »aber das ändert nichts an der Tatsache, daß Sie wegen dieser Angelegenheit womöglich in ernste Schwierigkeiten geraten. Ich glaube nicht, daß die Schwestern und Pfleger absichtlich Fehler begehen werden — zumindest nicht so schwerwiegende, daß sie ihre Patienten damit gefährden würden. Doch jede Senkung des Standards ist natürlich gefährlich. Begreifen Sie allmählich, was Sie eigentlich damit angerichtet haben, Doktor?«

»Ja, Sir«, antwortete Conway kleinlaut und mit betroffener Miene.

»Gut, das kann man Ihnen sogar ansehen«, entgegnete O'Mara in für ihn untypischer Milde. »Und jetzt würde ich gerne wissen, warum sie all das getan haben. Also, Doktor?«

Conway nahm sich mit der Antwort Zeit. Zwar würde er das Büro des Chefpsychologen nicht zum erstenmal mit angekratztem Selbstbewußtsein verlassen, aber dieses Mal schien es ernst zu sein. Es herrschte die allgemeine Ansicht, O'Mara könne sich nur dann wirklich entspannen und sich ganz als der schlechtgelaunte, unausstehliche Chefpsychologe geben, wenn er sich keine übermäßigen Sorgen über jemanden machte oder wenn er den Betreffenden wirklich mochte. Wurde der Chefpsychologe jedoch ruhig, freundlich und alles andere als sarkastisch — behandelte er mit anderen Worten eine Person eher wie einen Patienten und nicht wie einen Kollegen —, dann steckte diese bis zum Hals in Schwierigkeiten.

Schließlich berichtete Conway: »Zunächst war es einfach nur eine vorgeschobene Geschichte, die erklären sollte, warum ich so neugierig bin, Sir. Schwestern und Pfleger plaudern zwar gerne übereinander, schwärzen sich gegenseitig aber nicht an, und es hat vielleicht so ausgesehen, als ob ich gewollt hätte, daß sie das tun. Da Doktor Mannon in jeder Hinsicht gesund ist, hab ich lediglich darauf hingewiesen, daß äußere Ursachen wie Bakterien oder Parasiten oder etwas Ähnliches wegen der Gründlichkeit unserer aseptischen Verfahren auszuschließen sind. Sie, Sir, hatten uns ja bereits hinsichtlich seines Geisteszustands beruhigen können. Ich hab deshalb eine ... eine äußere, immaterielle Ursache vorausgesetzt, die vielleicht bewußt gesteuert ist oder auch nicht.

Allerdings hab ich allen gegenüber ausdrücklich betont, noch nichts in der Hand zu haben, was meine Theorie untermauern würde«, fuhr Conway schnell fort, »und genausowenig hab ich irgend jemandem gegenüber eine körperlose Intelligenz erwähnt. Aber in diesem OP ist tatsächlich etwas Merkwürdiges passiert, und das nicht nur während der Zeit, als Mannon operiert hat ...«

Er beschrieb den Echoeffekt, den Prilicla während der Überwachung von Mannons emotionaler Strahlung wahrgenommen hatte, und den ähnlichen Effekt, als Naydrad das Mißgeschick mit dem Messer passiert war. Später ereignete sich auch noch ein weiterer Zwischenfall mit einem melfanischen Assistenzarzt, dessen Sprühdose nicht sprühen wollte. Auf die Mundgliedmaßen der Melfaner passen nämlich keine Operationshandschuhe, weshalb sie diese vor einer Operation mit schnelltrocknendem Plastik besprühen. Als der melfanische Assistenzarzt versuchte, die Sprühdose zu benutzen, quoll eine Masse heraus, die der Melfaner mir gegenüber als metallischen Brei bezeichnete. Und später war die fragliche Sprühdose verschwunden. Vielleicht hatte sie nie existiert. Es gab noch weitere seltsame Zwischenfälle, Schnitzer, die mir ein wenig zu einfach erschienen, als daß sie geschultem Personal unterlaufen würden, wie Fehler beim Zählen der Instrumente und dem Fallenlassen von Gegenständen. Und bei all diesen Vorkommnissen schien ein gewisses Maß an geistiger Verwirrung und vielleicht sogar regelrechter Halluzination mit im Spiel gewesen zu sein.

»Bis jetzt liegt zwar noch nicht genug Material für eine statistisch bedeutungsvolle Auswertung vor«, fuhr Conway fort, »aber es hat gereicht, um mich neugierig zu machen. Ich würde Ihnen gern die Namen der Betroffenen geben, wenn ich nicht hätte versprechen müssen, sie für mich zu behalten — denn ich glaube, es würde Sie bestimmt interessieren, wie die betreffenden Personen einige dieser Zwischenfälle selbst sehen.«

»Möglicherweise, Doktor«, entgegnete O'Mara kühl. »Auf der anderen Seite liegt es mir fern, einem Ihrer Hirngespinste meine fachliche Unterstützung zuteil werden zu lassen, indem ich solch triviale Horrorgeschichten auch noch überprüfe. Was die Beinaheunfälle mit Skalpellen und all die anderen Mißgeschicke betrifft, so bin ich der Meinung, einige Leute haben eben Glück, und andere stellen sich manchmal ein bißchen dumm an, während die dritten ihre Mitwesen gerne hin und wieder auf den Arm nehmen. Oder was meinen Sie, Doktor?«

Conway umklammerte die Armlehnen seines Stuhls fester und antwortete beharrlich: »Das heruntergefallene Skalpell gehörte zum hudlarischen Typ sechs, ein sehr schweres, klingenlastiges Instrument. Und selbst wenn es mit dem Griff zuerst aufgetroffen wäre, hätte es sich normalerweise noch ein paar Zentimeter unterhalb des Aufprallpunkts in Naydrads Seite bohren und eine tiefe und schwere Wunde verursachen müssen — wenn dieses Messer überhaupt eine reale physikalische Existenz besaß! Das beginne ich nämlich allmählich zu bezweifeln, und deshalb bin ich der Meinung, wir sollten den Umfang dieser Untersuchung unbedingt ausweiten. Bekomme ich die Erlaubnis, mich mit Colonel Skempton zu treffen und wenn nötig Kontakt mit dem Beobachtungsstab des Monitorkorps aufzunehmen, um die Herkunft der Neuankömmlinge zu überprüfen?«

Der erwartete Wutausbruch blieb aus. Statt dessen klang O'Maras Stimme fast wohlwollend, als er antwortete: »Ich kann mich nicht entscheiden, ob Sie wirklich aufrichtig davon überzeugt sind, irgend etwas auf der Spur zu sein, oder ob Sie einfach nur glauben, zu weit gegangen zu sein, um jetzt noch nachzugeben, ohne lächerlich zu wirken. Was mich betrifft, könnten Sie sich im Moment überhaupt nicht mehr lächerlicher machen. Sie sollten sich nicht scheuen, Ihren Irrtum einzugestehen, Doktor, und endlich damit anfangen, einiges von dem Schaden wiedergutzumachen, der durch Ihre Verantwortungslosigkeit an der Disziplin im Hospital angerichtet wurde.«

O'Mara wartete exakt zehn Sekunden auf Conways Antwort, und als diese ausblieb, sagte er mißmutig:

»Na schön, Doktor. Treffen Sie sich mit dem Colonel. Und sagen Sie Prilicla, ich ändere seinen Dienstplan. Schließlich könnte es hilfreich für Sie sein, wenn Ihnen Ihr Echodetektor dabei zur Verfügung steht. Da Sie unbedingt darauf bestehen, sich lächerlich zu machen, können Sie es ebensogut richtig tun. Und danach ... nun, wir werden Mannon sehr vermissen, und von Ihnen müßte ich bei aller Aufrichtigkeit sogar dasselbe behaupten. Sie beide sitzen wahrscheinlich im gleichen Boot, und zwar Richtung Heimat ...«

Kurz darauf wurde Conway äußerst freundlich vom Chefpsychologen entlassen.

Mannon selbst hatte ihm unangebrachte Loyalität vorgeworfen, und O'Mara hatte ihm seinerseits gerade verdeutlicht, sein gegenwärtiger Standpunkt rühre allein von dem Wunsch her, keinen Fehler einzugestehen. O'Mara hatte ihm einen Ausweg gezeigt, den er ausgeschlagen hatte, und erst jetzt kam Conway in den Sinn, demnächst eventuell in ein kleines Hospital mit vielfältigen Umweltbedingungen versetzt zu werden oder gar in einem Provinzkrankenhaus auf irgendeinem Planeten arbeiten zu müssen, wo bereits die Ankunft eines extraterrestrischen Patienten für ein sensationelles Ereignis gehalten wurde. Allein der Gedanke daran verursachte bei ihm bereits ein flaues Gefühl in der Magengegend. Vielleicht stützte er seine Theorie ja *tatsächlich* auf zu wenig Beweise und weigerte sich nur, das einzugestehen. Vielleicht waren die seltsamen Fehler und Mißgeschicke Teile eines ausgesprochen komplizierten Puzzles und standen in überhaupt keiner Beziehung zu Mannons Problemen. Als er mit großen Schritten die Korridore entlangschritt, wobei er alle paar Meter anderen Wesen ausweichen mußte, beziehungsweise ihm ausgewichen wurde, wuchs der Drang in ihm, sofort zu O'Mara zurückzulaufen, zu allem ja und Amen zu sagen, sich demütig bei ihm zu entschuldigen und ihm zu versprechen, wieder ein braver Junge zu sein. Doch als er gerade soweit war, sich geschlagen zu geben, stand er bereits vor Colonel Skemptons Tür.

Für den Nachschub und die Wartung des Orbit Hospitals war in erster Linie das Monitorkorps verantwortlich, das auch administrative und polizeiliche Aufgaben wahrnahm und dem Gesetz der Föderation Geltung verschaffte. Als ranghöchster Korpsoffizier befaßte sich Colonel Skempton neben etlichen administrativen Aufgaben mit dem Flugverkehr vom und zum Hospital. Es wurde allgemein behauptet, daß die Oberfläche seines Schreibtischs seit dem ersten Tag seiner Ankunft im Orbit Hospital noch nie sichtbar gewesen sei.

Als Conway eintrat, blickte Skempton kurz auf, sagte »Guten Morgen«, schaute wieder auf seinen Schreibtisch und murmelte schließlich: »Zehn Minuten noch ...«

Natürlich dauerte es viel länger als zehn Minuten, bis Conway dem Colonel sagen konnte, daß er sich insbesondere für den Flugverkehr von eigenartigen Herkunftsplaneten interessierte, aber auch für Schiffe, die an solche Orte gerufen worden waren. Er bat Skempton um Daten, die über den Stand der Technologie, der medizinischen Wissenschaft und die physiologische Klassifikation ihrer Bewohner Auskunft gaben. Besonders interessierten ihn die Aliens, deren psychologische Wissenschaften oder Psifähigkeiten weit entwickelt oder deren Quote an Geisteskrankheiten ungewöhnlich hoch waren. Skempton begann daraufhin, in den Papieren auf seinem Schreibtisch herumzuwühlen.

Doch sowohl das Versorgungsschiff als auch die Ambulanzschiffe und die für den Hilfsdienst eingespannten Raumfahrzeuge, die in den letzten paar Wochen eingetroffen waren, stammten allesamt von den wohlbekannten und medizinisch harmlosen Planeten der galaktischen Föderation. Alle außer einem, und dabei handelte es sich um das Kontakt- und Vermessungsschiff *Descartes*. Es war — in knappen Worten — auf einem höchst ungewöhnlichen Planeten gelandet. Die *Descartes* hatte bei der Landung den Boden nur für wenige Minuten berührt, wenn man das überhaupt so nennen konnte. Kein Besatzungsmitglied hatte das Schiff verlassen, die Luftschleusen waren versiegelt geblieben und die gesammelten Atmosphäre-, Wasser- und Oberflächensubstanzproben waren analysiert und als interessant, aber ungefährlich erachtet worden. Die pathologische Abteilung hatte später eine gründlichere Analyse vorgenommen und war zur gleichen Annahme gekommen, nachdem die *Descartes* das Orbit Hospital angeflogen hatte, um die Proben und einen Patienten abzuliefern ...

»Einen *Patienten!*« schrie Conway auf, als der Colonel mit seinem Bericht bei diesem Punkt angelangt war. Skempton brauchte keine empathischen Fähigkeiten, um zu wissen, was Conway dachte.

»Ja, Doktor, aber ich will bei Ihnen erst gar keine falschen Hoffnungen wecken«, entgegnete der Colonel in ruhigem Ton. »Er hatte nichts Aufregenderes als ein gebrochenes Bein. Und abgesehen davon, daß ET-Schädlinge unmöglich auf die Wesen einer anderen Spezies übertragen werden können — eine unumstößliche Tatsache, die die Anwendung extraterrestrischer Medizin so maßlos erleichtert —, halten die Schiffsärzte ständig Ausschau nach der berühmten Ausnahme, die die Regel bestätigt. Kurz, er hatte lediglich ein gebrochenes Bein.«

»Ich würde ihn trotzdem gerne sehen«, erwiderte Conway.

»Ebene zweihundertdreiundachtzig, Station vier. Sein Name ist Lieutenant Harrison«, sagte Skempton. »Und schlagen Sie beim Hinausgehen die Tür nicht so laut zu.«

Doch das Treffen mit Lieutenant Harrison mußte bis zum späten Abend warten, denn die Umstellungen in

Priliclas Dienstplan benötigten einige Zeit, und Conway selbst hatte auch noch andere Aufgaben zu erledigen, als nach hypothetischen körperlosen Intelligenzen zu suchen. Die dadurch entstandene Verzögerung hatte aber auch eine positive Seite, denn auf diese Weise erhielt er während seines Rundgangs und der Essenszeiten eine Menge weiterer Informationen, obwohl er nicht einmal recht wußte, was er mit all den Angaben anfangen sollte.

Wie er vermutete, war die Anzahl der Schnitzer, Fehler und Mißgeschicke nur deshalb so überraschend hoch, weil er sich vorher noch nie für solche Dinge interessiert hatte. Trotzdem hielt er die albernen und dummen Mißgeschicke, die er insbesondere bei den hochqualifizierten und verantwortungsbewußten Mitarbeitern der Operationsteams entdeckt hatte, für absolut untypisch, und sie paßten auch in kein normales Schema. Ein Zeit- und Lageplan hätte eigentlich Aufschluß über den Entstehungsherd dieser hypothetischen Geistesseuche geben sollen, von dem aus sie sich schließlich über das ganze Hospital hätte ausbreiten müssen. Statt dessen konzentrierte sich die vermeintliche Krankheit aber auf ein begrenztes Gebiet, das lediglich den hudlarischen OP und dessen unmittelbare Umgebung umfaßte. Was auch immer dieses Etwas war, es verhielt sich eher wie ein einzelnes Wesen und nicht wie eine Krankheit — falls überhaupt irgend etwas da war...

»... und all das ist doch lächerlich!« schimpfte Conway. »Selbst *ich* hab nicht ernsthaft an die Existenz einer körperlosen Intelligenz geglaubt und wollte mit meiner Vermutung lediglich eine mögliche Hypothese aufstellen. *So* dumm bin ich nun auch wieder nicht!«

Er hatte Prilicla gerade über die neuesten Entwicklungen informiert, während sie auf dem Weg zum Treffen mit dem Lieutenant waren. Der Empath hielt mit Conway an der Decke Schritt, schwieg einige Minuten lang und sagte dann zwangsläufig: »Dieser Meinung bin ich auch.«

Conway hätte zur Abwechslung gern einmal ein paar konstruktive Einwände vernommen und sagte deshalb lieber nichts mehr, bis sie die Station vier auf der Ebene zweihundertdreiundachtzig erreicht hatten. Es handelte sich dabei um eine kleine terrestrische Privatstation, die einer größeren ET-Abteilung ausgegliedert worden war, und Lieutenant Harrison schien erfreut, die beiden begrüßen zu können. Er machte einen sehr gelangweilten Eindruck, und laut Prilicla fühlte er sich auch entsprechend.

»Abgesehen von Ihrem Beinbruch scheinen Sie ja in sehr guter körperlicher Verfassung zu sein, Lieutenant«, begrüßte ihn Conway, nur für den Fall, daß sich Harrison über die Anwesenheit zweier Chefärzte Sorgen machen könnte. »Wir würden gern mit Ihnen über die Ereignisse sprechen, die zu Ihrem Unfall geführt haben. Das heißt natürlich nur dann, wenn es Ihnen nichts ausmacht.«

»Nicht im geringsten«, antwortete der Lieutenant. »Wo soll ich anfangen? Mit der Landung oder noch davor?«

»Wenn Sie so nett wären, uns zuerst ein wenig über den Planeten selbst zu erzählen, wäre das sehr hilfreich«, regte Conway an.

Der Lieutenant nickte und rückte seine Kopfstütze in eine für das Gespräch bequemere Position. »Der Planet war schon ziemlich absonderlich. Wir hatten ihn bereits lange von der Umlaufbahn aus beobachtet ...«

Der Planet war auf den Namen ›Fleischkloß‹ getauft worden, weil Captain Williamson vom Kontakt- und Vermessungsschiff *Descartes* es äußerst nachdrücklich abgelehnt hatte, solch einen seltsamen und unangenehmen Planeten nach sich selbst benannt zu wissen. Wie Harrison erzählte, müsse man ihn schon selbst gesehen haben, um an seine Existenz zu glauben, und für seine Entdecker sei es selbst dann noch schwierig gewesen, das zu glauben, was sie gesehen hatten.

Die Ozeane auf der Planetenoberfläche waren wie eine dicke, lebendige Suppe und die Landmassen fast vollständig von sich langsam bewegenden Teppichen aus tierischem Leben bedeckt. In vielen Gegenden gab es Mineralauswüchse und Erdreich mit pflanzlichem Leben. Andere Vegetationsformen gediehen im Wasser, auf dem Meeresboden oder trieben auf der organischen Landoberfläche Wurzeln. Doch der größere Teil der Landfläche war von einer Schicht aus tierischem Leben bedeckt, die an einigen Stellen fast einen Kilometer dick war.

Dieser organische Riesenteppich unterteilte sich in Schichten, die durcheinander krabbelten und rutschten, um sich den Weg zu der lebensnotwendigen Oberflächenvegetation oder zu den unterirdischen Mineralien freizukämpfen oder um sich einfach gegenseitig zu ersticken und zu fressen. Im Verlauf dieses langsamen und gewaltigen Kampfs hoben sich die lebendigen Schichten zu Bergen und Tälern, veränderten die Gestalt von Seen und Küsten und stellten die gesamte Topographie ihres Planeten von Monat zu Monat auf den Kopf.

An Bord der *Descartes* waren sich die Spezialisten grundsätzlich einig gewesen: Wenn es auf diesem Planet intelligentes Leben gab, dann mußte es eine von zwei möglichen Formen angenommen haben, wobei jede für sich eine Möglichkeit darstellte. Der erste Typ mußte groß sein, nämlich einer der gewaltigen lebenden Teppiche, der vielleicht in der Lage war, sich im tiefer liegenden Gestein zu verankern, während er sich durch Auswüchse in Richtung Oberfläche ausdehnen konnte, die der Atmung, Nahrungsaufnahme und Ausscheidung von Abfallstoffen dienten. Dieser Typ dürfte des weiteren eine Verteidigungswaffe um seinen sich weit erstreckenden Umfang herum besitzen, mit der er weniger intelligente Schichtkreaturen davon abhalten konnte, sich zwischen ihn selbst und den darunterliegenden Boden zu drängeln oder über ihn zu rutschen und ihn von Licht, Nahrung und Luft abzuschneiden. Außerdem könnte er mit einer solchen Waffe große und kleine Meeresraubtiere abwehren, die rund um die Uhr an ihm herumzunagen schienen.

Bei der zweiten Möglichkeit konnte es sich um eine ziemlich kleine Lebensform handeln, glatthäutig, biegsam und schnell genug, um ihr ein Leben zwischen den Schichtkreaturen zu ermöglichen und den Nahrungsaufnahmeprozessen der Schichten zu entkommen, deren Bewegungen und Stoffwechsel langsam abliefen. Ihre Behausung, die sicher genug sein mußte, um die Nachkommen zu schützen und Kultur und Wissenschaft zu entwickeln, würde wahrscheinlich in Höhlen oder Tunnelsystemen im tiefer liegenden Gesteinsschichten zu suchen sein.

Falls eine dieser beiden Lebensformen auf dem Planeten existierte, dann war es unwahrscheinlich, daß sie eine fortschrittliche Technologie besaß. Die Errichtung einer größeren Industrie samt der dazugehörigen komplizierten Maschinerie war auf diesem sich andauernd hebenden und sich senkenden Planeten nicht möglich. Wenn man überhaupt Werkzeuge entwickelt hatte, dann würden diese klein, handlich und unspezialisiert sein — doch bestand immerhin die Möglichkeit, daß es eine sehr primitive Gesellschaft ohne kulturelle Wurzeln gab.

»Vielleicht liegt die Stärke einer solchen Spezies ja in den philosophischen Wissenschaften«, unterbrach Conway an diesem Punkt. Prilicla kam näher und zitterte vor doppelter Aufregung, nämlich durch Conways und seiner eigenen.

Harrison zuckte die Achseln. »Wir hatten sogar einen Cinrussker an Bord«, entgegnete er, wobei er Prilicla anblickte. »Aber auch dieser GLNO konnte keinerlei

Anzeichen entdecken, die auf irgendwelche unterschwellige Emotionen schließen ließen, die normalerweise von intelligentem Leben ausgestrahlt werden. Dafür ging aber von dem gesamten Planeten eine solch heftige Aura von Hunger und roher tierischer Gewalt aus, daß der Empath die meiste Zeit unter Beruhigungsmitteln gehalten werden mußte. Diese Ausstrahlung kann aber genausogut intelligente Emotionen enthalten haben, die in diesem Chaos einfach untergingen. Schließlich macht intelligentes Leben auf jeder x-beliebigen Welt immer nur einen sehr geringen Teil der Gesamtpopulation aus ...«

»Ich verstehe«, erwiderte Conway enttäuscht. »Und was war mit der Landung?«

Laut Harrison hatte der Captain ein Gebiet ausgewählt, das aus einem dicken, trockenen, lederartigen Material bestand. Die Substanz sah tot und unempfindlich aus, so daß die Triebwerke des Schiffs keinem intelligenten oder nichtintelligenten Leben in diesem Gebiet Schaden zufügen konnten. Sie landeten ohne Zwischenfälle, und vielleicht zehn Minuten lang geschah nichts. Dann begann die lederartige Oberfläche unter ihnen abzusacken, jedoch langsam und gleichmäßig, so daß die gyromagnetischen Stabilisierungsgeräte keine Probleme hatten, das Schiff waagerecht zu halten. Es sank langsam in eine Vertiefung, die zuerst eine flache Senke war und kurz darauf zu einem Krater mit niedrigen Wänden wurde. Der Kraterrand stülpte sich in Richtung des Schiffs um und drückte gegen die Landebeine, die so konstruiert waren, daß man sie teleskopisch einziehen konnte und nicht zur Schiffsmitte zusammenklappen mußte. Die weit ausgefahrenen Elemente und die Beingehäuse gaben mit einem Geräusch nach, als wenn man Blech in kleine Stücke reißen würde.

Dann fing jemand oder etwas an, mit Gesteinsbrokken zu werfen. Für Harrison klang es fast so, als ob die

Descartes auf der Spitze eines Vulkans säße, der gerade ausbrach. Es herrschte ein unglaubliches Getöse, und die einzige Möglichkeit, Anweisungen zu übermitteln, bestand darin, die Funkgeräte im Anzug mit voll aufgedrehter Lautstärke zu benutzen. Harrison erhielt den Befehl, vor dem Start eine schnelle Schadenskontrolle am Heck durchzuführen.

»Ich befand mich zwischen Innen- und Außenhaut fast auf Höhe der Belüftungsöffnung, als ich ein Loch entdeckte«, fuhr der Lieutenant schnell fort. »Es hatte einen Durchmesser von ungefähr acht Zentimetern, und als ich anfing, es zu flicken, hab ich eine leichte Magnetisierung des Rands festgestellt. Noch bevor ich meine Arbeit beenden konnte, entschloß sich der Captain, sofort zu starten. Die Kraterwand drohte nämlich eins der Landebeine einzuklemmen. Der Captain hat uns *tatsächlich* erst ganze fünf Sekunden vor dem Start Bescheid gegeben ...«

An dieser Stelle hielt Harrison inne, als müsse er erst einmal seine Gedanken ordnen. Dann fuhr er nachdenklich fort: »Eigentlich bestand bei dieser ganzen Geschichte keine große Gefahr, verstehen Sie? Wir sind mit ungefähr anderthalb Ge gestartet, weil wir uns nicht sicher waren, ob der Krater Ausdruck von Intelligenz, vielleicht sogar feindlicher Intelligenz war oder ob es sich dabei um eine reflexartige Bewegung irgendeiner Riesenbestie handelte, die ihr Maul schloß. Deshalb wollten wir in diesem Gebiet unnötige Zerstörungen vermeiden. Mein Gedanke war nur, mich an irgendwelchen Stützstreben festzuhalten und irgendwo meine Füße abzustützen. Doch wie Sie wissen, kann man sich in schweren Raumanzügen nur schlecht bewegen, und fünf Sekunden sind nicht gerade viel Zeit. Ich hatte zwei gute Haltepunkte für die Hände gefunden und suchte nach einer Halterung, die dort irgendwo sein mußte, um mich mit den Füßen abzustützen. Dann entdeckte ich auch diese Fußhalterung und spürte sogar, wie ich sie mit den Stiefeln berührte, aber ... aber ... wahrscheinlich ...«

»... wahrscheinlich waren Sie damals zu verwirrt und haben sich in der Entfernung verschätzt«, beendete Conway den Satz nachsichtig. »Oder vielleicht haben Sie sich einfach nur eingebildet, daß eine solche Halterung da war.«

Auf der anderen Seite des Krankenbetts fing Prilicla wieder zu zittern an und sagte: »Es tut mir leid, Doktor, keine Echos.«

»Ich hab auch keine erwartet«, entgegnete Conway. »Es hat sich inzwischen entfernt.«

Harrison blickte mit verdutztem und leicht gekränktem Gesichtsausdruck vom einen zum anderen und sagte: »Vielleicht hab ich mir wirklich nur eingebildet, daß diese Stütze da war. Sie hat mich jedenfalls nicht getragen, und ich bin gefallen. Das Schiffslandebein auf meiner Seite wurde jedenfalls während des Starts aus seiner Verankerung gerissen, und das dadurch zertrümmerte und verzogene Gehäuse versperrte den Raum zwischen Innen- und Außenhaut so fest, daß ich nicht mehr herauskommen konnte. Außerdem verliefen die Kontrolleitungen zum Maschinenraum zu dicht an mir vorbei, als daß man es riskieren wollte, mich herauszuschneiden. Unser Arzt meinte, es sei besser, zum Orbit Hospital zu fliegen, um mich dort durch Ihre in schwierigen Bergungen erfahrenen Fachleute herausschneiden zu lassen. Deshalb bin ich schließlich von der *Descartes* mit meinem gebrochenen Bein hier eingeliefert worden, natürlich samt der Kostproben von diesem appetitlichen Fleischkloß ...«

Conway blickte kurz zu Prilicla hinüber und fragte dann den Lieutenant: »Hat denn der cinrusskische Empath an Bord der *Descartes* während des Rückflugs die ganze Zeit Ihre Emotionen überwacht?«

Harrison schüttelte den Kopf. »Dazu bestand keine Notwendigkeit. Außerdem hatte ich trotz der Medikamente im Anzug Schmerzen, und das wäre für einen Empathen unangenehm gewesen. Und man konnte sich mir sowieso allenfalls nur bis auf zehn, zwölf Meter nähern ...«

Der Lieutenant hielt inne und fuhr dann in einem heiteren Ton fort, als wolle er ein unerfreuliches Thema wechseln. »Als nächstes werden wir ein unbemanntes, mit Kommunikationsanlagen ausgerüstetes Schiff hinschicken. Wenn dieser Krater lediglich ein riesiges Maul ist, verbunden mit einem noch größeren Bauch und ohne jede Intelligenz, dann verlieren wir im schlimmsten Fall ein ferngesteuertes Fluggerät, und das Wesen bekommt eine Magenverstimmung. Doch wenn es intelligent ist oder es auf dem Planeten noch kleinere intelligente Wesen gibt, die die größeren Kreaturen abgerichtet haben, ihnen zu dienen — was laut unserer Kontaktspezialisten sogar sehr wahrscheinlich ist —, dann sind sie bestimmt neugierig und werden versuchen, mit uns zu kommunizieren ...«

»Allein bei diesem Gedanken wird mir schon ganz schwindlig«, entgegnete Conway lächelnd. »Im Moment versuche ich verzweifelt, nicht an die medizinischen Probleme zu denken, die eine Bestie von der Größe eines Subkontinents bereiten würde. Doch um ins Hier und Jetzt zurückzukehren, Lieutenant, wir beide sind Ihnen für die Informationen, die Sie uns gegeben haben, sehr dankbar und hoffen, Sie haben nichts dagegen, wenn wir Sie demnächst noch einmal aufsuchen, um Sie ...«

»Jederzeit«, antwortete Harrison. »Ich helfe Ihnen gern. Wissen Sie, die meisten Schwestern hier haben merkwürdige Mundwerkzeuge, irgendwelche Greiforgane oder Tentakel oder zu viele Füße ... nichts für ungut, Doktor Prilicla ...«

»Keine Ursache«, erwiderte Prilicla.

»Und meine Vorstellungen von barmherzigen Engeln mögen zwar ein wenig altmodisch sein, sie gehen aber doch eine andere Richtung«, schloß der Lieutenant mit säuerlicher Miene, als sich Conway und Prilicla bereits zum Gehen wandten.

Auf dem Korridor rief Conway in Murchisons Unterkunft an. Und erst nachdem er ihr erklärt hatte, was er von ihr wollte, war sie aus ihrem Schlaf wirklich erwacht.

»Ich hab bereits in zwei Stunden Dienst und muß dann sechs Stunden durcharbeiten«, sagte sie gähnend. »Und normalerweise verbringe ich meine kostbare Zeit nicht damit, bei einsamen Patienten die Mata Hari zu spielen. Aber wenn er Informationen besitzt, die Doktor Mannon helfen könnten, dann macht es mir überhaupt nichts aus. Für den Mann würde ich alles tun.«

»Und was ist mit *mir?*«

»Für dich würde ich *fast* alles tun, Liebling. Bis dann.«

Conway hängte den Hörer auf und sagte zu Prilicla: »*Irgend etwas* muß sich zum Schiff Zutritt verschafft haben. Harrison hat ähnlich halluzinatorische Erscheinungen wie das OP-Personal gehabt. Aber ich denke immer noch über das Loch in der Außenhaut nach ... schließlich bräuchte eine körperlose Intelligenz kein Loch zu machen, um irgendwo hineinzugelangen. Und dann diese Gesteinsbrocken, von denen der Rumpf getroffen wurde. Angenommen, das war nur eine Nebenwirkung des immateriellen Haupteinflusses, eine Störung, ähnlich dem Poltergeist-Phänomen. Welchen Schluß läßt das zu?«

Prilicla hatte keine Ahnung.

»Wahrscheinlich werde ich es im nachhinein bereuen«, fuhr Conway fort, »aber ich denke, ich sollte O'Mara anrufen ...«

Doch zunächst ließ der Chefpsychologe Conway erst gar nicht zu Wort kommen. Dr. Mannon hatte nämlich kurz zuvor O'Maras Büro verlassen. Der Chefarzt hatte ihm berichtet, daß sich der Zustand des hudlarischen

Patienten plötzlich verschlechtert habe, was seiner Ansicht nach spätestens bis zum morgigen Mittag eine zweite Operation notwendig machte. Wie O'Mara weiter berichtete, setzte Mannon zwar offensichtlich keine Hoffnung mehr in das Überleben des Patienten, hatte aber gemeint, die geringen Überlebenschancen des Patienten durch eine rasche Operation wenigstens geringfügig verbessern zu können.

»Also bleibt Ihnen nicht mehr allzuviel Zeit, Ihre Theorie zu beweisen, Conway«, schloß O'Mara seinen Bericht. »Nun gut, was wollten Sie mir eigentlich sagen, Doktor?«

Die Neuigkeiten über Mannon hatten Conway böse aus dem Konzept gebracht. Ihm war auf bestürzende Weise klar geworden, daß sein Bericht und seine Ansichten über den Zwischenfall auf dem Fleischkloß nicht sehr überzeugend und — was noch schlimmer war, wenn man es mit O'Mara zu tun hatte — zusammenhanglos klingen würden. Der Chefpsychologe hatte mit Leuten, die auf Umwegen dachten und nicht genau das sagten, was sie meinten, nur wenig Geduld.

»... und die Angelegenheit ist so seltsam«, schloß Conway betreten, »daß ich jetzt fast davon überzeugt bin, die ganze Fleischkloß-Geschichte hat mit Mannons Problem nichts zu tun, es sei denn ...«

»Conway!« unterbrach ihn O'Mara scharf. »Sie bewegen sich im Kreis und reden nur dummes Zeug! Sie müssen endlich begreifen: wenn zwei merkwürdige Ereignisse ganz kurz nacheinander auftreten, dann besteht eine hohe Wahrscheinlichkeit, daß sie einen gemeinsamen Ursprung haben. Mir macht es nicht allzuviel aus, wenn Ihre Theorie ausgesprochen lächerlich ist — immerhin beruht sie auf einer höchst verdrehten Form von Logik —, aber mir macht es *sehr wohl* etwas aus, wenn Sie generell aufhören zu denken. Unrecht zu haben ist doch wohl weit angenehmer, als dämlich zu sein, Doktor!«

Ein paar Sekunden lang atmete Conway heftig durch die Nase und versuchte, seinen Zorn wenigstens so weit zu bändigen, um eine Antwort geben zu können. Doch O'Mara ersparte ihm weiteren Ärger, indem er einfach die Verbindung unterbrach.

»Er war nicht sehr freundlich zu Ihnen, mein Freund«, sagte Prilicla. »Gegen Ende klang er ziemlich schlechtgelaunt. Aber immerhin ist das eine bedeutende Verbesserung gegenüber den Gefühlen, die er Ihnen heute morgen noch entgegengebracht hat ...«

Conway mußte unwillkürlich laut lachen, dann entgegnete er: »Eines Tages werden Sie noch mal vergessen, die passenden Worte zu finden, Doktor, und ich fürchte, dann werden hier alle im Hospital auf der Stelle tot umfallen!«

Das Ärgerliche an der ganzen Geschichte war, daß sie nicht genau wußten, wonach sie überhaupt suchten, und zusätzlich blieb ihnen jetzt kaum noch Zeit dazu. Alles, was Sie tun konnten, war, damit fortzufahren, Informationen einzuholen und zu hoffen, irgend etwas würde dabei herauskommen. Doch selbst die Fragen, die sie stellten, klangen unsinnig — sie waren Variationen von: »Haben Sie während der letzten paar Tage etwas getan oder vergessen zu tun, das Sie den Verdacht hegen läßt, irgend etwas habe Ihre Gedanken beeinflußt?« Es waren allgemein formulierte, fast sinnlose Fragen, aber sie stellten sie weiterhin, bis Priliclas bleistiftdünne Beine vor Erschöpfung wie Gummi zusammenknickten und er sich dringend ausruhen mußte — das Durchhaltevermögen des Empathen war proportional zu seiner Körperkraft, die praktisch nicht existierte. Conway hingegen fuhr beharrlich mit der Fragerei fort, doch mit jeder verstrichenen Stunde fühlte er sich müder, wütender und dümmer als zuvor.

Bewußt unterließ er es, nochmals mit Dr. Mannon Verbindung aufzunehmen — der Arzt würde zu diesem Zeitpunkt allenfalls einen demoralisierenden Einfluß auf ihn haben. Statt dessen rief er Skempton an, um zu fragen, ob der medizinische Offizier der *Descartes* einen Bericht erstellt hatte, und wurde furchtbar beschimpft, weil es für den Colonel gerade mitten in der Nacht war. Doch immerhin informierte Skempton ihn, daß der Chefpsychologe ebenfalls angerufen hatte, um die gleiche Information einzuholen, weil O'Mara es nach seinen eigenen Worten vorziehe, die Tatsachen lieber einem offiziellen Bericht zu entnehmen, als sie über einen emotional beteiligten Arzt zu erfahren, der dem Hirngespinst einer körperlosen Intelligenz erlegen sei.

Kurz darauf geschah etwas vollkommen Unerwartetes: Conways bisherige Informationsquellen versiegten plötzlich.

Anscheinend hatte O'Mara bestimmte OP-Mitarbeiter vorzeitig zu ihren regelmäßigen psychologischen Tests herangezogen. Und die meisten dieser Mitarbeiter waren ausgerechnet diejenigen gewesen, die sich Conway gegenüber sehr hilfsbereit und auskunftsfreudig gezeigt hatten. Zwar unterstellten ihm jetzt diese Leute nicht direkt, er habe ihr Vertrauen gebrochen und alles gegenüber O'Mara ausgeplaudert, doch gleichzeitig wollte auch niemand mehr mit ihm reden.

Conway fühlte sich müde, entmutigt und wie ein Narr, aber in erster Linie unendlich müde. Da aber schon bald Zeit zum Frühstücken war, lohnte es sich gar nicht mehr, noch ins Bett zu gehen.

Nach seinem üblichen Rundgang nahm Conway ein frühes Mittagessen mit Mannon und Prilicla ein. Anschließend begleitete er Mannon zu O'Maras Büro, während Prilicla zum hudlarischen OP aufbrach, um die emotionale Strahlung des Personals während der Operationsvorbereitungen zu überwachen. Der Chefpsychologe sah ein wenig müde und ziemlich mürrisch aus — wobei das erste relativ ungewöhnlich, das zweite hingegen normalerweise ein gutes Anzeichen war.

»Assistieren Sie Chefarzt Mannon bei dieser Operation, Doktor?« fragte O'Mara.

»Nein, Sir, ich schaue nur zu«, antwortete Conway. »Aber im OP selbst, falls irgend etwas Ungewöhnliches passieren sollte. Ich meine, wenn ich assistieren würde, müßte ich das Hudlarerband speichern, und es könnte mich zu sehr ablenken, denn ich möchte im Kopf so klar und aufgeweckt wie möglich sein ...«

»Klar und aufgeweckt sagen Sie?« unterbrach O'Mara ihn mit schneidender Stimme. »Sie sehen so aus, als würden Sie jeden Augenblick im Stehen einschlafen.« An Mannon gewandt fuhr er in freundlicherem Tonfall fort: »Sie werden erleichtert sein zu hören, auch ich beginne zu vermuten, daß irgend etwas Ungewöhnliches vor sich geht, und diesmal schaue ich von der Zuschauergalerie aus zu. Und wenn Sie sich jetzt bitte auf die Couch setzen würden, Mannon, dann werde ich Ihnen das Hudlarerband persönlich einspielen ...«

Mannon hockte sich auf eine niedrige Couch. Seine Knie befanden sich fast auf gleicher Höhe mit dem Kinn, und die Arme hielt er über der Brust halb verschränkt, wodurch seine Pose beinahe der sitzenden Haltung eines Fötus glich. Und als er jetzt sprach, klang seine Stimme ungewöhnlich flehend, fast verzweifelt. »Hören Sie, ich hab schon früher mit Empathen und Telepathen zusammengearbeitet. Empathen empfangen zwar Emotionen, projizieren aber keine, und Telepathen können nur mit Angehörigen ihrer eigenen Spezies kommunizieren. Einige Telepathen haben es gelegentlich mit mir versucht, aber alles, was diese Wesen bei mir erreicht haben, war ein leichtes Jucken im Gehirn. Doch an dem fraglichen Tag im OP hatte ich meine Gedanken vollkommen beisammen, da bin ich mir absolut sicher! Trotzdem versuchen Sie immer noch, mir einzureden, daß irgend etwas Körperloses, Unsichtbares und Unentdeckbares mein Urteilsvermögen beeinflußt hat. Es wäre viel einfacher, wenn Sie endlich zugeben würden, daß dieses Etwas, nach dem Sie suchen, gar nicht existiert, aber Sie sind ja alle viel zu … ach, verdammt!«

»Entschuldigen Sie«, unterbrach ihn O'Mara. Dann drückte er ihn behutsam auf die Couch und setzte ihm einen massiven Helm auf. Es dauerte einige Minuten, bis er sämtliche Elektroden angebracht und das Gerät eingeschaltet hatte.

Als Mannon die Erinnerungen und Erfahrungen eines der größten hudlarischen Ärzte, der jemals gelebt hatte, ins Gehirn strömten, bekam er einen verschwommenen Gesichtsausdruck und seine Augen wurden glasig.

Kurz bevor er das Bewußtsein vollständig verlor, murmelte er: »Mein Problem ist, daß Sie alle immer nur das Beste von mir halten, egal, was ich sage oder tue …«

Zwei Stunden später befanden sich alle im OP. Mannon trug einen schweren Operationsanzug, Conway hingegen einen leichteren Typ, der lediglich durch einen integrierten Gravitationsgürtel Schutz bot. Die Schwerkraftgitter unter dem Boden waren auf fünf Ge eingestellt, den normalen Wert auf Hudlar, doch der Luftdruck lag nur um einen Bruchteil höher als der Normalwert für Terrestrier — Hudlarer störte niedriger Druck nicht sonderlich, sie konnten sogar fast völlig ohne Schutz im luftleeren Raum des Alls arbeiten. Sollte aber während der Operation etwas auf verheerende Weise schiefgehen und der Patient plötzlich den vollen Druck seines Heimatplaneten benötigen, dann würde Conway den OP schnellstens verlassen müssen. Zu Prilicla und O'Mara auf der Zuschauergalerie stand Conway im direkten Funkkontakt, und über einen zweiten, getrennten Kanal konnte er mit Mannon und dem OP-Personal reden.

Plötzlich knisterte in seinem Kopfhörer die Stimme von O'Mara. »Prilicla empfängt emotionale Echos,

Doktor. Außerdem weist eine dieser Ausstrahlungen auf einen bereits begangenen kleineren Fehler hin — geringfügige Besorgnis und Verwirrung ...«

»Yehudi ist hier«, sagte Conway leise.

»Was ist los?«

»Der kleine Mann, den ich nicht sah, als er neulich auf der Treppe war«, antwortete Conway grinsend. Dann fuhr er, etwas falsch zitierend, fort: »Er läßt sich heut' erneut nicht seh'n, doch wünscht' ich mir, er würde geh'n ...«

O'Mara grunzte verächtlich und sagte dann: »Abgesehen von dem, was ich Mannon heute in meinem Büro erzählt hab, gibt es immer noch keinen echten Beweis dafür, daß irgend etwas Außergewöhnliches passiert. Mit meinen Bemerkungen wollte ich lediglich Mannon helfen, sein angekratztes Selbstbewußtsein wiederzuerlangen. Anscheinend hat das aber nichts gebracht. Deshalb wäre es für Sie und Mannon besser, wenn Ihr kleines Männchen endlich hereinkommen und sich vorstellen würde.«

In diesem Augenblick wurde der Patient hereingebracht und zum Tisch gefahren. Mannons Hände, die aus den schweren Ärmeln des Anzugs herausragten, steckten nur in dünnen, transparenten Plastikhandschuhen. Sollte jedoch der volle hudlarische Druck notwendig werden, konnte sich Mannon innerhalb weniger Sekunden schwere Handschuhe überstreifen. Aber einen Hudlarer überhaupt unter diesen Bedingungen zu öffnen, bedeutete, eine sofortige Dekompression zu veranlassen, weshalb die nachfolgenden Verfahren schnell durchzuführen waren.

Der Hudlarer gehörte zur physiologischen Klassifikation FROB und war ein gedrungenes und unglaublich kräftiges Wesen, das ein wenig an ein Gürteltier mit einer Haut wie eine biegsame Panzerplatte erinnerte. Vom Körperbau und den inneren Organen her waren diese Wesen derart widerstandsfähig, daß der hudlarischen Medizin das Spezialgebiet der Chirurgie fast vollkommen fremd war. Falls ein Patient nicht durch die Verabreichung von Medikamenten geheilt werden konnte, dann war häufig keine Hilfe mehr möglich, weil ein chirurgischer Eingriff auf dem Planeten Hudlar kaum durchzuführen, wenn nicht glattweg unmöglich war. Doch im Orbit Hospital, in dem innerhalb weniger Minuten die verschiedensten Druck- und Schwerkraftverhältnisse in jeder benötigten Kombination erzeugt werden konnten, hatten Mannon und ein paar andere einen Blick über den Rand des bisher Unmöglichen hinausgeworfen.

Conway beobachtete Mannon, als dieser einen dreieckigen Einschnitt in den unglaublich harten Panzer machte und den freigelegten Hautlappen nach hinten klappte. Sofort sprühte ein leuchtendgelber, auf der Spitze stehender Nebelkegel über dem Operationsfeld hoch — ein feiner Sprühregen aus Blut, das unter Druck aus den durchtrennten Kapillargefäßen schoß. Eine Schwester hielt sofort eine Plastikscheibe zwischen die Wunde und Mannons Visier, während eine zweite einen Spiegel plazierte, der ihm eine indirekte Sicht auf das Operationsfeld ermöglichte. In viereinhalb Minuten hatte er die Blutung unter Kontrolle; er hätte es in zwei schaffen müssen.

Mannon schien Conways Gedanken zu lesen, denn er sagte: »Bei der ersten Operation ging alles schneller als jetzt. Ich hab damals immer zwei oder drei Schritte im voraus gedacht ... Sie wissen ja, wie das ist, alles ging wie automatisch. Aber im Verlauf der Operation mußte ich feststellen, daß ich Einschnitte vorgenommen hatte, die ich erst einige Sekunden später hätte machen dürfen. Wäre mir das nur einmal passiert, wäre es schon schlimm genug gewesen, aber gleich fünfmal hintereinander ...! Ich mußte mit der Operation aufhören, bevor ich den Patienten auf der Stelle getötet hätte. Und jetzt versuche ich nur, etwas vorsichtiger als beim letztenmal zu sein«, fügte er mit einer Stimme voller Selbstverachtung hinzu, »aber das Ergebnis wird wohl das gleiche sein.«

Conway blieb stumm.

»So eine lächerliche kleine Wucherung«, fuhr Mannon fort. »So dicht unter der Hautoberfläche und wie geschaffen für den ersten Versuch eines Assistenzarztes, sich in hudlarischer Chirurgie zu üben. Einfach die Wucherung wegschneiden, die drei durchtrennten Blutgefäße an der Stelle mit Plastikschläuchen verbinden, und der Blutdruck unseres Patienten wird zusammen mit unseren Spezialklammern einen perfekten Verschluß zustande bringen, bis sich die Adern in ein paar Monaten regeneriert haben. Aber *das* hier ...! Haben Sie jemals eine derartige Pfuscherei gesehen?«

Mehr als die Hälfte der Wucherung, eine gräuliche, schwammige Masse, die wiederum zu mehr als der Hälfte aus einer pflanzlichen Substanz zu bestehen schien, war nach der ersten Operation zurückgeblieben. Fünf Hauptblutgefäße waren damals in dem betroffenen Bereich durchtrennt worden — davon zwei notwendigerweise und die restlichen drei durch »Mißgeschicke« — und mit Schläuchen überzogen worden. Doch diese künstlichen Aderstücke waren zu kurz oder nicht sicher genug befestigt worden, denn eins der Gefäße hatte sich teilweise aus einem der Schläuche gelöst. Das Leben des Patienten war nur dadurch gerettet worden, weil Mannon darauf bestanden hatte, den Hudlarer seit dieser ersten Operation nicht wieder aus der Narkose zurückzuholen. Die leichteste körperliche Anstrengung hätte eins dieser Gefäße aus seinem Schlauch reißen und eine enorme innere Blutung hervorrufen können, was bei dem starken Blutdruck der hudlarischen Spezies innerhalb weniger Minuten zum Tod des Patienten geführt hätte.

Aufgeregt fragte Conway auf O'Maras Kanal: »Irgendwelche Echos? Oder irgendwas anderes?«

»Nichts«, antwortete O'Mara.

»Das ist doch völlig absurd!« schimpfte Conway leise, und laut denkend fuhr er fort: »Wenn es hier eine Intelligenz gibt, sei sie nun körperlos oder nicht, müßte sie zumindest entsprechende Eigenschaften wie Neugier oder Angst besitzen oder die Fähigkeit haben, Werkzeuge zu benutzen, und dergleichen. Also, dieses Hospital ist ein riesiges und höchst interessantes Gebäude, in dem sich das Wesen, das wir zu finden versuchen, unseres Wissens nach frei bewegen kann. Warum ist es dann aber an einem Ort geblieben? Warum ist es nicht schon auf der *Descartes* herumgeschlichen? Was veranlaßt es, in dieser Gegend zu bleiben? Hat es Angst? Oder ist es einfach nur dumm oder sogar körperlos?

Es ist zwar kaum anzunehmen, auf dem Fleischkloß eine hochentwickelte Technologie vorzufinden«, fuhr Conway rasch fort, »doch andererseits gibt es durchaus die Möglichkeit, daß seine Bewohner eine weit fortgeschrittene Philosophie entwickelt haben. Falls tatsächlich etwas Körperliches an Bord der *Descartes* gegangen ist, dann gibt es, wenn es sich um ein intelligentes Wesen handelt, nach unten hin eine Grenze für dessen Körpergröße oder -masse ...«

»Wenn Sie jemandem Fragen stellen wollen, Doktor, haben Sie meine Unterstützung«, unterbrach O'Mara Conways Gedankengänge. »Aber es bleibt nicht mehr viel Zeit.«

Conway überlegte einen Moment und antwortete dann: »Danke, Sir. Ich möchte, daß Sie Murchison für mich holen. Sie ist im ...«

»In einem solchen Augenblick wollen Sie sich wohl nicht tatsächlich mit Ihrer ...«, unterbrach ihn O'Mara mit drohender Stimme.

»Sie ist im Augenblick bei Harrison«, entgegnete Conway in ruhigem Ton. »Ich möchte eine physische Beziehung zwischen dem Lieutenant und diesem OP herstellen, auch wenn Harrison noch nie näher als fünfzig Ebenen an diesem Ort war. Würden Sie Murchison bitten, ihm folgende Frage zu stellen ...«

Es war eine lange, verwickelte und vielschichtige Frage, die ihm die Antwort geben sollte, wie eine kleine intelligente Lebensform in dieses Gebiet eindringen konnte, ohne entdeckt zu werden. Gleichzeitig schien es auch eine absurde Frage zu sein, denn jedes intelligente Wesen, das gleichermaßen die Gehirne von Terrestriern und ETs beeinflussen konnte, hätte gar nicht unentdeckt bleiben können, solange man einen Empathen wie Prilicla in der Nähe hatte. Womit Conway wieder an seinem Ausgangspunkt angelangt war — nämlich bei einem immateriellen Etwas, das die Umgebung des OP nicht verlassen konnte oder wollte.

»Harrison sagt, er hätte auf dem Rückflug eine Menge Wahnvorstellungen gehabt«, ertönte plötzlich O'Maras Stimme. »Er sagt, der Schiffsarzt habe gemeint, daß so etwas bei den ganzen Drogen, die er im Körper hatte, völlig normal sei. Außerdem hat er mir berichtet, er sei vollkommen weggetreten gewesen, als er hier eingeliefert wurde, und er habe keine Ahnung, wie und wo er hereingekommen ist. Und jetzt schlage ich vor, daß wir uns an die Aufnahmestation wenden. Ich schalte Sie jetzt zu, Conway, nur für den Fall, daß ich die falschen Fragen stellen sollte ...«

Wenige Sekunden später sagte eine langsame, ausdruckslose Translatorstimme, die zu jedem möglichen Alien gehören konnte: »Lieutenant Harrison ist nicht in der üblichen Weise abgefertigt worden. Da er ein Korpsmitglied war, dessen Krankheitsgeschichte man in allen Einzelheiten kannte, wurde er durch die Versorgungsschleuse fünfzehn hereingelassen und unter die Obhut von Major Edwards gestellt ...«

Edwards war zwar nicht erreichbar, aber einer seiner Mitarbeiter versprach O'Mara, ihn in ein paar Minuten ausfindig gemacht zu haben.

Plötzlich hätte Conway am liebsten aufgegeben. Schleuse fünfzehn war viel zu weit entfernt — eine schwierige, komplizierte Strecke, auf der man sich drei grundlegend verschiedenen Veränderungen der Umweltbedingungen anzupassen hatte. Der hypothetische Eindringling, der sich im Hospital nicht auskennen konnte, hätte den Weg zu diesem OP nur finden können, indem er über jemanden die geistige Kontrolle übernommen und sich hatte tragen lassen. Doch wäre das der Fall gewesen, dann hätte Prilicla seine Anwesenheit längst entdeckt. Prilicla konnte *alles* entdecken, was dachte — vom kleinsten Insekt bis zur schwächsten Ausstrahlung eines in tiefer Bewußtlosigkeit befindlichen Wesens. Keine Kreatur konnte ihren Verstand völlig abschalten und gleichzeitig noch am Leben sein.

Und das bedeutete, daß der Eindringling vielleicht gar nicht mehr lebte!

In ein paar Metern Entfernung hatte Mannon einer Schwester signalisiert, sich neben den Druckumschalter zu stellen. Eine plötzliche Rückkehr zum hudlarischen Normaldruck würde zwar die Heftigkeit einer auftretenden Blutung sofort vermindern, es Mannon jedoch gleichzeitig unmöglich machen, ohne schwere Handschuhe zu operieren. Und nicht nur das, die Drucksteigerung würde auch die Wucherung in die offene Operationswunde einsinken lassen, wodurch jeder weitere komplizierte Eingriff praktisch unmöglich wäre, da das in unmittelbarer Nähe liegende Herz zu starke Bewegungen verursachte. Unabhängig von der immer noch bestehenden Gefahr eines falschen Einschnitts, waren die Blutgefäße zur Zeit prall gefüllt, gut voneinander isoliert und relativ ruhig.

Doch plötzlich passierte es. Leuchtendgelbes Blut spritzte so heftig heraus, daß es laut vernehmbar gegen Mannons Visier klatschte. Durch den enormen Blutdruck des Patienten peitschte die durchtrennte Ader wie ein losgelassener Miniaturgartenschlauch hin und her. Mannon bekam sie zwar zu fassen, doch glitt sie ihm wieder weg. Als er sie endlich mit den Fingern erwischt hatte und zudrückte, wurde der Strahl zunächst zu einem feinen, tanzenden Sprühregen und versiegte schließlich ganz. Die Schwester am Druckumschalter entspannte sich sichtlich, während eine andere Mannons Visier abwischte.

Als das Operationsfeld abgesaugt wurde, trat Mannon ein Stück zurück. In seinem schwitzenden und kreideweißen Gesicht, das wie zu einer Maske erstarrt war, funkelten seine Augen eigenartig durch das Visier hindurch. Alles war jetzt eine Frage der Zeit. Zwar waren Hudlarer widerstandsfähig, aber auch für sie gab es Grenzen, denn eine unendlich lange Dekompression konnten selbst sie nicht lange durchstehen. Körperflüssigkeit würde allmählich zur Hautöffnung fließen, lebenswichtige Organe in der Nähe belastet werden und der Blutdruck sogar noch mehr steigen. Sollte die Operation erfolgreich verlaufen, durfte sie nicht länger als dreißig Minuten dauern, und mehr als die Hälfte dieser Zeit war bereits nur für das Öffnen des Krankheitsherds verstrichen. Selbst wenn man die Wucherung entfernte, wurden dabei unwillkürlich tiefer liegende Blutgefäße in Mitleidenschaft gezogen, die mit großer Sorgfalt wieder zusammengenäht oder durch Schläuche verbunden werden mußten, bevor die Wunde geschlossen werden konnte.

Alle wußten, daß Schnelligkeit jetzt zwar oberstes Gebot war, aber Conway kam es plötzlich so vor, als würde er einen Film sehen, der immer schneller lief: Mannons Hände bewegten sich schneller, als Conway sie sich jemals zuvor hatte bewegen sehen. Und sie wurden immer schneller ...

»Das gefällt mir nicht«, meldete sich O'Mara besorgt zu Wort. »Es sieht zwar ganz so aus, als ob er sein Selbstvertrauen wiedergefunden hat, aber noch wahrscheinlicher ist, daß er aufgehört hat, sich Sorgen zu machen — das heißt, um sich selbst. Um den Patienten macht er sich offensichtlich noch welche, obwohl er weiß, daß der Hudlarer kaum noch Überlebenschancen hat. Das Tragische daran ist, daß der Patient nie große Chancen hatte, wie mir Thornnastor erzählt hat. Wenn da nicht diese Störung durch Ihren hypothetischen Freund aufgetreten wäre, hätte sich Mannon nicht einmal allzu große Sorgen um das Ableben seines Patienten gemacht und den ganzen Vorfall als einen seiner äußerst seltenen Mißerfolge ad acta gelegt. Durch seine Fehler während der ersten Operation, war sein Selbstbewußtsein arg ramponiert worden, aber jetzt ist er ...«

»Jemand anders hat ihn zu seinen Fehlern *verleitet*«, wandte Conway mit Bestimmtheit ein.

»Ach ja? Sie haben ja versucht, ihn davon zu überzeugen, aber mit welchem Erfolg?« fauchte O'Mara zurück. Dann fuhr er in ruhigerem Ton fort: »Prilicla ist stark erregt, und sein Zittern wird mit jeder Minute schlimmer. Aber Mannon ist wenigstens ein ziemlich gefestigter Typ, jedenfalls war er das früher, und ich glaube nicht, daß er uns vor Abschluß der Operation zusammenbricht. Obwohl man bei diesen ernsthaften, selbstlosen Charakteren, deren Beruf ihr ganzes Leben ist, nur schwer sagen kann, was als nächstes passiert.«

»Hier Edwards«, meldete sich plötzlich eine neue Stimme. »Was ist los?«

»Nur zu, Conway«, sagte der Chefpsychologe. »Sie stellen jetzt die Fragen. Ich hab im Moment andere Dinge im Kopf.«

Die schwammige Wucherung war herausgeschnitten und entfernt worden. Aber um das zu schaffen, hatte man eine große Anzahl kleinerer Blutgefäße durchtrennen müssen, und diese wieder miteinander zu verbinden oder abzuklemmen würde viel schwieriger als alle vorhergehenden Arbeiten werden. Die durchtrennten Gefäßenden erneut weit genug in die Schläuche einzuführen, damit sie sich nicht noch einmal herauslösten, sobald die Blutzirkulation wiederhergestellt war, war ein schwieriges, sich wiederholendes und nervenaufreibendes Verfahren.

Es blieben nur noch zwölf Minuten.

»Ich erinnere mich noch gut an Harrison«, erwiderte Edwards, nachdem ihm Conway erklärt hatte, was er wissen wollte. »Sein Anzug war nur an den Beinen beschädigt, deshalb konnten wir ihn nicht einfach wegwerfen — schließlich sind diese Dinger mit einer kompletten Werkzeug- und Überlebensausrüstung ausgestattet und entsprechend teuer. Und selbstverständlich haben wir den Anzug dekontaminiert. Die Vorschriften schreiben ausdrücklich vor, daß ...«

»Der Anzug kann noch immer irgend etwas in sich getragen oder beherbergt haben, Major«, unterbrach ihn Conway ungeduldig. »Wie gründlich haben Sie diese Dekontaminierung durchgeführt ...«

»Sehr gründlich«, antwortete der Major, der allmählich etwas verärgert klang. »Wenn am Anzug irgendeine Art von Bazillus oder Parasit gehangen hat, dann ist er spätestens während der Dekontaminierung eingegangen. Außerdem ist er inklusive sämtlicher Zubehörteile mit Hochdruckdampf im Sterilisationsraum desinfiziert worden. Er hat dasselbe Sterilisationsverfahren durchlaufen müssen wie Ihre chirurgischen Instrumente. Sind Sie jetzt zufrieden, Doktor?«

»Ja«, entgegnete Conway mit ruhiger Stimme. »Ja, das bin ich allerdings.«

Jetzt hatte er über Harrisons Anzug und den Sterilisationsraum die Verbindung zwischen dem Fleischkloß und dem OP hergestellt. Doch das war nicht alles, was er hatte. Jetzt hatte er auch ›Yehudi‹!

Neben ihm hatte Mannon gerade die Operation kurz unterbrochen. Die Hände des Chirurgen zitterten, und er sagte voller Verzweiflung: »Ich brauche ein Dutzend Hände oder irgendwelche Instrumente, die gleichzeitig ein Dutzend verschiedener Operationen durchführen können. Es läuft nicht gut, Conway. Gar nicht gut ...«

»Machen Sie eine Minute lang *gar nichts*«, bat Conway ihn eindringlich und rief dann den Schwestern die Anweisung zu, nacheinander mit ihren Instrumententabletts an ihm vorbeizugehen. O'Mara fing an zu brüllen, weil er wissen wollte, was dort vor sich ginge, doch Conway konzentrierte sich zu stark, um ihm antworten zu können. Dann gab plötzlich eine der kelgianischen Schwestern einen Laut wie ein einatmendes Nebelhorn von sich — die DBLF-Entsprechung eines überraschten Aufschreis —, weil plötzlich zwischen den Zangen auf ihrem Tablett ein mittelgroßer Steckschlüssel lag.

»Sie werden es zwar nicht glauben«, sagte Conway erfreut, als er den Steckschlüssel zu Mannon brachte und ihm in die Hand legte, »aber wenn Sie mir nur eine Minute zuhören und anschließend genau das tun, was ich Ihnen sage, dann ...«

Es war noch keine Minute verstrichen, da war Mannon bereits wieder bei der Arbeit.

Zunächst setzte er die komplizierte Operation nur zögernd, doch dann mit wachsender Selbstsicherheit und Geschwindigkeit fort. Gelegentlich pfiff er sogar durch die Zähne oder fluchte grausig, aber das war Mannons normales Verhalten während einer schweren Operation, wenn sie gut zu verlaufen versprach. Auf der Zuschauergalerie konnte Conway das glücklich-griesgrämige und vor allem verblüffte Gesicht O'Maras und den zerbrechlichen, spinnenhaften Körper des Empathen sehen.

Prilicla zitterte zwar noch immer, aber nur äußerst verhalten. Eine Reaktion, die man bei einem Cinrussker, der sich nicht auf seinem Heimatplaneten befand, nur sehr selten beobachten konnte und die auf eine in der Nähe befindliche emotionale Strahlungsquelle hinwies, die sehr intensiv und ausgesprochen angenehm sein mußte.

Nach der Operation wollten alle von Harrison mehr über den Fleischkloß wissen, doch bevor ihm jemand eine Frage stellen konnte, mußte Conway dem Lieutenant erst einmal erklären, was passiert war.

»Und obwohl wir noch immer keine Vorstellung davon haben, wie diese Wesen aussehen«, erzählte Conway gerade, »wissen wir doch, daß sie hochintelligent und auf ihre Weise technisch fortgeschritten sind. Damit meine ich, sie formen und benutzen Werkzeuge nach Belieben ...«

»In der Tat, ja«, sagte Mannon trocken, und das ›Etwas‹ in seiner Hand verwandelte sich nacheinander in eine Metallkugel, eine Miniaturbüste von Beethoven und ein tralthanisches Gebiß. Seit absolute Gewißheit herrschte, daß sich die Operation an dem hudlarischen Patienten als ein weiterer Erfolg Mannons und keineswegs als ein Fehlschlag herausstellen würde, hatte dieser seinen Sinn für Humor wiedererlangt.

»Die Phase der Werkzeugherstellung muß sich allerdings sehr viel später als die Entwicklung der philosophischen Wissenschaften eingestellt haben«, fuhr Conway fort. »Die Umstände, unter denen sich diese Wesen entwickelt haben, sind für uns kaum vorstellbar. Diese Werkzeuge sind nicht für den manuellen Gebrauch bestimmt, denn die Einheimischen besitzen wahrscheinlich gar keine Hände oder Greiforgane, wie wir sie normalerweise kennen. Aber dafür haben sie *Gehirne* ...!«

Unter der geistigen Kontrolle seines Besitzers hatte sich das ›Werkzeug‹ neben Harrisons Aufenthaltsort auf dem Schiff einen Weg in die *Descartes* hineingeschnitten, war jedoch während des plötzlichen Starts nicht in der Lage gewesen zurückzukehren. Dadurch hatte eine neue Quelle unwissentlich die geistige Steuerung übernommen — nämlich der Lieutenant. Das Werkzeug war zu der Halterung geworden, die er für seinen Fuß so dringend benötigt hatte, doch hatte es unter seinem Gewicht nachgegeben, weil es nicht wirklich mit dem Schiffskörper verbunden gewesen war. Als später die Zubehörteile von Harrisons Anzug im selben Raum wie die chirurgischen Instrumente sterilisiert wurden und eine Schwester hereinkam, um nach einem bestimmten Instrument für den OP zu suchen, wurde das Werkzeug wiederum zu dem, wozu es gerade gebraucht wurde.

Von da an herrschte Verwirrung über Instrumentenzählungen, herunterfallende Skalpelle, die nicht schnitten, oder Sprühdosen, die sich wirklich eigenartig verhielten. So benutzte Mannon ein Skalpell, das seinen Gedanken gefolgt war anstatt seinen Händen, was für den Patienten fast verheerende Folgen gehabt hätte. Doch nachdem Conway ihn aufgeklärt hatte, wußte Mannon, daß er ein kleines, nicht spezialisiertes Allzweckwerkzeug in den Händen hielt, das sowohl geistiger als auch manueller Kontrolle unterworfen war. Und einige der Formen und Dinge, die Mannon dieses ›Werkzeug‹ annehmen und tun ließ, sollten Conway diese Operation sein Leben lang nicht vergessen lassen.

»Dieses ... Gerät ... ist wahrscheinlich für seinen Besitzer von großem Wert«, schloß Conway mit ernstem Ton. »Von Rechts wegen sollten wir es zurückgeben. Aber wir brauchen es hier im Orbit Hospital, wenn möglich sogar noch einige mehr davon. Ihre Leute müssen Kontakt und Handelsbeziehungen zum Fleischkloß aufnehmen. Es muß doch irgend etwas geben, das diese Wesen von uns im Austausch dafür haben wollen oder was wir für sie tun können ...«

»Ich würde meinen rechten Arm für ein solches Gerät geben«, bemerkte Mannon und fügte lächelnd hinzu: »Zumindest mein rechtes Bein.«

Der Lieutenant erwiderte sein Lächeln und sagte: »So, wie ich mich an den Planeten erinnere, herrscht dort kein Mangel an Frischfleisch, Doktor.«

O'Mara, der bis dahin außergewöhnlich still gewesen war, sagte in sehr ernstem Ton: »Normalerweise bin ich wahrhaftig alles andere als ein gieriger Mensch. Aber stellen Sie sich nur mal vor, was dieses Hospital mit nur zehn oder sogar nur fünf von diesen Dingern *zustande bringen* könnte. Wir besitzen eins, und wenn wir uns anständig verhalten, bringen wir es wieder dorthin zurück, wo wir es gefunden haben, denn offensichtlich hat ein solches Werkzeug einen unschätzbaren Wert. Das bedeutet, wir werden diese Dinger kaufen oder eine Art Tauschhandel um sie führen müssen. Dazu müssen wir aber erst einmal herausfinden, wie wir mit deren Besitzern kommunizieren können.«

Er blickte alle der Reihe nach an und fuhr dann mit ironischem Unterton fort: »Normalerweise zögert unsereins, solch schmutzige und kommerzielle Themen gegenüber so unverdorbenen und hingebungsvollen Ärzten wie Ihnen zu erwähnen. Mir bleibt allerdings leider nichts anderes übrig, um meinen folgenden Vorschlag zu begründen: Sobald die *Descartes* mit den Wesen, die diese Werkzeuge benutzen, Kontakt aufgenommen hat, möchte ich, daß Doktor Conway und wen er sich sonst noch als Begleitung aussucht, die medizinische Situation auf dem Fleischkloß untersucht.

Denn selbst wenn unser Interesse nicht ausschließlich kommerzieller Natur sein wird«, fügte er rasch hinzu, »kommt es mir doch so vor, als ob die einzigen Dinge, die wir diesen Wesen zum Tausch anbieten können, unsere medizinischen Fachkenntnisse und Fähigkeiten sind.«

Schwindel-gefühl

Vielleicht blickte die Mehrzahl der Beobachter auf dem Schiff zwangsläufig gerade irgendwo anders hin, als endlich der lang erwartete Beweis für das Vorhandensein intelligenten Lebens sichtbar wurde. Denn zur Überraschung aller tauchte er nicht etwa in den auf die Planetenoberfläche gerichteten Teleskoplinsen oder auf den Fotos oder Filmen auf, die von den Sonden der *Descartes* aufgenommen worden waren, sondern auf den Bildschirmen des Schiffsradars.

Im Kontrollraum der *Descartes* drückte der Captain einen Knopf auf dem Steuerpult und rief in scharfem Ton: »Verbindung hergestellt?«

»Wir haben es, Sir«, kam die Antwort. »Ein Teleskop ist auf Radarpeilung eingestellt, das Bild ist auf Ihrem Repeaterschirm fünf zu sehen. Es handelt sich um einen zwei- oder dreistufigen, chemisch betriebenen Flugkörper, dessen zweite Stufe immer noch brennt. Das bedeutet, wir sind in der Lage, seine Flugbahn zu rekonstruieren und den Abschußpunkt ziemlich genau festzustellen. Es sendet differenzierte Funkfrequenzmuster aus, die auf mit Hochgeschwindigkeit arbeitende Fernübertragungskanäle schließen lassen. Die zweite Stufe ist gerade ausgebrannt und abgestoßen worden. Die dritte, wenn es sich überhaupt um eine dritte Stufe handelt, hat nicht gezündet ... das Schiff ist in Schwierigkeiten!«

Der Flugkörper, ein schmaler glänzender Zylinder, am einen Ende spitz, am anderen dicker und stumpf, war ins Trudeln geraten. Er rotierte und wirbelte zunächst langsam und dann mit ständig zunehmender Geschwindigkeit um die eigene Achse.

»Ein Raketengeschoß?« fragte der Captain besorgt.

»Das glaube ich nicht«, meldete sich eine langsame, präzise Stimme. »Abgesehen von der Trudelbewegung scheint es in eine sehr saubere Umlaufbahn gelangt zu sein. Es ist höchst unwahrscheinlich, daß diese Umlaufbahn durch einen Zufall eingenommen worden ist. Die relativ einfache Schiffskonstruktion und die Tatsache, daß seine größte Annäherung an uns etwas weniger als dreihundert Kilometer betragen wird, deuten darauf hin, daß es sich entweder um einen künstlichen Satelliten oder um einen bemannten Flugkörper handelt, und nicht um eine auf unser Schiff gelenkte Rakete oder dergleichen.

Sollte dieses Gefährt allerdings bemannt sein«, fügte die Stimme hinzu, »dann muß die Besatzung in ernsthaften Schwierigkeiten stecken ...«

»Ja«, antwortete der Captain, der Wörter wie seltene und kostbare Diamanten behandelte, und fuhr fort: »Astronavigation, bereiten Sie Kreuzung und Anpassung der Umlaufbahnen vor. Maschinenraum, halten Sie sich bereit.«

Als sich die ungeheure Masse der *Descartes* dem kleinen Alienflugkörper näherte, zeigte sich, daß er nicht nur taumelnd um die eigene Achse schlingerte, sondern auch leckgeschlagen war. Wegen der schnellen Drehung konnte man nicht mit Sicherheit sagen, ob es sich um ein Treibstoffleck in der nicht gezündeten dritten Stufe handelte oder ob aus der Kommandokapsel ein Atmosphäregemisch entwich, wenn es denn wirklich ein bemanntes Fahrzeug war.

Das nächstliegende Verfahren war, die Drehung mit Traktorstrahlen so sanft wie möglich abzubremsen, um eine Belastung der Rumpfkonstruktion zu vermeiden, und dann den Treibstoff aus der dritten Stufe zu entfernen, um die Feuergefahr abzuwenden, bevor man das Fahrzeug längsseits brachte. Sollte das Schiff jedoch bemannt sein und es sich vielmehr um ein Atmosphäre- als um ein Treibstoffleck handeln, dann konnte es in den Laderaum der *Descartes* genommen werden. Dort würde man nach einer erfolgreichen Bergung in aller

Ruhe ein Erstkontaktverfahren durchführen können, denn die Atmosphäre vom Fleischkloß war für Terrestrier geeignet, so daß umgekehrt vermutlich dasselbe galt.

Folglich rechnete man zunächst mit einer ziemlich simplen Rettungsaktion, aber dann ...

»Hier Traktorstationen sechs und sieben, Sir. Der Flugkörper läßt sich nicht zum Stillstand bringen. Wir haben ihn dreimal langsam zum Halten gebracht, aber jedesmal gibt er neuen Schub und fängt wieder an, sich zu drehen. Aus irgendeinem Grund kämpft er absichtlich gegen unsere Bemühungen an, ihn zu stoppen. Geschwindigkeit und Art der Reaktion weisen darauf hin, daß er von einer Intelligenz gesteuert wird, die sich an Ort und Stelle befindet. Wir können zwar mehr Kraft anwenden, aber nur auf das Risiko hin, den Rumpf zu beschädigen. Nach unseren heutigen Maßstäben ist dieses Alienschiff nämlich sehr leicht gebaut, Sir.«

»Ich schlage vor, die Drehung mit aller erforderlichen Kraft sofort zu stoppen, die Tanks des Fahrzeugs zu öffnen und den gesamten Treibstoff in den Raum abzuwerfen und es dann schnell in den Laderaum zu ziehen. Sobald rings um das Schiff wieder normaler Druck herrscht, besteht für dessen Besatzung keine Gefahr mehr, und wir werden genug Zeit haben, um ...«

»Hier Astronavigation. Tut mir leid, Sir, aber das muß ich ablehnen. Unsere Berechnungen zeigen, daß das Alienschiff vom Meer aus gestartet wurde, beziehungsweise genauer gesagt vom Meeresufer aus, denn es gibt in der Gegend keine sichtbaren Anzeichen von schwimmenden Abschußrampen oder anderen Startvorrichtungen. Wir können zwar die Atmosphäre des Fleischkloßes reproduzieren, weil sie mit unserer praktisch identisch ist, aber nicht diese tierische und pflanzliche Suppe, die ich mal als Wasser bezeichnen möchte, und alles deutet darauf hin, daß die Besatzung aus Wasseratmern besteht.«

Ein paar Sekunden lang antwortete der Captain nicht. Er dachte über die aus einem oder mehreren Aliens bestehende Besatzung nach und welche Gründe sie zu einem solchen Verhalten veranlaßt hatte. Ob es sich dabei nun um einen technischen, physiologischen oder psychologischen Grund handelte, war im Augenblick allerdings von sekundärer Bedeutung, die Hauptsache war, jetzt so schnell wie möglich Hilfe leisten.

Wenn die *Descartes* auch nicht in der Lage war, dem anderen Schiff direkt zu helfen, konnte es das Fahrzeug zumindest innerhalb von Tagen zu einem anderen Ort abschleppen, der alle notwendigen Hilfseinrichtungen besaß. Der Transport selbst stellte nur ein geringes Problem dar — das rotierende Fahrzeug konnte man ins Schlepptau nehmen, ohne die Drehung aufzuhalten, indem man an der Rotationsachse einen magnetischen Greifer anbrachte, dessen Befestigungspunkt sich an der Rumpfseite der *Descartes* mitdrehte. So könnte man verhindern, daß die Trosse durch die ständige Drehung immer kürzer werden und das Alienfahrzeug irgendwann auf die Schiffswand der *Descartes* krachen würde. Zudem könnte während des Flugs das Hyperantriebsfeld des größeren Schiffs erweitert werden, um beide Schiffe zu umschließen.

Die Hauptsorge des Captains galt jedoch dem Leck und daß er keinerlei Kenntnisse besaß, wie lange das Alienfahrzeug in der Umlaufbahn bleiben wollte. Darüber hinaus mußte er, wenn er mit den Bewohnern des Fleischkloßes in freundschaftliche Beziehungen treten wollte, schnell die richtige Entscheidung treffen.

Er wußte, daß in den frühen Tagen des terrestrischen Raumflugs das Auftreten von Lecks und deren Reparatur ein relativ normales Ereignis gewesen war — damals hatte man es aus verschiedensten Gründen vorgezogen, lieber durch das Mitführen zusätzlicher Luftvorräte als durch eine Verstärkung der Konstruktion Gewichtsnachteile in Kauf zu nehmen. Doch schien es sich bei dem Leck und der Drehung des Alienschiffs wohl eher um einen dringenden Notfall zu handeln, der nur in einem stark begrenzten Zeitraum korrigiert werden konnte. Da es die Alienbesatzung aus irgendeinem unerfindlichen Grund nicht zuließ, das Schiff zum Stillstand zu bringen — wodurch eine gründlichere Untersuchung seines Zustands ermöglicht worden wäre — und die erforderlichen Umweltbedingungen auf der *Descartes* sowieso nicht reproduziert werden konnten, gab es für den Captain eigentlich nur noch eine einzige Möglichkeit. Wahrscheinlich lag sein kurzes Zögern an unangebrachtem Berufsstolz, weil er durch seine Entscheidung die Verantwortung für eine besonders heikle Aufgabe auf andere übertragen würde.

Mit seiner üblichen Wortökonomie erteilte er schließlich rasch die nötigen Befehle, und knapp eine halbe Stunde nachdem es gesichtet worden war, befand sich das Alienschiff bereits auf dem Weg zum Orbit Hospital im galaktischen Sektor zwölf.

Mit penetranter Beharrlichkeit wiederholte die monotone Lautsprecherstimme: »Chefarzt Doktor Conway möchte sich bitte umgehend mit Major O'Mara in Verbindung setzen ...«

Conway schätzte rasch die Verkehrslage im Korridor ab, sprang einem tralthanischen Assistenzarzt aus dem Weg, der mit seinen sechs Mammutbeinen auf ihn zugestampft kam, streifte dann kurz das Fell einer kelgianischen Raupe, die in entgegengesetzte Richtung robbte, und nahm schließlich den Hörer eines Kommunikators in die Hand, wobei er sich gegen die Wand drücken mußte, um nicht von einem Wesen in einer Tiefkühlbox auf Rädern überfahren zu werden.

Kaum hatte er die Verbindung hergestellt, fing die Übertragungsanlage erneut an, mit penetranter Beharrlichkeit zu bitten, daß sich irgendwer mit irgendwem in Verbindung setzen möge.

»Haben Sie im Augenblick etwas Wichtiges zu tun, Doktor?« fragte der Chefpsychologe ohne einleitende Worte. »Arbeiten Sie vielleicht an irgendeinem entscheidenden Forschungsobjekt, oder führen Sie etwa gerade eine Operation auf Leben und Tod durch?« O'Mara legte eine Pause ein und fügte dann trocken hinzu: »Diese Fragen waren natürlich rein rhetorisch gemeint ...«

Conway seufzte und erwiderte: »Ich wollte gerade zum Mittagessen gehen.«

»Sehr schön«, entgegnete O'Mara. »In dem Fall werden Sie entzückt sein zu hören, daß die Bewohner vom Fleischkloß irgendein Raumfahrzeug in die Umlaufbahn gebracht haben, und seinem Aussehen nach zu urteilen, könnte es sich dabei um einen Prototyp handeln. Jedenfalls ist das Ding in Schwierigkeiten geraten, und Colonel Skempton kann Ihnen dazu mehr Einzelheiten verraten. Die *Descartes* bringt es hierher, damit wir uns mit der Besatzung genauer befassen. Es wird in knapp drei Stunden eintreffen, und ich schlage vor, Sie fliegen mit einer Ambulanzfähre und schwerem Bergungsgerät zu diesem Raumfahrzeug hinaus, um erst einmal die Besatzung zu befreien. Des weiteren werde ich anregen, Doktor Mannon und Prilicla von ihren normalen Pflichten zu entbinden, damit Sie Ihnen behilflich sein können, zumal Sie drei ja so langsam zu unseren Spezialisten in Fleischkloß-Angelegenheiten geworden sind.«

»Ich verstehe«, erwiderte Conway ungeduldig.

»Fein«, sagte der Major. »Und ich bin froh, Doktor, daß Sie einsehen, daß es etwas Wichtigeres als ein schnödes Mittagessen gibt. Ein weniger aufgeklärter und kompetenter Psychologe als ich würde sich vielleicht über diesen plötzlich auftretenden Hunger wundern, der sich immer wieder bei Leuten einstellt, sobald von einer wichtigen und heiklen Aufgabe die Rede ist. Ich bin mir natürlich darüber im klaren, daß es sich hierbei nicht um das äußere Symptom für ein besonders fein entwickeltes Gespür für drohende Gefahr handelt, sondern lediglich um reine Gefräßigkeit!

Nun gut. Sie zählen ja nicht zu dieser Kategorie Mensch und werden sicherlich noch Vorbereitungen zu treffen haben, Doktor«, schloß er freundlich. »Ende.«

Skemptons Büro lag nicht weit entfernt, deshalb benötigte Conway nur fünfzehn Minuten für den Weg — worin bereits die Zeit enthalten war, einen Schutzanzug für die zweihundert Meter lange Strecke anzulegen, die durch die Station der illensanischen Chloratmer führte.

»Guten Morgen«, begrüßte ihn Skempton, und kaum hatte Conway den Mund geöffnet, fuhr er fort: »Kippen Sie das Zeug da vom Stuhl, und nehmen Sie Platz. O'Mara hat sich mit mir bereits in Verbindung gesetzt. Ich hab mich entschlossen, die *Descartes* zum Fleischkloß zurückzuschicken, sobald man das verunglückte Raumfahrzeug hierhergebracht hat. Einheimischen Beobachtern mag es nämlich durchaus so vorgekommen sein, als ob das Fahrzeug gekapert, um nicht zu sagen entführt worden ist. Die *Descartes* sollte jedenfalls vor Ort sein, um eventuelle Reaktionen zu beobachten und möglichst Kontakt herzustellen und die Bewohner zu beruhigen. Ich wäre Ihnen verbunden, wenn Sie die Besatzung so schnell wie möglich bergen, eventuell medizinisch versorgen und möglichst umgehend zum Fleischkloß zurückbringen. Sie können sich ja vorstellen, wie sehr sich die Arbeit unserer Kontaktspezialisten dadurch erleichtern würde.

Hier ist eine Kopie des Berichts über den Vorfall, den die *Descartes* durchgefunkt hat«, fuhr der Colonel fort, ohne auch nur die geringste Pause zum Luftholen einzulegen. »Und Sie werden hier diese Analyse von dem Wasser benötigen, das von einer Sonde in der Nähe der Abflugstelle entnommen wurde. Die eigentlichen Proben werden zur Verfügung stehen, sobald die *Descartes* eintrifft. Sollten Sie weitere Hintergrundinformationen über den Fleischkloß oder über das damit zusammenhängende Kontaktverfahren benötigen, dann suchen Sie Lieutenant Harrison auf. Er ist mittlerweile entlassen und wird sich freuen, Ihnen helfen zu können. Und bitte versuchen Sie beim Hinausgehen, nicht so laut mit der Tür zu knallen, Doktor.«

Als sei nichts gewesen, machte sich der Colonel wieder daran, tief in den scheinbar undurchdringlichen Schichten seiner Unterlagen herumzuwühlen, die sich im Laufe der Zeit auf seinem Schreibtisch abgelagert hatten. Erst jetzt schloß Conway wieder den Mund und ging hinaus. Im Vorzimmer bat er um Erlaubnis, den Kommunikator zu benutzen, und machte sich dann an die Arbeit.

Ein unbelegtes Becken auf der Chalder-Station schien der geeignetste Ort für die Unterbringung des oder der neuen Patienten. Die riesigen Bewohner von Chalderescol II waren ebenfalls Wasseratmer, obwohl das lauwarme, grünliche Wasser, in dem sie lebten, verglichen mit den suppenartigen Umweltbedingungen in den Meeren des Fleischkloßes fast hundertprozentig rein war. Die bereits vorhandene Wasseranalyse sollte es den Ernährungswissenschaftlern ermöglichen, die darin enthaltenen Nährstoffe zu ermitteln und synthetisch zu erzeugen, allerdings ohne deren lebende Organismen. Das mußte warten, bis die Proben eintrafen und man die Möglichkeit hatte, diese Organismen genau zu untersuchen und künstlich zu reproduzieren. Ebenso konnten die Spezialisten für Umweltbedingungen zwar schon jetzt die erforderlichen Gravitations- und Wasserdruckbedingungen schaffen, mußten aber auf die Ankunft des Schiffs warten, um der Unterkunft den letzten Schliff zu verleihen.

Als nächstes organisierte Conway eine Ambulanzfähre, die mit schwerem Bergungsgerät und medizinischen Hilfsmitteln ausgerüstet war und noch vor der

Ankunft der *Descartes* samt der dazugehörigen Besatzung zur Verfügung gestellt werden mußte. Die Fähre mußte zudem so ausgestattet sein, einen oder mehrere Patienten unbekannter Klassifikation aufzunehmen, die wahrscheinlich verletzt, einer Dekompression ausgesetzt und bis dahin dem Tod nahe waren. Außerdem forderte Conway ein speziell ausgebildetes Rettungsteam an, das Erfahrung bei der Bergung und dem schnellen Nottransport von Schiffbrüchigen hatte.

Als er gerade den letzten Anruf bei Thornnastor, dem leitenden Diagnostiker der Pathologie, erledigen wollte, zögerte er plötzlich.

Er war sich nicht vollkommen sicher, ob er ihm eine Reihe ganz bestimmter Fragen — einschließlich einiger hypothetischer Fragen — stellen oder ihm gegenüber lediglich seine Bedenken äußern wollte. Es war ungeheuer wichtig für das Orbit Hospital, diesen oder diese Patienten zu behandeln und zu heilen. Unabhängig davon, daß dies sowieso die Aufgabe des Hospitals war, wäre eine erfolgreiche Behandlung der ideale Weg, mit den Einheimischen auf dem Fleischkloß in Kontakt zu treten, um so eventuell in den Besitz einiger dieser fabelhaften gedankengesteuerten Instrumente zu gelangen.

Doch wie waren die Besitzer dieser Wunderwerkzeuge wirklich? Waren sie klein und vollkommen unspezialisiert, womöglich ohne feste körperliche Gestalt, wie die Werkzeuge, die sie benutzten? Oder waren sie, wenn man an die erforderlichen geistigen Fähigkeiten dachte, um solche Arbeitsgeräte überhaupt erst einmal zu entwickeln, nur wenig mehr als körperlich hilflose Gehirne und gar Abhängige ihrer gedankengesteuerten Werkzeuge, die sie ernährten, schützten und sämtliche ihrer körperlichen Bedürfnisse befriedigten? Conway wollte unbedingt wissen, was er bei der Ankunft des Alienschiffs zu erwarten hatte. Doch Diagnostiker waren, wie jedermann wußte, unberechenbar und duldeten verworrene und konfuse Gedankengänge sogar noch weniger als der Chefpsychologe.

Wie sich Conway selbst sagte, schien es somit durchaus ratsam zu sein, mit seinen Fragen zu warten, bis er den Patienten tatsächlich gesehen hatte, was zudem in etwas mehr als einer Stunde bereits der Fall sein würde. Die dazwischenliegende Zeit wollte er dazu nutzen, den Bericht der *Descartes* zu studieren.

Und um Mittag zu essen.

Die *Descartes* tauchte in den Normalraum ein, wobei sich das Alienschiff hinter ihr wie ein schwerfälliger Propeller drehte, und drang dann genauso schnell wieder für den Rückflug zum Planeten Fleischkloß in den Hyperraum ein. Die Ambulanzfähre näherte sich, schnappte sich die Schlepptrosse, die von der *Descartes* zurückgelassen worden war, und befestigte nun ihrerseits das freie Ende an ihrem eigenen drehbaren Befestigungspunkt.

Dr. Mannon, Dr. Prilicla, Lieutenant Harrison und Conway, die allesamt in Raumanzügen steckten, beobachteten das Kopplungsmanöver von der geöffneten Luftschleuse aus.

»Es leckt noch immer«, sagte Mannon. »Das ist ein gutes Zeichen — es herrscht noch immer Druck im Innern ...«

»Wenn es kein Leck im Treibstofftank ist«, gab Harrison zu bedenken.

»Empfangen Sie irgendwelche Gefühlsregungen, Doktor Prilicla?« fragte Conway.

Priliclas zerbrechlicher Eierschalenkörper und die sechs dazugehörigen streichholzdünnen Beine zitterten heftig, wodurch eindeutig feststand, daß er irgend etwas fühlte.

»Das Schiff enthält nur ein Lebewesen«, sagte er langsam. »Es strahlt in erster Linie Angst aus, aber auch Schmerz- und Erstickungsgefühle. Ich würde sagen, diese Gefühle hat es schon seit vielen Tagen — die Ausstrahlungen sind nur schwach und wegen des allmählichen Schwindens des Bewußtseins nicht ganz eindeutig. Doch die Qualität der Denkweise dieses Wesens läßt keinen Zweifel zu, daß es intelligent und nicht nur ein Versuchstier ist ...«

»Schön zu wissen, daß wir uns die ganze Mühe nicht nur wegen irgendeines Wunderinstruments oder eines kleinen Raumhunds machen«, bemerkte Mannon trokken. »Wenn ich allerdings an meinen Hund denke, dann ...«

»Wir haben nicht viel Zeit«, mahnte Conway.

Er dachte daran, daß der Patient mittlerweile ziemlich am Ende sein mußte. Die Angst des Aliens war natürlich verständlich. Der von Prilicla diagnostizierte Schmerz rührte wahrscheinlich von einer Verletzung her und das Erstickungsgefühl und das nachlassende Bewußtsein von äußerst großem Hunger beziehungsweise faulem Atemwasser. Conway versuchte, sich in die Lage des fremden Astronauten zu versetzen.

Obwohl der Pilot durch die anscheinend unkontrollierbare Drehung stark verwirrt worden sein mußte, hatte das Wesen absichtlich die Drehung aufrechtzuerhalten versucht, als die *Descartes* sich bemüht hatte, es an Bord zu nehmen. Es muß also schlau genug gewesen sein, um zu erkennen, daß ein schlingerndes Schiff nicht in den Laderaum gezogen werden konnte. Vielleicht hätte es die Drehung sogar mit eigener Steuerungskraft abbremsen können, wenn die *Descartes* nicht so erpicht darauf gewesen wäre, ihm zu Hilfe zu eilen. Aber das war natürlich nur eine Möglichkeit von vielen — schließlich war das Raumfahrzeug leckgeschlagen und drehte sich noch immer. Da der Insasse kaum noch bei Bewußtsein war, glaubte Conway, es riskieren zu können, ihm noch ein bißchen mehr Angst einzujagen — er wollte die Drehung stoppen und das Fahrzeug in das Bergungsschiff einholen lassen, um den Patienten so schnell wie möglich in das wassergefüllte Krankenbecken zu verfrachten, wo man ihn behandeln konnte.

Doch kaum hatten sich die unsichtbaren Finger der Traktorstrahlen ausgestreckt, schien eine ebenso imaginäre Kraft Priliclas zerbrechlichen Körper zu packen und wild zu schütteln.

»Doktor«, sagte der Empath, »das Wesen strahlt extreme Angst aus. Es zwingt seinen am Rande einer Panik stehenden Verstand zu zusammenhängenden Gedanken. Es verliert rasch das Bewußtsein, stirbt vielleicht ... Sehen Sie! Es gibt Steuerungsschub!«

»Abschalten!« befahl Conway den Traktorstrahlentechnikern. Während sich das Alienschiff, das fast zum Stillstand gekommen war, wieder langsam zu drehen begann, schoß plötzlich aus seitlichen Öffnungen in der Nase und im Heck Dampf heraus. Nach ein paar Minuten wurden die Dampfstrahlen unregelmäßiger und schwächer und versiegten schließlich ganz, während das Fahrzeug mit ungefähr der Hälfte der ursprünglichen Geschwindigkeit weiterhin rotierte. Prilicla sah immer noch aus, als wenn sein Körper von einem starken Wind geschüttelt würde.

»Doktor«, sagte Conway plötzlich, »bedenkt man die Beschaffenheit der Werkzeuge, die diese Wesen benutzen, frage ich mich, ob es sich nicht auch um die Anwendung irgendwelcher Psikräfte handeln könnte, die der Pilot jetzt anscheinend auch gegen uns einsetzen will, denn Sie zittern ja wie Espenlaub.«

Als Prilicla antwortete, war seine Stimme natürlich frei von sämtlichen Emotionen. »Das Wesen denkt nicht direkt an uns oder an irgendeine bestimmte Person, mein Freund«, entgegnete der Empath. »Seine emotionale Ausstrahlung besteht in erster Linie aus Angst und Verzweiflung. Sein Wahrnehmungsvermögen wird immer schwächer, und seine ganze Konzentration scheint nur noch der Abwendung einer unwiderruflichen Katastrophe zu gelten ...«

»Denken Sie dasselbe wie ich, Conway?« fragte Mannon plötzlich.

»Wenn Sie meinen, ob ich daran denke, das Ding wieder auf volle Geschwindigkeit zu bringen, dann lautet meine Antwort ja«, erwiderte Conway. »Obwohl es dafür eigentlich keinen logischen Grund gibt, oder?«

Ein paar Sekunden später kehrten die Traktorstrahlentechniker die Polarität um, wodurch die Drehgeschwindigkeit des Alienschiffs wieder erhöht wurde.

Fast augenblicklich hörte Priliclas Zittern auf, und er berichtete: »Das Wesen fühlt sich jetzt sehr viel besser — das heißt natürlich nur relativ. Körperlich ist es allerdings immer noch nicht gut bei Kräften.«

Prilicla begann erneut zu zittern, doch diesmal waren es die von Conway ausgestrahlten Gefühle des Ärger und der Enttäuschung, die sich auf das kleine Wesen übertrugen. Conway versuchte, kühler und konstruktiver zu denken, obwohl er wußte, daß er auf der Stelle trat, zumal die Situation im Grunde genommen genauso zerfahren war wie zu dem Zeitpunkt, als die *Descartes* erstmals versucht hatte, dem Astronauten vom Fleischkloß behilflich zu sein.

Doch gab es ein paar Dinge, die er schon jetzt tun konnte und die dem Patienten wenigstens indirekt helfen könnten.

So mußte der Dampf, der aus dem Fahrzeug ausströmte, analysiert werden, um zu sehen, ob es sich dabei nur um Treibstoff oder um Wasser aus dem Lebenserhaltungssystem des Wesens handelte. Viele wertvolle Daten konnte man durch einen direkten Blick auf den Patienten gewinnen, selbst wenn es nur möglich war, ihn durch das falsche Ende eines Periskops zu sehen, da das Schiff keine Direktsichtluke besaß. Außerdem sollten sie nach Möglichkeiten suchen, ins Schiff hineinzugelangen, um den Insassen zu untersuchen und zu beruhigen, bevor man ihn zur Fähre bringen und auf die Chalder-Station überführen würde.

Dicht gefolgt von Lieutenant Harrison, zog sich Conway an der Schlepptrosse entlang auf das rotierende Schiff zu. Schon nach ein paar Metern begannen sich die beiden Männer mit der rotierenden Trosse mitzudrehen, und als sie schließlich das Raumfahrzeug erreichten, schien es stillzustehen, während der Rest des Universums in schwindelerregenden Kreisen um sie herumwirbelte. Mannon war in der Luftschleuse zurückgeblieben, weil er darauf bestanden hatte, für solche akrobatischen Kunststücke zu alt zu sein, während sich Prilicla dem Schiff im freien Flug näherte, wobei er die Antriebsaggregate seines Raumanzugs zum Manövrieren benutzte.

Da der Patient beinahe bewußtlos war, mußte der Cinrussker schon dicht in der Nähe sein, um die feinen Veränderungen in der nur noch schwachen emotionalen Ausstrahlung wahrnehmen zu können. Wie die Flügel einer gigantischen Windmühle wirbelte jetzt der lange, röhrenförmige Rumpf des Alienschiffs still neben dem kleinen Wesen herum.

Conway sprach seine Besorgnis um den Empathen zwar nicht aus, doch war dies bei Prilicla auch nicht notwendig.

»Ich weiß Ihre Sorge um mich zu schätzen, mein Freund«, sagte Prilicla, »aber ich glaube nicht, daß ich geboren worden bin, um wie eine Fliege totgeschlagen zu werden — trotz meiner physiologischen Klassifikation.«

Als Conway und Harrison am Rumpf angelangt waren, hangelten sie sich von der Schlepptrosse zur Schiffswand hinüber, wobei sie an Handgelenken und Stiefeln Magnete benutzten, um sich an dem rotierenden Schiff festzuhalten. Wie sie sofort bemerkten, war an der Stelle, wo die *Descartes* den Magnetgreifer angebracht hatte, die Außenhaut stark verbeult worden und Dampf trat dort aus. Ihre eigenen Anzugmagnete hinterließen ebenfalls flache Furchen in der Außenhaut, denn das Metall war nicht viel dicker als Papier, und Conway hatte Angst, schon durch eine einzige ruckartige Bewegung ein Loch hineindrücken zu können.

»So schlecht ist das Schiff nun auch wieder nicht, Doktor«, meinte der Lieutenant. »In den Pioniertagen unseres eigenen Raumflugzeitalters — also noch lange bevor es durch Schwerkraftregulierung und Hyperantrieb praktisch keine Gewichtsprobleme mehr gab — mußten die Raumfahrzeuge so leicht wie möglich gebaut werden, und zwar so leicht, daß sogar die Treibstoffbehälter häufig zur Versteifung der Konstruktion mitbenutzt wurden ...«

»Trotzdem hab ich ein Gefühl, als würde ich auf hauchdünnem Eis liegen«, entgegnete Conway. »Ich kann darunter sogar Wasser oder Treibstoff gluckern hören. Wenn Sie das Heck überprüfen, gehe ich nach vorne.«

Conway und Harrison nahmen gleich an mehreren Stellen von dem ausströmenden Dampf Proben, klopften und pochten das Schiff ab und horchten sorgsam mit empfindlichen Richtmikrofonen auf Geräusche aus dem Schiffsinnern. Doch vom Insassen kam keine Antwort, und Prilicla berichtete den beiden, der Pilot sei sich ihrer Anwesenheit nicht bewußt. Die einzigen Lebenszeichen von innen waren mechanischer Natur. Nach den Geräuschen zu urteilen, die sie neben dem Gluckern von Flüssigkeit hören konnten, schien das Schiff eine ungewöhnlich große Menge an Maschinen zu beherbergen. Und als sie sich auf die äußeren Enden des Schiffs zubewegten, kam durch die Zentrifugalkraft eine weitere Komplikation hinzu — je weiter sie sich dem Bug oder Heck näherten, desto größer wurde die Kraft, die sie von dem rotierenden Schiff fortzuschleudern drohte.

Conways Körper war mit dem Kopf zum Schiffsbug gerichtet, so daß sich die Zentrifugalkraft mit zirka minus einem Ge auf ihn auswirkte. Das war, jedenfalls bis jetzt, nicht einmal sonderlich unangenehm — zwar verspürte er ein unbehagliches Gefühl, als ob ihm die Augen heraustreten würden, doch konnte er nach wie vor gut sehen. Das größte Unbehagen bereitete ihm der Anblick Priliclas, der Ambulanzfähre und der gewaltigen Konstruktion des Orbit Hospitals, das aus dieser Entfernung wie ein röhrenförmiger Weihnachtsbaum wirkte, weil sie allesamt um den nicht wirklich bewegungslosen Schiffsbug herumzurasen schienen. Sobald er die Augen schloß, verringerte sich zwar das Schwindelgefühl umgehend, aber logischerweise konnte er dann nicht mehr sehen, was er tat.

Je weiter er sich nach vorne begab, desto mehr Kraft brauchten die Magneten, um ihn am glatten Metall des Schiffsrumpfs zu halten. Aber er konnte die Kraft nur geringfügig steigern, da sich die dünne Außenhaut unter den Magneten auszubeulen begann, und er fürchtete, den Rumpf aufzureißen. Ein paar Meter vor ihm befand sich ein kurzes, hervorstehendes Rohr, das vielleicht eine Art Periskop darstellte, und er schob sich vorsichtig darauf zu. Plötzlich rutschte er nach vorne ab, wobei er instinktiv nach dem Rohr griff.

Das vorspringende Rohr in seinen Händen bog sich erschreckend zurück, und als Conway bemerkte, daß an den Befestigungsnähten Dampf austrat, ließ er es sofort wieder los. Unmittelbar darauf spürte er, daß er wie von einer Steinschleuder in den freien Raum katapultiert wurde.

»Wo, zum Teufel, sind Sie, Doktor?« fragte Mannon besorgt. »Bei der letzten Drehung waren Sie noch da, und jetzt sind Sie einfach weg ...«

»Keine Ahnung, Doktor«, antwortete Conway wütend. Dann zündete er eins der Notleuchtsignale an seinem Anzug und fragte: »Können Sie mich jetzt sehen?«

Als er spürte, wie sich die Traktorstrahlen auf ihn richteten und ihn zur Fähre zurückzuziehen begannen, fuhr er fort: »Was wir machen, ist völlig sinnlos. Das

Ganze sollte eine simple Rettungsaktion werden, aber wir brauchen einfach viel zu lange dafür. Lieutenant Harrison und Doktor Prilicla, kommen Sie bitte zum Schiff zurück. Wir werden es auf eine andere Art versuchen.«

Während sie ihre Vorgehensweise besprachen, hatte Conway das Raumfahrzeug aus jedem Winkel fotografieren lassen und das Labor auf der Fähre mit einer ausführlichen Analyse der Proben betraut, die er und Harrison zuvor gesammelt hatten. Sie suchten noch immer nach einem geeigneten Verfahren, den Patienten zu bergen, als sie mehrere Stunden später die Abzüge und vollständigen Analysen erhielten.

Laut Laborbericht lief aus sämtlichen Lecks des Alienschiffs kein Treibstoff aus, sondern Wasser, das ausschließlich zum Atmen zu dienen schien, da es nicht die üblichen tierischen und pflanzlichen Organismen enthielt, die man in den Meeresproben vom Fleischkloß gefunden hatte. Verglichen mit diesen Meeresproben war der CO_2-Gehalt zudem relativ hoch — das Wasser war, kurz gesagt, besorgniserregend verbraucht.

Eine genaue Untersuchung der Fotos durch Harrison, der sich auf dem Gebiet der frühzeitlichen Raumfahrt recht gut auskannte, deutete darauf hin, daß das überstehende Heck einen Hitzeschild enthielt, an dem mit Feststoff betriebene Bremsraketen angebracht waren. Für Harrison war klar, daß der lange zylindrische Flugkörper keine dritte Stufe mehr hatte, sondern nur wenig mehr als eine Lebenserhaltungsausrüstung enthielt, die, ihrer Größe nach zu urteilen, ziemlich primitiv sein mußte. Nachdem er dies geäußert hatte, korrigierte er sich noch ein wenig zugunsten einer etwas freundlicheren Darstellung und fügte hinzu, daß es sauerstoffatmenden Astronauten möglich sei, komprimierte Luft mit sich zu führen, wohingegen Wasseratmer ihr Wasser ja nicht komprimieren könnten.

Die Spitze der Schiffsnase enthielt kleine Klappen,

hinter denen sich wahrscheinlich die Landefallschirme befanden. Ungefähr anderthalb Meter dahinter befand sich eine weitere Klappe, die zirka vierzig Zentimeter breit und zwei Meter hoch war. Das stellte für die Aus- und Einstiegsluke eines Piloten zwar eine seltsame Form dar, doch Harrison war davon überzeugt, daß es sich nur um eine solche Öffnung handeln konnte. Wie er hinzufügte, mache es der geringe Entwicklungsgrad der Schiffskonstruktion zudem unwahrscheinlich, daß es sich bei dieser Klappe um die Außenluke einer Luftschleuse handelte, sondern mit ziemlicher Sicherheit nur um einen direkten Zugang zur Kommandokapsel.

Er warnte Conway davor, diese Luke zu öffnen, weil durch die Zentrifugalkraft innerhalb weniger Sekunden das Wasser aus dem Schiff geschleudert werden würde, oder, um ganz genau zu sein, die Hälfte des Wassers. Durch dieselbe Kraft würde nämlich die andere Hälfte des Wassers im Heckbereich verbleiben, doch befand sich der Astronaut höchstwahrscheinlich in der Schiffsnase.

Conway gähnte heftig, rieb sich die Augen und sagte erschöpft: »Ich muß den Patienten sehen, um eine Vorstellung von seinen Verletzungen zu bekommen und die Unterbringung vorzubereiten, Lieutenant. Angenommen, ich würde mich mittschiffs in der Nähe des Rotationszentrum hineinschneiden. Eine beträchtliche Menge Wasser ist ja bereits ausgelaufen, und der Rest wird von der Zentrifugalkraft in Bug und Heck gedrückt. Deshalb dürfte die Schiffsmitte so gut wie leer sein und der durch mein Eindringen verursachte zusätzliche Wasserverlust nur geringfügig ausfallen.«

»Das stimmt zwar, Doktor«, entgegnete Harrison, »aber die Schiffskonstruktion könnte so beschaffen sein, daß Sie dabei versehentlich eine Schweißnaht der wassergefüllten Teile beschädigen. Es besteht sogar die Gefahr, daß die Zentrifugalkraft die gesamte Konstruktion auseinanderreißt, so zerbrechlich ist das Ding.«

Conway schüttelte den Kopf. »Wenn wir den Mittelteil mit einem breiten Band aus dünnem Metall umschließen, das eine mit einem Scharnier versehene luftdichte Luke hat, die groß genug für einen Menschen ist, dann können wir die Ränder des Bands mit schnelltrocknendem Klebstoff luftdicht an das Schiff kleben und eine provisorische Schleuse über der Luke aufbauen — natürlich ohne zu schweißen, denn die Hitze würde die Außenhaut beschädigen. Das würde mir ermöglichen hineinzugelangen, ohne ...«

»Das wäre auf einem rotierenden Schiff aber eine äußerst heikle Angelegenheit«, gab Mannon zu bedenken.

Harrison nickte zustimmend, dann sagte er: »Sicher, aber wir könnten ein leichtes, röhrenförmiges Gerüst errichten, das wir mit Magneten am Rumpf verankern. Von dort aus könnten wir das Band verkleben und die Luftschleuse aufbauen. Das klingt komplizierter als es ist und würde nur relativ wenig Zeit in Anspruch nehmen.«

Prilicla äußerte sich nicht. Cinrussker hatten einen notorischen Mangel an physischem Durchhaltevermögen, und der kleine Empath hatte sich mit seinen Beinen, deren Enden mit Saugnäpfen versehen waren, an die Decke gehängt und war eingeschlafen.

Mannon, der Lieutenant und Conway bestellten beim Hospital Material und fachmännische Hilfe und begannen, eine Arbeitsgruppe zusammenzustellen, als der Funker der Ambulanzfähre meldete: »Ich hab Major O'Mara für Sie auf Schirm zwei.«

»Werter Doktor Conway«, sagte der Chefpsychologe, als er sehen und gesehen werden konnte, »zu mir sind Gerüchte durchgedrungen, daß Sie versuchen — und es wahrscheinlich schon erfolgreich bewerkstelligt haben —, einen neuen Langsamkeitsrekord in der Disziplin ›Bergung eines Patienten von einem Schiff und dessen Einlieferung in ein Hospital‹ aufzustellen. Ich brauche Sie nicht an die Dringlichkeit und Wichtigkeit dieser

Angelegenheit zu erinnern, tue es aber trotzdem. Also, Conway, diese Angelegenheit ist dringend und wichtig. Ende.«

»Sie selbstherrlicher und aufgeblasener Seelenklempner ...«, begann Conway wütend eine Schimpftirade an das bereits verblassende Bild, beherrschte dann jedoch schnell seine Gefühle, weil sie Prilicla selbst im Schlaf zucken ließen.

»Vielleicht«, sagte der Lieutenant, wobei er Mannon grübelnd anblickte, »ist mein Bein noch nicht wieder richtig verheilt, seit ich es mir während dieses überstürzten Starts vom Fleischkloß gebrochen hab. Ein freundlicher, hilfsbereiter Arzt würde sich möglicherweise entschließen, mich wieder auf Ebene zweihundertdreiundachtzig, Station vier zurückzuschicken.«

»Derselbe freundliche und hilfsbereite Arzt würde möglicherweise zu dem Schluß kommen«, entgegnete Mannon trocken, »eine gewisse terrestrische Schwester auf Ebene zweihundertdreiundachtzig, Station vier, könnte etwas mit ihrem Rückfall zu tun haben. Er würde Sie wahrscheinlich in diesem Fall auf ... nun, sagen wir mal, auf Ebene zweihunderteinundvierzig, Station sieben, verlegen. Es gibt nämlich nichts Besseres, als einen terrestrischen Mann von einer vieräugigen Schwester mit viel zu vielen Beinen bemuttern zu lassen, um ihn von seinen fleischlichen Gelüsten zu heilen.«

Conway lachte. »Beachten Sie ihn einfach nicht, Harrison. Gelegentlich sind Doktor Mannons Gedanken noch schmutziger als die von O'Mara. Im Moment gibt es nichts mehr, was wir tun könnten, meinen Herren, und es ist ein langer harter Tag gewesen. Lassen Sie uns lieber ins Bett gehen, bevor wir noch im Stehen einschlafen.«

Ein weiterer Tag verging, ohne bedeutende Fortschritte zu erzielen. Wegen der gebotenen Eile versuchte das für den Aufbau des Gerüsts zuständige Team, die Arbeit zu beschleunigen, mit dem Erfolg, daß es Werkzeuge und Gerüstteile verlor und mehrmals Mitarbeiter über Bord gingen. Sie konnten zwar ganz einfach mit Traktorstrahlen wieder zurückgeholt werden, doch die Werkzeuge und Gerüstteile waren nicht mit Leuchtsignalen ausgestattet und normalerweise unwiederbringlich verloren. Fluchend beschwerten sich die Monteure immer wieder darüber, solch heikle Gerüstbauarbeiten auf einem Weltraumkarussell verrichten zu müssen, machten sich dann aber wieder an die Arbeit.

Man kam zwar nur langsam, dafür aber zielstrebig voran. Die Menge der von Werkzeugen und Raumstiefeln im Rumpf des Raumfahrzeugs erzeugten Beulen und Furchen war nicht mehr zu zählen, und aus dem Schiff entwich immer mehr Wasserdampf.

Gegen Priliclas ausdrücklichen Wunsch versuchte Conway erneut, die Drehgeschwindigkeit des Schiffs zu verringern, um so den Verlauf der Arbeiten zu beschleunigen. Diesmal gab es beim Insassen keine Anzeichen von Panik, wie der Empath berichtete, weil er bereits zu bewußtlos war, um sich überhaupt noch Sorgen zu machen. Prilicla fügte hinzu, eigentlich könne er die emotionale Ausstrahlung des Patienten nur einem anderen Empathen beschreiben, doch sei er fest davon überzeugt, daß der Patient sehr bald sterben müsse, wenn die volle Drehgeschwindigkeit nicht bald wiederhergestellt würde.

Am nächsten Tag war das Gerüst fertig aufgebaut, und man begann mit der Arbeit, das Metallband anzubringen, mit dem die provisorische Luftschleuse verbunden werden sollte. Während die Schleusenkonstruktion errichtet wurde, befestigten Conway und Harrison Sicherheitsleinen am Gerüst und untersuchten den Schiffskörper. Der Lieutenant fand dabei eine Menge über die Steuerungsdüsen und die zu den Bremsraketen verlaufenden Schaltungen heraus, während Conway nur verblüfft auf die lange und recht schmale Ausstiegsluke starrte oder hin und wieder durch das winzige Glasbullauge guckte, das lediglich einen Durchmesser von wenigen Zentimetern hatte und hinter dem er nur wenig mehr als einen Rolladen erkennen konnte, der sich schnell öffnete und wieder schloß. Erst am folgenden Tag waren Conway und der Lieutenant in der Lage, das Alienschiff zu betreten.

Der Insasse wäre zwar noch am Leben, teilte Prilicla ihnen mit, doch sei er mittlerweile bereits in eine Art Koma gefallen.

Wie erwartet, befand sich im Mittelteil des Raumfahrzeugs kaum noch Wasser. Die Zentrifugalkraft hatte bewirkt, daß es sich in den äußeren Schiffsenden gesammelt hatte. Conways und Harrisons Scheinwerferlicht wurde von einem blendenden Nebel aus feinem Wasserdunst reflektiert, der, wie eine rasche Untersuchung ergab, durch die Funktionsweise eines mechanischen Systems aus Zahnrad- und Kettenantrieben entfacht wurde, das über die gesamte Schiffslänge verlief.

Sehr vorsichtig, um sich nicht mit einer Hand zwischen Ketten und Zahnrädern zu verfangen oder versehentlich mit einem Stiefel durch den zerbrechlichen Rumpf in den Weltraum zu treten, tastete sich Conway nach vorn, während sich der Lieutenant nach achtern bewegte. Auf diese Weise wollten sie sicherstellen, daß der Schiffsschwerpunkt so nahe wie möglich bei der Rotationsachse blieb, denn jede jetzt erzeugte Unausgeglichenheit würde das Gerüst herunterschütteln und wahrscheinlich Löcher in die Schiffswand reißen.

»Ich bin mir zwar darüber im klaren, daß eine Wasserwiederaufbereitungsanlage eine umfangreichere mechanische Ausrüstung erfordert als ein Luftwiederaufbereitungssystem«, sagte Conway zu Harrison und an die Adresse der Fähre, »aber müßte das Schiff nicht trotzdem verhältnismäßig mehr elektrische als mechanische Geräte an Bord haben? Ich komme nur ein paar Meter voran, und alles was ich sehe, sind Zahnräder und Kettenantriebe. Außerdem verursacht das Zirkulationssystem eine starke Strömung, einen regelrechten Sog, und ich laufe Gefahr, in das Räderwerk gezogen zu werden.«

Der feine, ständig gegenwärtige Sprühnebel erschwerte die Sicht enorm, doch einen Augenblick lang erhaschte Conway einen flüchtigen Blick von etwas, das nicht zur Maschinerie gehören konnte — irgend etwas Braunes und Ringelförmiges, aus dessen Körper kurze Stoppeln oder angedeutete Tentakel hervorragten, jedenfalls war es irgend etwas Organisches. Das Wesen war von allen Seiten durch sich drehende Maschinen eingeengt und schien selbst ebenfalls zu rotieren, doch war von seinem Körper so wenig sichtbar, daß Conway sich nicht sicher sein konnte.

»Ich kann jetzt den Insassen sehen«, berichtete Conway aufgeregt. »Allerdings nicht gut genug, um ihn klassifizieren zu können. Er scheint keinen Druckanzug zu tragen. Aber wir kommen an ihn nicht heran, ohne das Schiff auseinanderzureißen und ihn dabei zu töten.« Er fluchte und fuhr dann wütend fort: »Das ist doch alles völlig verrückt! Normalerweise würde ich jetzt den Patienten ruhigstellen, dann mit ihm rauskommen, ihn auf die Station transportieren lassen und ihn dort behandeln. Aber dieses verdammte Ding *kann nicht* ruhiggestellt werden, ohne ...«

»Angenommen, mit seinem Lebenserhaltungssystem stimmt etwas nicht«, unterbrach ihn der Lieutenant. »Irgend etwas, für dessen ordnungsgemäßes Funktionieren Gravitation oder künstliche Gravitation in der Form von Zentrifugalkraft benötigt wird. Wenn wir die Fehlfunktionen des Lebenserhaltungssystems beheben könnten, dann ...«

»Aber warum?« fragte Conway plötzlich, als bei ihm eine vage Idee, die er im Hinterkopf hatte, allmählich Gestalt annahm. »Ich meine, wie kommen wir zu der Annahme, daß irgend etwas nicht richtig funktioniert ...?« Er hielt kurz inne und sagte dann: »Wir werden hier drinnen die Ventile von ein paar Sauerstoffbehältern öffnen, um die Luft dieses Wesens aufzufrischen — ich meine damit natürlich das Wasser. Immerhin wäre das schon mal eine Erste-Hilfe-Maßnahme, bis wir in der Lage sind, etwas Konstruktiveres zu tun. Dann müssen wir zur Fähre zurück, mir kommen nämlich langsam einige sonderbare Ideen zu diesem Astronauten, die ich gerne testen möchte.«

Sie kehrten zum Kontrollraum zurück, ohne ihre Anzüge abzulegen. Prilicla erwartete die beiden bereits und berichtete ihnen, daß sich der Zustand des Patienten allem Anschein nach ein wenig gebessert hatte, obwohl er immer noch bewußtlos war. Der Empath fügte hinzu, der Grund dafür sei, daß sich das Wesen womöglich eine schwere Verletzung zugezogen hatte, im fortgeschrittenen Stadium unterernährt war oder kurz vor dem Erstickungstod gestanden hatte.

Conway erzählte den anderen von seiner Idee, und während er sprach, machte er eine Skizze von dem Alienschiff.

»Wenn das hier die Rotationsachse ist«, erklärte er, als die Zeichnung vollständig war, »und das die Entfernung zwischen der Achse und der Position des Piloten und dies hier die Rotationsgeschwindigkeit, können Sie mir dann sagen, wie nah die relative Schwerkraft, die in der Umgebung des Piloten herrscht, an die vom Fleischkloß herankommt?«

»Eine Minute«, bat Harrison, als er Conways Stift nahm und zu kritzeln begann. Ein paar Minuten später — er hatte sich etwas mehr Zeit genommen, um seine Berechnungen zweimal zu überprüfen — verkündete er: »Sehr nah, Doktor. Genaugenommen sind die Schwerkraftverhältnisse sogar identisch.«

»Und das bedeutet«, folgerte Conway nachdenklich, »daß wir es wahrscheinlich mit einem Wesen zu tun haben, das aus irgendeinem Grund, der physiologisch sicherlich einleuchtend ist, ohne Schwerkraft nicht leben kann. Ein Wesen also, für das Schwerelosigkeit absolut tödlich ist ...«

»Entschuldigen Sie, Doktor«, schaltete sich die Stimme des Funkers ein. »Ich hab Major O'Mara für Sie auf Schirm zwei ...«

Conway hatte plötzlich das Gefühl, daß die Idee, die in seinem Hinterkopf Gestalt angenommen hatte, genauso schnell zerplatzte wie sie ihm gekommen. *Rotation,* dachte er wütend, versuchte jedoch, den Gedanken zu verdrängen. *Zentrifugalkraft, ein kompliziertes Räderwerk ...* Aber schon füllte der kantige Quadratschädel des Chefpsychologen den Bildschirm, und es war ihm nunmehr unmöglich, an etwas anderes zu denken.

O'Maras Stimme klang freundlich — ein sehr schlechtes Zeichen. »Ihre jüngsten Aktivitäten sind wirklich sehr eindrucksvoll gewesen, Doktor«, begann er. »Besonders, als sie die Gestalt einer künstlichen Meteoritentätigkeit in Form herabfallender Werkzeuge und Bauteile angenommen haben. Doch ich bin nur um Ihren Patienten besorgt. Das sind wir übrigens alle — sogar und ganz besonders der Captain der *Descartes,* der vor kurzem zum Fleischkloß zurückgekehrt ist.

Die *Descartes* ist nämlich in arge Schwierigkeiten geraten. Drei Flugkörper mit Nuklearsprengköpfen wurden auf das Schiff abgeschossen. Einer davon kam vom Kurs ab und hat dabei ein großes Gebiet in einem Ozean des Fleischkloßes verseucht, und der zweite kam so nahe heran, daß der Captain vollen Notschub geben mußte, um ihm auszuweichen. Er meint, eine Kommunikation oder gar einen freundlichen Kontakt mit den Planetenbewohnern herzustellen sei unter diesen Umständen unmöglich. Die Einheimischen glauben offenbar, ihr Astronaut sei zu irgendeinem grauenerregenden Zweck entführt worden. Die einzige Möglichkeit, die Situation zu retten, wäre also die Rückkehr des Wesens in einem glücklichen und gesunden Zustand ...

Doktor Conway, Ihr Mund steht offen! Entweder sagen Sie etwas, oder Sie machen ihn wieder zu!«

»Entschuldigung, Sir«, entgegnete Conway geistesabwesend. »Ich hab gerade nachgedacht. Ich würde gerne etwas versuchen, und vielleicht könnten Sie mir dabei behilflich sein, indem Sie mir Colonel Skemptons Unterstützung verschaffen. Wir verschwenden hier draußen nur unsere Zeit, das hab ich jetzt eingesehen, und ich möchte das Raumfahrzeug in das Hospital bringen. Natürlich immer noch rotierend — jedenfalls zuerst. Die Frachtschleuse dreißig ist groß genug, um es aufzunehmen, und sie liegt nahe genug an den wassergefüllten Korridoren, die zur Krankenstation führen, die wir für den Patienten bereits vorbereiten. Doch ich fürchte, der Colonel wird mir die Erlaubnis verwehren, das Alienschiff ins Hospital zu holen.«

Trotz der Argumente Conways und der durch O'Mara gewährten Unterstützung wehrte sich Colonel Skempton tatsächlich gegen dieses Vorhaben mit Händen und Füßen, und er antwortete gerade zum drittenmal mit einem entschlossenen und unmißverständlichen Nein.

»Ich bin mir der Dringlichkeit dieser Angelegenheit zwar vollkommen bewußt«, sagte er, »und ich sehe auch deren Wichtigkeit für unsere zukünftigen Hoffnungen auf Handelsbeziehungen mit dem Fleischkloß vollkommen ein, und ich hab auch Verständnis für Ihre technischen Probleme, aber Sie werden ein chemisch betriebenes Raumfahrzeug mit funktionierenden Bremsraketen nicht, ich wiederhole, *nicht* in dieses Hospital bringen! Wenn diese Raketen nämlich versehentlich gezündet werden, sprengen sie uns möglicherweise ein Loch in die Wand, das einen tödlichen Druckabfall auf einem Dutzend Ebenen verursachen würde — oder aber das Fahrzeug schießt womöglich wie eine Bombe in den Zentralcomputer oder in das Gravitationskontrollzentrum!«

»Entschuldigen Sie kurz, Colonel«, erwiderte Conway etwas ungehalten. Dann wandte er sich zu Lieutenant Harrison um und fragte ihn: »Können Sie von der Fähre aus diese Bremsraketen zünden oder die Leitungen abtrennen?«

»Die Leitungen könnte ich wahrscheinlich nicht abtrennen, ohne die Raketen versehentlich auszulösen und mich selbst zu verkohlen«, antwortete Harrison nachdenklich, »aber ich könnte eine Relaisschaltung installieren, die … Ja, wir können die Dinger vom Kontrollraum aus zünden.«

»Auf geht's, Lieutenant!« entgegnete Conway erleichtert und drehte sich wieder zum Bild von Skempton. »Ich nehme an, Sir, Sie haben nichts dagegen einzuwenden, das Schiff ins Hospital zu lassen, sobald die Bremsraketen abgefeuert worden sind, oder? Und ich hoffe, Sie werden uns auch die Spezialausrüstung liefern, die wir in der Frachtschleuse und auf der Chalder-Station benötigen.«

»Der Wartungsoffizier auf der betreffenden Ebene erhält von mir umgehend die Anweisung, mit Ihnen zusammenzuarbeiten«, erwiderte Skempton knapp. »Viel Glück, Doktor. Ende.«

Während Harrison die Relaisschaltung installierte, überwachte Prilicla die Emotionen des Patienten. Conway und Mannon berechneten die ungefähre Größe und das annähernde Gewicht des Wesens, wobei ihnen als Grundlage die Schiffsmaße und Conways kurzer optischer Eindruck des Aliens dienten. Diese Informationen würde man dringend benötigen, sobald der Spezialtransporter und der sich drehende OP bereitstanden.

»Ich bin übrigens immer noch da, Doktor, und ich hab auch noch eine Frage«, meldete sich O'Mara auf seine typisch unwirsche Weise erneut zu Wort. »Ihre Ansicht, daß dieses Wesen entweder natürliche oder künstliche Schwerkraft zum Überleben benötigt, kann ich ja eventuell noch nachvollziehen, aber es auf ein kompliziertes Karussell zu schnallen und ...«

»Kein Karussell, Sir«, antwortete Conway. »Es wird senkrecht montiert, wie ein Riesenrad.«

O'Mara schnaufte heftig durch die Nase. »Ich nehme doch an, Sie wissen hoffentlich, was sie da vorhaben, Doktor, oder?«

»Absolut ...«, begann Conway.

»Natürlich ... was für eine dumme Frage von mir«, stellte der Psychologe resigniert fest und unterbrach die Verbindung.

Für die Installation der Relaisschaltung brauchte der Lieutenant länger, als er geschätzt hatte — bei diesem Auftrag dauerte anscheinend alles länger, als man geglaubt hatte! —, und Prilicla berichtete, der Zustand des Patienten verschlechtere sich rapide. Doch schließlich brannten die Bremsraketen, die das Alienschiff für den Austritt aus seiner ursprünglichen Umlaufbahn benötigt hätte, innerhalb weniger Sekunden aus. Die Fähre hielt die ganze Zeit Schritt, und als der Schub aufhörte, wurde das Alienschiff durch entgegengesetzte Traktorstrahlen weitergedreht, damit der Insasse immer noch die von ihm benötigte Gravitation hatte.

Trotzdem traten weitere Komplikationen auf. Kaum hatten die Bremsraketen ausgesetzt, öffnete sich in der Nase eine Klappe und der Landefallschirm schoß heraus und wickelte sich in Sekundenschnelle um das rotierende Schiff. Darüber hinaus hatten sich die Rumpfschäden durch die kurze Schubperiode verschlimmert.

»Es leckt jetzt wie ein Sieb!« rief Conway aufgeregt. »Feuern Sie noch einen Magnetgreifer ab. Halten Sie die Rotation aufrecht, und bringen Sie uns schnell zu Schleuse dreißig! Wie geht's dem Patienten?«

»Er ist jetzt zwar bei Bewußtsein«, antwortete der zitternde Prilicla, »aber nur schwach, und er strahlt maßlose Angst aus ...«

Das noch immer rotierende Fahrzeug wurde jetzt in die riesige Öffnung von Schleuse dreißig manövriert. Die im Innern der Schleusenkammer unter Deck befindlichen Schwerkraftgitter waren auf null Ge geschaltet worden, um die Schwerelosigkeit des Weltraums zu reproduzieren. Conways Schwindelgefühle, die er bereits gehabt hatte, als ihm das Alienschiff zum erstenmal zu Augen gekommen war, wurden jetzt durch den Anblick des im geschlossenen Raum schwerfällig herumwirbelnden Flugkörpers noch verstärkt. Während sich das Schiff drehte, versprühte es nach allen Seiten kalte Wasserdampfstrahlen.

Als schließlich die Außenluke der Schleuse dröhnend zuschlug, bremsten die Traktorstrahlen die Drehung des Schiffs sanft ab, während man gleichzeitig die künstliche Schwerkraft auf dem Deck auf den Normalwert vom Fleischkloß einstellte. Binnen weniger Sekunden ruhte das Raumfahrzeug waagerecht auf dem Deck.

»Wie steht es mit dem Insassen?« fragte Conway besorgt.

Prilicla antwortete: »Angst ... nein, äußerste Besorgnis. Die Gefühlsausstrahlungen sind jetzt ziemlich intensiv. Andererseits scheint es ihm gutzugehen oder zumindest besser ...« Der Empath machte dabei den Eindruck, als würde er seinen eigenen Gefühlen nicht trauen.

Das Alienschiff wurde behutsam angehoben und ein langer, flacher Transportwagen mit Ballonreifen daruntergerollt. Aus der Verbindungsschleuse, die in den angrenzenden, mit Wasser gefüllten Hospitalabschnitt führte, begann Wasser in die Kammer zu strömen. Prilicla lief die Wand hoch und an der Decke entlang, bis er sich an der richtigen Stelle ein paar Meter über der Schiffsnase befand. Mannon, Harrison und Conway wateten und schwammen schließlich in die gleiche Richtung. Als sie die Schiffsnase erreichten, scharten sie sich um das Vorderteil, schnitten die dünne Außenhaut auf und zogen sie vorsichtig ab. Technische Mitarbeiter spannten derweil riesige Gurte um den Schiffskörper, mit denen er am Rollwagen befestigt wurde, um ihn in den nahegelegenen Korridor der Wasseratmer befördern zu können.

Conway bestand bei diesem Unternehmen auf äußerste Sorgfalt, um eine etwaige Beschädigung des Lebenserhaltungssystems des Alienschiffs zu vermeiden.

Allmählich war der vordere Teil nur noch wenig mehr als ein Gerippe, und der Astronaut kam zum Vorschein. Er sah aus wie eine lederne, braune Raupe, die mit dem Schwanz im Mund auf einem der innersten Zahnräder einer Riesenuhr hängengeblieben war. Das Alienschiff war mittlerweile völlig untergetaucht, und das Wasser wurde unaufhörlich mit Sauerstoff angereichert.

Laut Prilicla strahlte der Patient jetzt Gefühle von äußerster Besorgnis und Verwirrung aus.

»Und ob er völlig verwirrt ist ...«, zischte eine wohlvertraute Stimme gereizt, und Conway bemerkte, daß O'Mara plötzlich neben ihm schwamm. Auf seiner anderen Seite übte sich Skempton in Hundepaddeln, sagte aber nichts. Der Psychologe fuhr fort: »Falls Sie es vergessen haben sollten, Doktor, handelt es sich hierbei um einen sehr wichtigen Patienten — deshalb unser großes persönliches Interesse. Aber warum nehmen Sie diesen besseren Wecker jetzt nicht einfach auseinander und holen den Patienten da raus? Sie haben jetzt Ihre Theorie bewiesen, daß er zum Leben Schwerkraft benötigt, und mit der versorgen wir ihn ja mittlerweile, also können wir ihn auch ...«

»Nein, Sir!« widersprach Conway energisch. »Jedenfalls jetzt noch nicht ...«

»Offenbar gleicht die Drehung des Wesens in der Kapsel die Schiffsrotation aus«, unterbrach ihn der Colonel, »und ermöglicht so dem Piloten eine feststehende Sicht auf die Außenwelt.«

»Ich weiß es nicht«, entgegnete Conway verbissen. »Die Schiffsrotation entspricht nicht ganz der des Astronauten im Innern. Meiner Meinung nach sollten wir warten, bis wir ihn zu dem Riesenrad transportieren können, das die Kapselverhältnisse fast genau simuliert. Ich hab so eine vage Ahnung, daß wir noch nicht aus dem Schneider sind.«

»Aber das ganze Schiff auf die Station zu transportieren, wenn man den Patienten in einem Bruchteil der Zeit dorthin bringen kann, ist doch ...«

»Nein«, widersprach Conway dem Colonel.

»Er ist der Arzt«, warf O'Mara ein, bevor sich der Streit ausweiten konnte. Dann lenkte er die Aufmerksamkeit des Colonels unmerklich auf das System aus Schaufelrädern, das die ›Luftzirkulation‹ des wasseratmenden Astronauten weiter aufrechterhielt.

Den riesigen Transportwagen, dessen Gewicht zu einem großen Teil von den luftgefüllten Ballonreifen im Wasser getragen wurde, schob man recht unsanft die Korridore entlang in das gewaltige Becken, das eine Kombination aus OP und Krankensaal für die wasseratmenden Patienten des Hospitals darstellte. Plötzlich trat eine weitere Komplikation auf.

»*Doktor!* Er kommt heraus!«

Einer der Männer, die um den vorderen Teil herumschwammen, mußte versehentlich den Knopf für den Auswurfmechanismus des Piloten betätigt haben, denn die schmale Luke sprang auf, und das System aus Getrieben, Zahnrädern und Kettenantrieben rutschte in eine neue Lage. Etwas, das wie drei Reifen mit einem Durchmesser von etwa anderthalb Metern aussah, rollte auf die Öffnung zu.

Der innerste der drei ›Reifen‹ war der Astronaut selbst, während die anderen beiden zu seinen Seiten ein metallisches Aussehen und eine Reihe von Schläuchen hatten, die von ihnen aus zum mittleren, organischen Reifen verliefen — wahrscheinlich Vorratsbehälter für Nahrung, wie Conway meinte. Seine Theorie bestätigte sich, als die Außenreifen genau in der Luke stoppten und der Alien, noch einen Versorgungsschlauch hinter sich herziehend, aus dem Schiff herausgerollt kam. Sich immer noch drehend sank er langsam auf den zweieinhalb Meter unter ihm liegenden Boden.

Harrison, der ihm am nächsten war, versuchte seinen Fall zu dämpfen, konnte aber nur mit einer Hand an ihn herankommen. Das Wesen drehte sich um die eigene Achse und schlug mit der Seite flach auf dem Boden auf. Es federte nur einmal langsam nach und blieb dann regungslos liegen.

»Er ist wieder bewußtlos, er stirbt! Schnell, Doktor Conway!«

Der normalerweise höfliche und zurückhaltende Empath hatte die Lautstärke seines Anzugfunks voll aufgedreht, um so besser die Aufmerksamkeit auf sich zu lenken. Conway bestätigte mit einer Handbewegung — er schwamm bereits so schnell er konnte auf den zu Boden gesunkenen Astronauten zu — und schrie zu Harrison: »Richten Sie ihn auf, Mann! Rollen Sie ihn!«

»Was ...?« wollte Harrison fragen, schob aber trotzdem beide Hände unter den Alien und stemmte ihn hoch.

Mannon, O'Mara und Conway kamen gleichzeitig an. Zu viert hoben sie ihn schnell in eine aufrechte Position, doch als Conway seine drei Helfer versuchen ließ, den Alien zu rollen, eierte er wie ein durchweichter Riesenreifen und neigte dazu, sich in sich selbst zusammenzufalten. Prilicla landete unter großer Lebensgefahr direkt neben ihnen und betäubte ihre Ohren mit den Einzelheiten der emotionalen Ausstrahlung des Astronauten — die jetzt praktisch nicht mehr vorhanden war.

Conway brüllte den drei anderen die Anweisungen zu, den Alien auf Hüfthöhe zu heben, ihn dabei aufrecht zu halten und zu rollen. Binnen weniger Sekunden hatte er es geschafft, daß O'Mara auf der einen Seite nach unten zog, Mannon auf der anderen den Alien hochhob und der Lieutenant und er selbst den großen, schlaffen, ringförmigen Körper von beiden Seiten stützten und rollten.

»Drehen Sie die Lautstärke runter, Prilicla!« schrie O'Mara. Dann knurrte er mit leiserer, wütender Stimme: »Ich nehme an, einer von uns weiß, was wir hier tun, oder?«

»Ich glaube schon«, antwortete Conway, der sich sofort angesprochen fühlte. »Können Sie ihn nicht mehr beschleunigen? Im Schiff hat er sich viel schneller gedreht als jetzt. Prilicla?«

»Er ist ... er ist kaum noch am Leben.«

Sie taten alles mögliche, um die Drehung des Aliens zu beschleunigen, während sie ihn gleichzeitig auf den Beckenabschnitt zurollten, der für ihn vorbereitet worden war. Dieser Abschnitt enthielt das komplizierte Riesenrad, das Conway bestellt hatte, und eine wässrige Atmosphäre, die der Suppe in den Meeren vom Fleischkloß einigermaßen entsprach. Zwar war es keine exakte Reproduktion, weil die in dieser Suppe aufgelösten Substanzen nicht aus den lebenden Organismen bestand, die man im Original gefunden hatte, sondern nur aus künstlichen Stoffen, doch hatte sie denselben Nährwert. Da diese Brühe zudem ungiftig war, soweit es die restlichen Wasseratmer betraf, die diese Station zu benutzen pflegten, hatte man die Unterkunft des Astronauten nicht extra durch Metallwände mit einer Luftschleuse, sondern nur durch eine transparente Plastikwand abtrennen müssen. Dadurch konnte der Patient nun sehr viel schneller in den ihm zugeteilten Abschnitt und auf das Rad gebracht werden.

Schließlich hatte man ihn an der richtigen Stelle untergebracht. Er war am Rad angebunden worden und drehte sich mit gleicher Geschwindigkeit und in derselben Richtung wie seine ›Liege‹ in der Kommandokapsel. Mannon, Prilicla und Conway schnallten sich selbst in der Nähe des Patienten an, wobei sie darauf achteten, gleichzeitig so nahe wie möglich am Mittelpunkt des Rads zu sein. Während sie bereits mit der Untersuchung begannen, gesellte sich weiteres OP-Personal zu ihnen. Spezialinstrumente, Diagnosegeräte und das gedankengesteuerte ›Spezialwerkzeug‹ trafen ein und wurden am Rad befestigt, das sich in der fast undurchsichtigen Suppe unaufhörlich drehte.

Gegen Ende der ersten Stunde befand sich der Patient noch immer in tiefer Bewußtlosigkeit.

O'Mara und Skempton zuliebe, die ihre Plätze auf dem Rad Mitgliedern des Operationsstabs überlassen hatten, sagte Conway: »Durch diese Brühe hindurch kann man selbst auf kurze Entfernung kaum etwas sehen. Da der reflexbedingte Atmungsvorgang eine Nahrungsaufnahme einschließt, und weil der Patient lange Zeit zu wenig Nahrung und Wasser hatte, ziehe ich es trotzdem vor, in dieser trüben Suppe zu arbeiten als in klarem und nährstofffreiem Wasser.«

»Essen ist auch meine Lieblingsmedizin«, bemerkte Mannon.

»Ich frage mich immer noch, wie solch eine Lebensform entstanden sein kann«, fuhr Conway fort. »Vermutlich fing alles in irgendeinem großen, flachen Gewässer an, das von den Gezeiten abhängig war. Dieses Gewässer muß so beschaffen gewesen sein, daß die Auswirkungen von Ebbe und Flut das Wasser ständig im Kreis bewegten, anstatt es steigen und sinken zu lassen. Der Patient hat sich vielleicht aus einem vorzeitlichen Tier entwickelt, das dauernd von den kreisförmigen Gezeiten an den flachen Stellen herumgerollt wurde und während dieser rotierenden Bewegung Nahrung aufnahm. Später entwickelte diese prähistorische

Kreatur spezialisierte Organe und eine Muskulatur, die es ihr ermöglichten, sich selbst zu rollen, anstatt sich auf die Gezeiten und Strömungen zu verlassen. Zusätzlich bildeten sich Greiforgane in der Form dieser Fransenkante aus kurzen Tentakeln, die zwischen den Reihen von Kiemenöffnungen und Augen aus dem Körper wachsen. Ihre Sehorgane müssen wie eine Art Zölostat funktionieren, da der Inhalt ihres Blickfelds ständig rotiert.

Die Fortpflanzung findet wahrscheinlich durch direkte Zellteilung statt«, fuhr er fort, »und sie rollen jede Minute ihres Lebens, denn Stillstand bedeutet Tod.«

»Aber warum?« warf O'Mara ein. »Warum muß sich dieses Wesen ständig drehen, obwohl es Wasser und Nahrung ohne jede Bewegung einsaugen könnte?«

»Wissen Sie überhaupt, was dem Patienten fehlt, Doktor Conway?« fragte Skempton aufgeregt und fügte dann besorgt hinzu: »Können Sie ihn behandeln?«

Mannon gab einen Laut von sich, der ein spöttisches Grunzen sein konnte, ein bellendes Lachen oder vielleicht bloß ein ersticktes Husten.

Conway antwortete schließlich: »Ja und nein, Sir. In gewissem Sinn müßte die Antwort allerdings auf beide Fragen ja lauten.« Er sah kurz O'Mara an, um ihn mit in das Gespräch einzubeziehen und fuhr fort: »Das Wesen muß rollen, um am Leben zu bleiben. Dabei wendet es eine glänzende Methode an, sich wie ein aufrechter Reifen zu drehen. Es verlagert nämlich permanent seinen Schwerpunkt, indem es den Körperabschnitt, der als nächstes oben sein soll, teilweise mit Luft aufpumpt. Das ununterbrochene Rollen läßt sein Blut zirkulieren — es verwendet ein Gravitationsversorgungssystem anstatt einer Muskelpumpe. Sehen Sie, dieses Geschöpf hat nämlich kein Herz, überhaupt keins. Wenn es zu rollen aufhört, stoppt auch der Blutkreislauf, und es stirbt innerhalb weniger Minuten.

Das Problem ist«, schloß Conway grimmig, »daß wir

den Blutkreislauf des Patienten möglicherweise schon zu oft unterbrochen haben.«

»Ich muß Ihnen ausnahmsweise einmal widersprechen, mein Freund«, entgegnete Prilicla, der in der Regel nie jemandem widersprach. Der Körper und die dünnen Beinchen des Empathen zitterten, allerdings langsam, ein Indiz dafür, daß er ausgesprochen angenehme Emotionen empfing. Der Cinrussker fuhr fort: »Der Patient erlangt sehr schnell das Bewußtsein zurück ... jetzt ist er schon bei vollem Bewußtsein! Er strahlt ein dumpfes, schwer zu lokalisierendes Schmerzgefühl aus, das ziemlich sicher durch Hunger hervorgerufen wird, doch beginnt es bereits abzuklingen. Ansonsten fühlt er sich ein wenig ängstlich. Er ist sehr aufgeregt und vor allem ungeheuer neugierig.«

»Neugierig?« hakte Conway nach.

»Neugier ist die vorherrschende Emotion, Doktor.«

»Unsere ersten Astronauten waren ebenfalls ganz besonders neugierige Leute ...«, merkte O'Mara an.

Danach verging noch mehr als eine Stunde, bis sie endlich mit dem Astronauten vom Fleischkloß fertig waren — natürlich rein medizinisch gesprochen — und aus ihren Anzügen herausstiegen. Ein Sprachenexperte des Monitorkorps teilte sich mittlerweile mit dem Alien das Riesenrad, um dem Übersetzungscomputer des Orbit Hospital möglichst rasch eine neue ET-Sprache beizubringen. Colonel Skempton war vorzeitig gegangen, weil er für den Captain der *Descartes* eine recht komplizierte Mitteilung zu verfassen hatte.

»Nicht alle Neuigkeiten sind gut«, sagte Conway, wobei er trotzdem vor Erleichterung unwillkürlich lächeln mußte. »Erst einmal hat unser ›Patient‹ an nichts anderem als an Unterernährung und partiellen Erstikkungserscheinungen gelitten und natürlich auch an den zusätzlichen Torturen, die ihm durch die Rettung — oder besser Entführung — der *Descartes* zugefügt worden waren. Leider zeigt er keine besondere Begabung für die Benutzung des gedankengesteuerten Werkzeugs — er kennt es nicht einmal. Das kann nur bedeuten, daß es noch eine zweite intelligente Spezies auf dem Fleischkloß geben muß. Doch sobald unser Freund richtig sprechen kann, werden wir ihn nach meinem Dafürhalten schnell davon überzeugen können, uns bei der Suche nach den wirklichen Besitzern dieses Wunderwerkzeugs behilflich zu sein. Laut Prilicla empfindet er uns gegenüber nicht einmal feindliche Gefühle, weil wir ihn einige Male beinahe getötet hätten. Ich hab wirklich keine Ahnung, wie wir es nach all den begangenen Fehlern geschafft haben, doch noch so glimpflich aus der Sache herauszukommen.«

»Falls Sie damit versuchen, mir ein Kompliment über Ihre glanzvollen Schlußfolgerungen beziehungsweise Zufallstreffer zu entlocken, dann verschwenden Sie damit nur Ihre und meine Zeit ...«, erwiderte O'Mara griesgrämig.

»Was halten Sie davon, wenn wir alle gemeinsam zu Mittag essen?« schlug Dr. Mannon vor.

Während er sich bereits zum Gehen wandte, antwortete O'Mara: »Sie wissen doch, daß ich nicht in der Öffentlichkeit esse — das würde sonst den Eindruck erwecken, ich sei ein ganz gewöhnlicher Mensch wie alle anderen auch. Außerdem werde ich wohl zu sehr damit beschäftigt sein, auch noch für eine zweite sogenannte intelligente Spezies eine Testreihe auszuarbeiten ...«

Blutsbruder

»Hierbei handelt es sich nicht um einen rein medizinischen Auftrag, Doktor«, sagte O'Mara, als Conway drei Tage später in das Büro des Chefpsychologen zitiert worden war, »obwohl das natürlich der Hauptaspekt bei dieser Angelegenheit ist. Sollten sich aus Ihren Problemen allerdings politische Komplikationen entwickeln, dann ...«

»... werde ich mich von der überwältigenden Erfahrung der Kontaktspezialisten des weisen Monitorkorps leiten lassen«, beendete Conway den Satz.

»Ihr Tonfall, Doktor Conway, läßt unterschwellige Kritik an der großartigen Gruppe terrestrischer und extraterrestrischer Wesen durchscheinen, der anzugehören ich die Ehre hab ...«, entgegnete O'Mara.

Das dritte Lebewesen im Raum fuhr damit fort, glukkernde Laute von sich zu geben, während es sich schwerfällig wie eine große organische Gebetsmühle drehte, ansonsten jedoch nichts sagte.

»... aber wir vertrödeln nur unsere Zeit«, fuhr O'Mara fort. »Sie haben noch zwei Tage, bis Ihr Schiff zum Fleischkloß abfliegt. Zeit genug, wie ich meine, um ein paar offenstehende persönliche oder berufliche Probleme in Ordnung zu bringen. Außerdem sollten Sie sich lieber so eingehend wie möglich mit den Einzelheiten dieses Projekts befassen, solange Sie das noch in einer angenehmen Arbeitsumgebung tun können.

Ich hab mich, wenn auch nur widerwillig, dazu entschlossen, Doktor Prilicla von diesem Auftrag auszuschließen — für ein Wesen, das so überempfindlich auf emotionale Ausstrahlungen reagiert, daß es praktisch schon in sich zusammenbricht oder gar stirbt, sobald jemand nur etwas Böses über ihn denkt, ist der Fleischkloß sicherlich nicht gerade der geeignete Ort für einen Sanatoriumsaufenthalt. Statt dessen bekommen Sie hier unseren neuen Freund Surreshun als Begleiter, der sich freiwillig gemeldet hat, für Sie den Führer und Berater zu spielen — obwohl mir schleierhaft ist, warum er das tut, wo wir ihn doch wirklich buchstäblich gekidnappt und fast umgebracht haben ...«

»Ich tue das, weil ich so unerschrocken und großmütig und versöhnlich bin«, erklärte Surreshun mit seiner ausdruckslosen Translatorstimme. Während er sich fortwährend drehte, fügte er hinzu: »Ich bin auch umsichtig und uneigennützig und denke dabei allein an das Wohl unserer beiden Spezies.«

»Ja«, erwiderte O'Mara, wobei er auf eine bewußt neutrale Ausdrucksweise achtete. »Völlig uneigennützig ist unsere Absicht allerdings nicht. Wir wollen die medizinischen Bedürfnisse auf Ihrem Heimatplaneten mit dem Vorsatz untersuchen und einschätzen, um auf diesem Gebiet Hilfe zu leisten. Da wir ebenfalls großmütig, uneigennützig und ... und mit hohen moralischen Werten ausgestattet sind, verlangen wir für diese Hilfe natürlich keine Gegenleistung. Sollten Sie sich allerdings bereit erklären, uns eine Anzahl dieser Instrumente — dieser quasi lebenden Instrumente, Werkzeuge oder wie immer man diese Dinger nennen will — zur Verfügung zu stellen, die von Ihrem Planeten stammen, dann ...«

»Aber Surreshun hat uns doch schon erzählt, daß seine Spezies diese Geräte nicht benutzt ...«, unterbrach ihn Conway.

»Und ich glaube ihm das auch«, entgegnete O'Mara. »Aber wir wissen, daß sie von seinem Heimatplaneten stammen, und es ist Ihre Aufgabe — eine Ihrer Aufgaben, Doktor — die Wesen ausfindig zu machen, die sie benutzen. Und jetzt, falls keiner mehr weitere Fragen hat ...«

Kurz darauf befanden sie sich auf dem Korridor. Conway sah auf seine Uhr und sagte: »Zeit fürs Mittagessen. Ich weiß nicht, wie es Ihnen ergeht, aber ich kann mit vollem Magen besser denken. Die Abteilung für Wasseratmer liegt nur zwei Ebenen über uns ...«

»Es ist zwar sehr nett von Ihnen, mir dieses Angebot zu unterbreiten, aber ich bin mir dessen durchaus bewußt, wie unbequem es für Ihre Spezies ist, unter den Bedingungen meiner Umwelt zu essen«, antwortete Surreshun. »Mein Lebenserhaltungssystem enthält ein interessantes Nahrungsangebot. Außerdem kehre ich in zwei Tagen nach Hause zurück, und deshalb werden sich mir nicht mehr allzu viele Gelegenheiten bieten, vielfältige Umweltbedingungen zu erleben oder Kontakte mit fremden Wesen zu schließen — obwohl ich natürlich, was das Wohlbefinden meiner Freunde angeht, absolut selbstlos und rücksichtsvoll bin. Ich würde es daher vorziehen, die Speiseeinrichtungen Ihrer warmblütigen Sauerstoffatmer zu benutzen.«

Conways Erleichterungsseufzer war unübersetzbar. Er entgegnete lediglich: »Nach Ihnen.«

Als sie die Kantine betraten, versuchte sich Conway zu entscheiden, ob er stehend wie ein Tralthaner essen oder einen mehrfachen Darmbruch auf einer melfanischen Folterbank riskieren sollte, denn die Tische für Terrestrier waren allesamt besetzt.

Conway wand sich also in einen melfanischen Stuhl hinein, während Surreshun, dessen Nahrungsvorrat in dem Wasser, das er atmete, suspendiert war, mit seinem mobilen Lebenserhaltungssystem so nah wie möglich am Tisch parkte. Conway wollte gerade bestellen, als sie gestört wurden. Thornnastor, der leitende Diagnostiker der Pathologie, kam herangetrampelt, richtete auf die beiden je ein Auge, während seine anderen zwei den Raum absuchten, und gab Geräusche wie ein modulierendes Nebelhorn von sich.

Die Klänge wurden wie gewöhnlich zum Übersetzungscomputer übertragen und in der üblichen tonlosen Translatorstimme zurückübersetzt und besagten: »Ich hab Sie hereinkommen sehen, Doktor Conway und Freund Surreshun, und mich gefragt, ob wir ein paar Minuten über Ihren Auftrag sprechen könnten — allerdings bevor Sie mit dem Essen beginnen …«

Wie alle seine tralthanischen Artgenossen war auch Thornnastor Vegetarier. Conway stand nun vor der Wahl, Salat zu essen — ein Nahrungsmittel, das er allenfalls Kaninchen zuzumuten meinte — oder, wie ihm sein Vorgesetzter nahegelegt hatte, auf sein Steak zu warten.

An den Tischen um sie herum beendeten einige Wesen ihr Mittagessen und begaben sich hinaus, indem sie ganz normal gingen, sich voranschlängelten oder, wie in einem Fall, flogen, und wurden durch eine ähnliche Mischung aus Extraterrestriern umgehend ersetzt. Thornnastor erörterte derweil Methoden, wie er am besten die Daten und Proben verarbeiten könnte, die Conway ihm später vom Fleischkloß schicken sollte, und er machte Vorschläge, wie diese planetenweite medizinische Untersuchung möglichst effizient durchzuführen war. Als derjenige, der für die Analyse dieser ungeheuren Menge eingehender Daten verantwortlich war, hatte er sehr feste Vorstellungen davon, wie dieser Auftrag seiner Ansicht nach am besten anzupacken war.

Doch schließlich entfernte sich der Pathologe wieder trampelnd, und Conway konnte sich endlich sein Steak bestellen und mehrere Minuten lang einen größeren chirurgischen Eingriff mit Messer und Gabel durchführen. Irgendwann bemerkte er, daß aus Surreshuns Translator ein tiefes, unregelmäßig brummendes Geräusch drang, das wahrscheinlich einem terrestrischen Räuspern entsprach.

»Haben Sie eine Frage?« erkundigte sich Conway.

»Ja«, antwortete Surreshun. Er gab zunächst einen weiteren unübersetzbaren Laut von sich und fuhr dann fort: »Unerschrocken, einfallsreich und emotional ausgeglichen wie ich bin …«

»Und dazu noch so unbeschreiblich bescheiden«, fügte Conway grinsend hinzu.

»... kann ich mir dennoch nicht helfen, über den morgigen Besuch im Büro des Wesens O'Mara ein wenig besorgt zu sein. Genauer gefragt, wird es weh tun und irgendwelche seelischen Nachwirkungen haben?«

»Es tut kein bißchen weh und Folgen hat es auch keine«, beruhigte ihn Conway, dann erklärte er Surreshun das Verfahren, das angewandt wurde, um eine Gehirnaufnahme beziehungsweise ein Schulungsband zu erstellen, und fügte hinzu, die ganze Angelegenheit sei völlig freiwillig. Sollte allerdings allein die Vorstellung daran bereits seelische oder körperliche Schmerzen bei ihm auslösen, könnte er seine Meinung jederzeit ändern, ohne an Achtung zu verlieren. Doch erweise er dem Hospital einen großen Dienst, wenn er O'Mara gestatten würde, dieses Band aufzunehmen, da es ihnen ein umfassendes und wertvolles Wissen über die Welt und Gesellschaft Surreshuns vermittle.

Als sie mit dem Essen fertig waren, gab Surreshun immer noch Geräusche von sich, die wohl am ehesten einem terrestrischen »Ojemine!« entsprachen. Kurz danach brach er auf, um in der wassergefüllten AUGL-Station ein wenig ›spazierenzurollen‹, und Conway begab sich zu seiner eigenen Abteilung.

Noch vor dem nächsten Morgen mußte er einige offenstehende Probleme erledigen, sich mit den Zuständen auf dem Fleischkloß vertraut machen und einige recht detaillierte Pläne für das Verfahren vor ihrer Ankunft auf dem Planeten entwerfen — und sei es aus dem einzigen Grund, um bei dem Monitor, der ihm als Begleiter zugeteilt worden war, den Eindruck zu erwekken, die Ärzte des Orbit Hospitals wüßten genau, was sie taten.

Momentan war er für eine Station der silberpelzigen kelgianischen Raupenwesen und die tralthanische Entbindungsstation verantwortlich. Darüber hinaus war ihm eine kleine FROB-Station zugeteilt worden, in der fünf Ge und eine dichte Hochdruckatmosphäre herrschten, *und* eine Station für die Wesen mit der merkwürdigen Klassifikation TLTU, deren Herkunft er nicht kannte und die extrem heißen Dampf atmeten. Es dauerte natürlich mehrere Stunden, die damit verbundenen offenstehenden Probleme zu erledigen.

Die Heil- oder Genesungsverläufe seiner Patienten hatten zwar gute Fortschritte gemacht, aber er fühlte sich trotzdem verpflichtet, mit allen einzeln zu sprechen und sich von ihnen zu verabschieden, weil sie lange nach seiner Rückkehr vom Fleischkloß bereits entlassen und wieder auf ihren Heimatplaneten heimgekehrt sein würden.

Conway nahm rasch im Stehen von einem Instrumentenwagen eine alles andere als ausgewogene Mahlzeit ein, und entschloß sich dann, Murchison anzurufen. Wie er selbstironisch meinte, mußte es sich um eine unwillkürliche Reaktion auf seinen vorhergehenden Anfall medizinischer Besessenheit handeln, daß er jetzt nur noch an sein eigenes Vergnügen zu denken vermochte …

Doch in der Pathologie sagte man ihm, Murchison habe gerade in der Methanabteilung Dienst und stecke derzeit in einem stark isolierten, im Innern mit Heizgeräten vollgestopften und außen mit Kühlanlagen versehenen Halbkettenfahrzeug. Das war die einzige Möglichkeit, die Kälteabteilung zu betreten, ohne einerseits selbst innerhalb von Sekunden zu erfrieren und andererseits mit der eigenen Körperwärme das Leben der Patienten auf dieser Station zu gefährden.

Jedoch konnte er sich über eine Relaisstation aus dem Dienstzimmer der Methanabteilung mit ihr unterhalten. Da er an all die terrestrischen und extraterrestrischen Ohren dachte, die wahrscheinlich mithörten, hielt er sich aber nur bedeckt und erzählte ihr in rein geschäftsmäßigem Ton von seinem kommenden Auftrag und vor allem von der Möglichkeit, daß sie ihn in ihrer Eigenschaft als frischgebackene Pathologin auf den Fleischkloß begleiten könnte. Er schlug vor, mit ihr die Einzelheiten auf der Freizeitebene zu besprechen, sobald sie Feierabend hatte. Während ihm Murchison zu seinem Leidwesen erzählte, daß dies erst in sechs Stunden der Fall sein würde, konnte er im Hintergrund das unsagbar süße und feine Klirren auf dieser Station wahrnehmen, das die vielen intelligenten Kristalle verursachten, wenn sie miteinander redeten, und das sich nach seinem Empfinden wie das feine Klingen fallender Schneeflocken anhörte.

Sechs Stunden später befanden sie sich auf der Freizeitebene, wo einem die täuschend echt wirkende künstliche Beleuchtung und die wirklich geniale Landschaftsgestaltung die Illusion unendlicher Weite vermittelten. Die beiden lagen an einem schmalen, von Felsen eingerahmten Meeresstrand, der zur See hin offen war. Das Wasser erstreckte sich scheinbar bis zum Horizont, der unmerklich in ein Hitzeflimmern überging. Lediglich die künstliche Sonne, die ein wenig zu rötlich ausgefallen war, und die extraterrestrischen Grünpflanzen, die den Strand und die Felsen umsäumten, raubten einem die Illusion, man würde sich in irgendeiner Südseebucht auf der Erde befinden.

Aber der Platz im Orbit Hospital war relativ knapp, und man konnte es nun einmal nicht jeder einzelnen Spezies gerecht machen. Außerdem erwartete man von Wesen, die zusammen arbeiten mußten, daß sie auch ohne Probleme ihre Freizeit gemeinsam verbringen konnten.

Conway fühlte sich sehr müde, und ihm fiel plötzlich ein, daß bereits in zwei Stunden sein morgendlicher Rundgang fällig gewesen wäre, wenn er noch Visiten zu erledigen gehabt hätte. Aber der morgige Tag — das heißt heute — sollte für ihn sogar noch arbeitsreicher werden, und wenn er seinen speziellen Freund O'Mara richtig kannte, würde er nicht einmal mehr vollkommen er selbst sein ...

Als er aufwachte, lehnte Murchison über ihm, und ihr Gesicht drückte eine Mischung aus Belustigung, Ärger und Besorgnis aus. Sie boxte ihm recht unsanft in die Magengrube und sagte: »Du bist vor über einer Stunde mitten im Satz auf mir eingeschlafen! So etwas mag ich überhaupt nicht. Ich fühle mich dann unsicher, unerwünscht und für Männer unattraktiv.« Sie fuhr fort, in sein Zwerchfell zu boxen. »Ich hab erwartet, wenigstens ein paar Hintergrundinformationen von dir zu erfahren, um zumindest eine ungefähre Vorstellung davon zu bekommen, vor welchen Problemen oder Gefahren du bei deiner neuen Aufgabe stehst und wie lange du weg bist. Ich hätte wenigstens mit einem warmen und zärtlichen Abschied gerechnet ...«

»Wenn du dich schlagen willst, dann komm«, entgegnete Conway lachend und umklammerte sie mit den Armen.

Doch Murchison befreite sich aus seinem Griff und lief auf das Wasser zu. Von Conway dicht gefolgt, sprang sie kopfüber in die hochschlagenden Wellen, die ein Tralthaner verursacht hatte, der gerade Schwimmen lernte. Conway dachte, sie wäre ihm entwischt, bis sich ein schlanker, braungebrannter Arm von hinten um seinen Hals legte und er die Hälfte des künstlichen Ozeans zu verschlucken schien.

Als sie sich kurz darauf wieder auf dem heißen Kunstsand verschnauften, erzählte ihr Conway von dem neuen Auftrag und von dem Band, das Surreshun aufgenommenen hatte und das er sich demnächst einspielen lassen mußte. Die *Descartes* sollte erst in sechsunddreißig Stunden abfliegen, doch den größten Teil dieser Zeitspanne würde er wahrscheinlich die Wahnvorstellung haben, ein lebender Doughnut zu sein, der sämtliche terrestrischen Frauen für unförmige und abstoßende Teigtaschen oder vielleicht für etwas noch sehr viel Schlimmeres hielt.

Einige Minuten später verließen sie den Freizeitbereich und überlegten, wie sie Murchisons Freistellung für das Fleischkloß-Projekt bei Thornnastor am besten durchsetzen könnten, zumal für dessen elefantenartige Spezies das Wort ›Romanze‹ nur ein unübersetzbares Fremdgeräusch war.

Es bestand für sie natürlich keine wirkliche Notwendigkeit, die Freizeitebene zu verlassen, doch waren die terrestrischen DBDGs die einzige Spezies in der galaktischen Föderation, die ein Nacktheitstabu hatten, und sie gehörten zu den Wesen, die eine Abneigung davor hatten, sich in aller Öffentlichkeit körperlich zu lieben.

Surreshun war bereits gegangen, als Conway in Major O'Maras Büro eintraf. »Sie kennen das ja alles schon, Doktor«, sagte der Psychologe, als er und Lieutenant Craythorne, sein Assistent, ihn an das Schulungsgerät anschlossen. »Aber ich muß Sie trotzdem warnen — die ersten Minuten nach der Gedächtnisübertragung sind die schlimmsten — gerade dann ist der menschliche Geist fest davon überzeugt, von dem außerirdischen *Alter ego* übernommen zu werden. Das ist ein rein subjektives Phänomen, das durch das plötzliche Eindringen extraterrestrischer Erinnerungen und Erfahrungen verursacht wird. Sie müssen versuchen, die Flexibilität des eigenen Geistes aufrechtzuerhalten und sich diesen fremden, manchmal *sehr* fremden Eindrükken so schnell wie möglich anzupassen. Wie Sie das anstellen, bleibt natürlich Ihnen überlassen. Da es sich um ein vollkommen neues Band handelt, werde ich Ihre Reaktionen überwachen, falls irgendwelche Probleme auftauchen sollten. Wie fühlen Sie sich?«

»Ausgezeichnet«, antwortete Conway und gähnte.

»Übertreiben Sie nicht so maßlos«, entgegnete O'Mara und betätigte den Schalter.

Einige Sekunden später kam Conway in einem kleinen, quadratischen und fremdartig wirkenden Raum wieder zu sich, dessen Flächen und Umrisse genau wie das Mobiliar zu gerade und scharfkantig waren. Zwei groteske Wesen — ein kleiner Teil seines Gehirns beteuerte ihm, es wären seine Freunde — ragten über ihm empor und beobachteten ihn mit ausdruckslosen, wässrigen Augen, die in zwei konturlosen rosa Teiggesichtern saßen. Der Raum, die Anwesenden und er selbst bewegten sich nicht und ...

Er lag im Sterben!

Conway bemerkte plötzlich, daß er O'Mara zu Boden gestoßen hatte und auf der Kante der Behandlungscouch saß. Er hatte die Fäuste geballt und die Arme fest über der Brust verschränkt und wiegte sich schnell hin und her. Doch diese Bewegung half überhaupt nichts — der Raum war immer noch grauenhaft, ja geradezu schwindelerregend *ruhig!* Er wurde von einem entsetzlichen Schwindelgefühl gepackt, sein Sehvermögen schwand, er drohte zu ersticken und verlor jeden Orientierungssinn ...

»Immer mit der Ruhe, mein Junge«, redete O'Mara beruhigend auf ihn ein. »Kämpfen Sie nicht dagegen an, sondern passen Sie sich an.«

Conway wollte ihn beschimpfen, doch die Laute, die er von sich gab, klangen wie das ängstliche Blöken eines zu Tode erschrockenen Kleintiers. Er schaukelte vor und zurück, schneller und schneller, und wippte mit dem Kopf von einer Seite zur anderen. Der Raum ruckte und schlingerte jetzt hin und her, war aber immer noch zu ruhig. Die beharrliche Regungslosigkeit um ihn herum war furchterregend und tödlich. *Wie,* fragte sich Conway in totaler Verzweiflung, *paßt man sich bloß ans Sterben an?*

»Ziehen Sie seinen Ärmel hoch, Lieutenant«, sagte O'Mara eindringlich, »und halten Sie ihn fest.«

In diesem Augenblick drehte Conway vollends

durch. Der Alien, der jetzt anscheinend die vollkommene Kontrolle über ihn gewonnen hatte, würde niemandem erlauben, seinen Körper ruhigzustellen — das war einfach undenkbar! Conway sprang auf und krachte gegen O'Maras Schreibtisch. Während er immer noch nach einer Bewegungsform suchte, die den Alien in seinem Gehirn beruhigen würde, kroch er auf Händen und Knien durch das geordnete Durcheinander auf der Schreibtischplatte und rollte und schüttelte wie ein Wahnsinniger den Kopf.

Mittlerweile war dem künstlichen Alienanteil in seinem Gehirn wegen der vermeintlichen Bewegungslosigkeit, seinem natürlichen terrestrischen Anteil aber wegen der zu großen Unruhe schwindlig. Conway war kein Psychologe, wußte jedoch, daß er als Patient von O'Mara anstatt als Arzt enden würde, wenn ihm nicht schleunigst etwas einfiel, denn der Alien war fest davon überzeugt, jeden Augenblick zu sterben.

Und selbst durch einen Stellvertreter würde das Sterben noch eine schlimme traumatische Erfahrung sein.

Conway hatte zwar irgendeine Idee gehabt, als er auf den Schreibtisch gestiegen war, aber da der größte Teil seines Gehirns von einer haltlosen Panik ergriffen worden war, fiel es ihm schwer, sich daran zu erinnern. Irgend jemand versuchte jetzt, ihn herunterzuziehen. Er trat wild um sich, bis man ihn losließ, doch durch die Anstrengung verlor er das Gleichgewicht und stürzte kopfüber in O'Maras Drehstuhl. Er spürte, wie er abzurutschen drohte und streckte instinktiv Arme und Beine aus, um nicht hinunterzurollen. Der Stuhl drehte sich dabei um mehr als hundertachtzig Grad, und Conway stieß sich wieder und wieder vom Boden ab. Der Stuhl drehte sich weiter, zuerst unregelmäßig, doch als er den richtigen Dreh herausbekommen hatte, wurde die Bewegung gleichmäßiger.

Sein Körper war an der Seite eingeknickt und hatte sich über eine Stuhllehne gewunden, der linke Oberschenkel und das Knie lagen flach auf der Sitzfläche, während sich der rechte Fuß ständig vom Boden abstieß. Es fiel ihm nicht sonderlich schwer, sich vorzustellen, daß die Aktenschränke, die Bücherregale, die Bürotür und die Gestalten von O'Mara und Craythorne alle auf der Seite lagen und er, Conway, sich in der Senkrechten drehte. Seine Panik legte sich langsam ein wenig.

»Wenn Sie mich anhalten«, drohte Conway, und er meinte jedes einzelne Wort todernst, »trete ich Ihnen in die Fresse ...«

Der Ausdruck auf Craythornes Gesicht war grotesk, als es sich in Conways Blickfeld drehte. O'Maras Gesicht wurde von der geöffneten Tür des Medikamentenschranks verdeckt.

Zu seiner Verteidigung erklärte Conway: »Sie müssen schon entschuldigen, aber es ist nicht nur der Ekel vor dieser sich plötzlich einstellenden, übermächtigen Sichtweise eines Aliens — glauben Sie mir, Surreshun ist als Wesen menschlicher als die meisten anderen Lebensformen, die ich in letzter Zeit eingespielt bekommen hab —, aber mit diesem Band werde ich einfach nicht fertig! Ich bin hier zwar nicht der Psychologe, aber ich glaube, kein normales Wesen kann sich an einen ständig wiederkehrenden Todeskampf gewöhnen oder gar anpassen.

Auf dem Fleischkloß gibt es keinen schlafähnlichen und oder bewußtlosen Zustand«, fuhr Conway grimmig fort. »Entweder bewegen sich diese Wesen und leben, oder sie bewegen sich nicht und sind tot. Selbst die Nachkommen von Surreshuns Spezies drehen sich während der Schwangerschaft, bis sie ...«

»Das ist uns doch alles schon bekannt, Doktor«, entgegnete O'Mara und näherte sich ihm wieder. Auf seiner rechten Handfläche lagen drei Tabletten. »Ich werde Ihnen keine Spritze geben, weil Sie offensichtlich starke Schmerzen hätten, wenn ich Sie anhalten müßte. Statt dessen gebe ich Ihnen drei von diesen Schlafbomben hier. Die Wirkung tritt sofort ein, und Sie sind für wenigstens achtundvierzig Stunden wegtreten. Während dieser Zeit lösche ich auch das Band aus Ihrem Kopf. Sie werden zwar ein paar Erinnerungen und Eindrücke zurückbehalten, sobald Sie wieder aufwachen, aber keine Panik mehr empfinden.

Öffnen Sie jetzt den Mund, Doktor. Die Augen werden Ihnen schon von selbst zufallen ...«

Conway wachte in einer kleinen Kabine auf, deren triste Farbzusammenstellung ihm verriet, daß er sich an Bord eines Föderationskreuzers befand, und ein Plakette an der Wand beschränkte die Möglichkeit auf das Kontakt- und Vermessungsschiff *Descartes*. Auf dem einzigen Klappstuhl, der die Kabine schon fast überfüllte, saß ein Monitoroffizier, der das Rangabzeichen eines Majors trug und sich mit einer der dicken Fleischkloß-Akten befaßte.

Der Major blickte auf und sagte freundlich: »Edwards ist mein Name. Ich bin medizinischer Offizier des Schiffs. Schön, Sie bei uns zu haben, Doktor. Sind Sie wach?«

Conway gähnte heftig und grummelte: »Wenigstens halbwegs.«

»In dem Fall«, entgegnete Edwards, wobei er sich auf den Korridor begab, damit Conway genug Platz zum Anziehen hatte, »will uns der Captain sprechen.«

Die *Descartes* war ein großes Schiff, und ihr Kontrollraum war geräumig genug, um Surreshuns Lebenserhaltungssystem zu fassen, ohne allzuviel Unannehmlichkeiten für die dort arbeitenden Offiziere zu verursachen. Captain Williamson hatte den rollenden Alien aufgefordert, den größten Teil der Reise dort zu verbringen — ein Kompliment, das jeder Astronaut unabhängig von seiner Spezies zu schätzen wußte. Für ein Wesen, dem die Bedeutung von Schlaf unbekannt war, hatte es zudem den Vorteil, andauernd beschäftigt zu sein. Schließlich konnte sich Surreshun mit den Offizieren unterhalten, wenn auch nur mit einem begrenzten Wortschatz.

Verglichen mit dem monströsen Übersetzungscomputer im Orbit Hospital war der Schiffscomputer nämlich winzig, und man konnte nur einen Bruchteil seiner Kapazität für Übersetzungszwecke entbehren, da er in erster Linie schiffsspezifische Aufgaben zu erfüllen hatte. Folglich waren die Gesprächsversuche über psychosoziale und gesellschaftspolitische Themen zwischen dem Captain und Surreshun von keinem großen Erfolg gekrönt.

Der Offizier, der hinter dem Captain stand, drehte sich um. Es war Harrison. Conway begrüßte ihn mit einem Nicken und fragte lächelnd: »Wie geht's Ihrem Bein, Lieutenant?«

»Ganz gut, Doktor«, antwortete Harrison, und in betont ernstem Ton fügte er hinzu: »Es macht mir nur ein bißchen zu schaffen, wenn es regnet, aber das kommt auf einem Raumschiff ja nur höchst selten vor...«

»Wenn Sie schon ein Gespräch führen müssen, Harrison«, mischte sich der Captain mit unterdrücktem Ärger ein, »dann führen Sie bitte wenigstens ein halbwegs intelligentes Gespräch.« Zu Conway sagte er forsch: »Doktor, das Regierungssystem von Surreshuns Spezies geht vollkommen über meinen Verstand — wenn überhaupt, scheint es eine Art paramilitärischer Anarchie zu sein. Aber wir müssen uns mit seinen Vorgesetzten in Verbindung setzen oder, wenn das mißlingt, mit seiner Freundin oder seinen engen Verwandten. Das Problem ist, Surreshun versteht nicht einmal den Begriff elterlicher Zuneigung, und seine sexuellen Beziehungen scheinen ungewöhnlich kompliziert zu sein...«

»Das kann man wohl sagen«, warf Conway voller Verständnis ein.

»Nun, offensichtlich wissen Sie über dieses Thema mehr als wir«, fuhr der Captain fort, wobei man ihm seine Erleichterung anmerken konnte. »Das hab ich auch gehofft. Schließlich haben Sie mit ihm nicht nur ein paar Minuten lang seine Gedanken geteilt, sondern er war, wie man mir gesagt hat, auch ihr Patient, nicht wahr?«

Conway nickte. »Er war zwar kein wirklicher Patient, Sir, weil er gar nicht krank war, aber während der vielen physiologischen und psychologischen Tests hat er eng mit uns zusammengearbeitet. Er ist immer noch darauf versessen, endlich nach Hause zurückzukehren, doch liegt ihm fast genausoviel daran, zwischen uns und seinem Volk freundschaftliche Kontakte zu knüpfen. Was ist also das Problem, Sir?«

Das Problem des Captains bestand hauptsächlich darin, daß er nicht nur selbst mißtrauisch war, sondern von den Bewohnern des Fleischkloßes glaubte, ähnlich skeptisch zu sein, wozu sie allerdings auch allen Grund hatten: Surreshun, als das erste Wesen ihrer Spezies im All, mußte in ihren Augen von der Frachtschleuse der *Descartes* regelrecht verschlungen und schließlich verschleppt worden sein.

»Sie hatten zwar damit gerechnet, mich zu verlieren«, fügte Surreshun an diesem Punkt hinzu, »aber bestimmt nicht damit, daß ich entführt werden würde.«

Die nachfolgende Reaktion der Planetenbewohner auf die erste Rückkehr der *Descartes* war also vorhersehbar gewesen — und tatsächlich hatten sie mit sämtlichen ihnen zu Verfügung stehenden Mitteln dem Schiff einen bösartigen Empfang bereitet. Den Nuklearraketen konnte die *Descartes* damals zwar mit Leichtigkeit ausweichen und sie genauso leicht zerstören, dennoch zog Captain Williamson das Schiff zurück, weil die Sprengköpfe zu einem besonders schmutzigen Typ gehörten und dem Leben auf der Planetenoberfläche durch den atomaren Fallout ernsthaft geschadet hätten, wenn er eine Fortsetzung des Angriffs zugelassen hätte.

Jetzt kehrte die *Descartes* erneut zurück, dieses Mal mit dem ersten Fleischkloß-Astronauten an Bord, und mußte der Obrigkeit des Planeten oder Surreshuns Freunden beweisen, daß ihm nichts Unerfreuliches zugestoßen war.

Am einfachsten schien dies zu bewerkstelligen zu sein, indem man außerhalb der Reichweite ihrer Raketen in die Umlaufbahn eintrat und Surreshun selbst soviel Zeit wie nötig gab, seine Mitwesen davon zu überzeugen, daß man ihn weder einer Folter noch einer Gehirnwäsche unterzogen hatte. Dazu hatte man die Kommunikationsausrüstung seines Raumgefährts bereits nachgebaut, so daß diesbezüglich keine technischen Probleme auftreten sollten. Nichtsdestotrotz hielt Williamson es für ein besseres Verfahren, zunächst selbst mit der Obrigkeit des Fleischkloßes zu reden und sich für das Versehen zu entschuldigen, bevor Surreshun sich zu Wort melden würde.

»Bevor ihr Leute im Orbit Hospital über diese gedankengesteuerten Werkzeuge so aus dem Häuschen geraten seid und euch entschlossen habt, mehr davon haben zu wollen, war der eigentliche Zweck dieses Unternehmens, mit diesen Wesen in freundschaftlichen Kontakt zu treten«, schloß Williamson.

»Ich bin aber nicht ausschließlich aus rein geschäftlichem Interesse mit an Bord, Captain«, verteidigte sich Conway in einem Ton, als hätte er ein schlechtes Gewissen. »Was Ihr Problem betrifft, die Umgangsformen und das Miteinander dieser Spezies nicht zu verstehen, da kann ich Ihnen helfen. Die Schwierigkeit besteht darin, daß unsereins den völligen Mangel an Zuneigung zwischen Eltern und Kindern und das generelle Fehlen jeder anderen emotionalen Beziehung nicht nachvollziehen kann. Denn das einzige von Gefühlen gesteuerte Verhältnis dieser Spezies ist die kurze, aber sehr intensive Bindung, die vor und während des Paarungsvorgangs besteht. Sehen Sie, diese Wesen hassen ihre Eltern regelrecht und jeden anderen, der mit ...«

»›Ich kann Ihnen behilflich sein‹, hat er gesagt«, brummelte Edwards dazwischen.

»... und jeden anderen, der direkt mit ihnen verwandt ist«, fuhr Conway unbeirrt fort. »Außerdem hab ich ein paar von Surreshuns ungewöhnlicheren Erinnerungen im Gedächtnis behalten. Das kann manchmal vorkommen, wenn man durch ein Schulungsband mit einer außergewöhnlich fremdartigen Persönlichkeit konfrontiert wird — und diese Wesen sind allerdings wirklich außergewöhnlich ...«

Noch in jüngster Vergangenheit war die Struktur der Fleischkloß-Gesellschaft die vollkommene Umkehrung dessen gewesen, was die meisten intelligenten Spezies für normal hielten. Nach außen hin war sie eine Anarchie, in der die angesehensten Mitglieder krasse Außenseiter waren, Individualisten, die gefährlich lebten, weit reisten und ständig nach neuen Erfahrungen suchten. Natürlich waren für den gemeinsamen Schutz Zusammenarbeit und selbstauferlegte Disziplin notwendig, da diese Spezies viele natürliche Feinde hatte, doch eigentlich war das völlig gegen ihre Natur. Und nur die Feiglinge und Schwächlinge, die ihre eigene Sicherheit und Bequemlichkeit über alles andere stellten, waren in der Lage, die Scheu vor enger körperlicher Zusammenarbeit zu überwinden.

In der Frühzeit wurde diese Gesellschaftsschicht als der absolute Abschaum angesehen, doch gerade jemand aus dieser Schicht hatte eine Methode entwickelt, die es einem Wesen ermöglichte, sich zu drehen und zu leben, ohne über den Meeresboden rollen zu müssen. Diese Methode, sich auf der Stelle drehen zu können, die Fähigkeit zu leben, ohne sich ständig vorwärts bewegen zu müssen, hatte dieselbe Bedeutung wie einst die Entdeckung des Feuers oder die Erfindung des Rads auf der Erde gehabt und war der Anfang der technologischen Entwicklung auf dem Fleischkloß gewesen.

Als das Verlangen nach Bequemlichkeit und gesellschaftlicher Sicherheit und Zusammenarbeit wuchs, verringerte sich die Anzahl der extremen Individualisten — sie neigten sowieso dazu, eines unnatürlichen Todes zu sterben. Dafür erhöhte sich Zahl der Wesen, die sich um die Zukunft sorgten und eine Neugier für ihre direkte Umgebung entwickelten. Um diese Neugier zu befriedigen, waren sie bereit, praktisch ihre gesamte körperliche Freiheit aufzugeben und Dinge zu tun, die als schändlich galten. Zum Schein gestanden sie ihre Schuld und fehlende Machtbefugnis ein, aber in Wirklichkeit waren sie die wahren Herrscher. Die Individualisten, die nominell das Sagen hatten, waren fast ausnahmslos zu bloßen Galionsfiguren verkommen.

Ein weiterer Grund für diese auf den Kopf gestellte Rangordnung war ein tiefer, fortpflanzungsbedingter Abscheu vor allen Blutsverwandten. Die rollenden Wesen auf dem Fleischkloß hatten sich ursprünglich in einem relativ kleinen und begrenzten Gebiet entwickelt und waren gezwungen, sich ständig innerhalb dieses Gebiets fortzubewegen. Da durch diesen Umstand der körperliche Kontakt zu Paarungszwecken — in den Zeiten vor der Entwicklung von Intelligenz natürlich eine völlig instinktive Angelegenheit — viel eher zwischen verwandten als zwischen vollkommen fremden Speziesangehörigen vorkam, hatten diese Wesen einen wirkungsvollen Schutz gegen Inzucht entwickelt.

Sie pflanzten sich hermaphroditisch fort, waren also Zwitter. Jedem Elternteil wuchsen nach der Paarung Zwillingsnachkommen, jeweils einer auf jeder Körperseite, wie gleichmäßige, die Wände eines Reifens umschließende Blasen. Verletzungen, Krankheiten oder eine der Geburt unmittelbar folgende Geistesgestörtheit konnten beim Elternteil bewirken, daß es das Gleichgewicht verlor, auf die Seite kippte, zum Stillstand kam und starb. Doch seit es Maschinen gab, die die Rotation des Elternteils künstlich aufrechterhielten, bis es außer Gefahr war, kamen solche Todesfälle nur noch selten vor. An den Körperstellen aber, wo sich die Nachkommen schließlich von ihrem Elternteil trennten, blieben bei allen Beteiligten hochempfindliche Zonen zurück, deren exakte Lage durch Erbfaktoren bestimmt wurde. Sobald sich zwei Wesen begegneten, bei denen sich diese hypersensiblen Körperzonen in gleicher Lage befanden, lösten sie bei ihnen schon auf größere Entfernung unangenehme Reize aus, die sich mit zunehmender Nähe zu unerträglichen Schmerzen steigerten. Das hatte zur Folge, daß jeder, der versuchte, sich mit einem seiner Blutsverwandten zu paaren, sich selbst und seinen Partner erheblichen Qualen aussetzte. Die rollenden Aliens hatten also gar keine andere Wahl, als ihre Eltern und alle anderen Verwandten zu meiden, ja regelrecht zu verabscheuen.

»Und da der Zeitraum für die Brautwerbung sehr kurz ist, erklärt sich die scheinbare Prahlerei, die wir bei Surreshun beobachten können«, fügte Conway abschließend hinzu. »Während einer zufälligen Annäherung auf dem Meeresboden bleibt nie viel Zeit, um einen zukünftigen Partner mit der Stärke und Schönheit der eigenen Persönlichkeit zu beeindrucken. Deshalb ist Bescheidenheit für diese Wesen zweifelsohne keine erhaltenswerte Eigenschaft.«

Der Captain warf einen langen nachdenklichen Blick auf Surreshun und wandte sich dann wieder zu Conway. »Wenn ich das jetzt richtig verstanden hab, Doktor, dann gehört unser Freund wegen des langen Trainings und der Disziplin, die für ihn notwendig waren, um der erste Astronaut des Fleischkloßes zu werden, zur untersten Gesellschaftsschicht, obwohl man inoffiziell ziemlich große Stücke auf ihn hält, stimmt's?«

Conway schüttelte den Kopf. »Sie vergessen die Bedeutung, Sir, die diese Wesen immer noch denjenigen beimessen, die in die Ferne reisen und frisches Blut und neues Wissen mit sich zurückbringen — was wiederum mit der angeborenen Angst vor Inzucht verstrickt ist. In dieser Hinsicht ist Surreshun für sie einzigartig. Als erster Astronaut des Planeten ist er ein ganz hohes Tier, egal, von welcher Warte aus man das sieht — er ist in seiner Welt das angesehenste Wesen, und sein Einfluß ist ... nun, allemal beträchtlich.«

Der Captain entgegnete nichts, doch seine Gesichtszüge verzogen sich zu einem Lächeln — eine für ihn ungewöhnliche Geste.

»Als jemand, der sozusagen einen Einblick in dieses Wesen gehabt hat, kann ich Ihnen versichern, daß er überhaupt keinen Groll gegen uns hegt, gekidnappt worden zu sein. In Wirklichkeit fühlt er sich uns gegenüber sogar zu Dank verpflichtet und will deshalb während des Kontaktverfahrens mit uns zusammenarbeiten. Denken Sie dabei aber immer daran, unsere *Unterschiede* zu diesen Wesen hervorzuheben, Sir. Sie stellen nämlich wirklich die eigenartigste Spezies dar, der wir jemals begegnet sind. Sehen Sie sich im besonderen vor, nicht davon zu sprechen, daß wir im Herzen alle Brüder und Schwestern sind oder zu der großen, sich über die gesamte Galaxis erstreckenden Familie intelligenter Lebewesen gehören. ›Familie‹, ›Bruder‹ oder ›Schwester‹ sind unanständige Wörter!«

Kurz darauf berief Williamson ein Treffen der Kontakt- und Kommunikationsspezialisten ein, um mit ihnen die von Conway neu erhaltenen Informationen zu erörtern. Trotz der nur eingeschränkten Translatorkapazität, die auf der *Descartes* zur Verfügung stand, hatten sie gemeinsam mit Surreshun Pläne für das Kontaktverfahren mit den Bewohnern des Fleischkloßes bereits fertiggestellt, als die wachhabenden Offiziere im Kontrollraum zum zweitenmal abgelöst worden waren.

Doch der leitende Kontaktspezialist war noch immer nicht zufrieden — er wollte die Kultur des Planeten unbedingt eingehender erforschen. Wie er eingehend ausführte, seien sämtliche Zivilisationen durch die Entwicklung familiärer Bindungen entstanden, die auf einen Volksstamm, ein Dorf und Land ausgedehnt wurden, bis schließlich der gesamte Planet vereinigt wurde. Er konnte nicht verstehen, wie sich eine Zivilisation ohne eine solche Zusammenarbeit auf Familien- oder Stammesebene weiterentwickeln konnte, glaubte aber, daß eine genauere Erforschung persönlicher Verbindungen diese Dinge klären könnten. Schließlich bat er Conway, ob er sich Surreshuns Band noch einmal einspielen lassen würde.

Conway zögerte — er war müde und hungrig und entsprechend gereizt — und Major Edwards antwortete für ihn. »Nein! Ganz bestimmt nicht! Darüber hat mir O'Mara genaue Anweisungen gegeben. Bei allem Respekt, Doktor Conway, er hat es mir sogar verboten, falls Sie so dumm sein sollten, sich freiwillig zu melden. Dies ist eine der wenigen Spezies, deren Bänder für uns unbrauchbar sind. Verdammt, ich hab Hunger und will endlich mal etwas anderes als Sandwiches!«

»Hunger hab ich auch«, schloß sich Conway an.

»Warum sind Ärzte eigentlich andauernd *hungrig?*« fragte der Kontaktoffizier.

»Meine Herren, ich muß doch bitten ...«, wandte der Captain erschöpft ein, doch Conway fühlte sich herausgefordert.

»Ehrlich gesagt, liegt das bei mir daran, weil ich, seit ich erwachsen bin, mein gesamtes Leben dem uneigennützigen Dienst an anderen gewidmet und meine großen Heilkräfte und mein chirurgisches Geschick zu jeder Tages- und Nachtzeit stets zur Verfügung gestellt hab«, erläuterte er. »Die ethischen Grundsätze meines großen und selbstlosen Berufs verlangen das von mir. Diese Opfer — die lange Arbeitszeit, unzureichender

Schlaf und unregelmäßige Mahlzeiten — trage ich bereitwillig und ohne zu klagen. Wenn ich öfter an Essen denken sollte als es geringeren Wesen normal erscheint, dann deshalb, weil ein medizinischer Notfall auftreten könnte, der die nächste Mahlzeit ungewiß macht. Jetzt zu essen ermöglicht mir, meinem nächsten Patienten mit noch größerem Geschick beizustehen — selbst medizinische Laien wie Sie müßten sich der Auswirkung von Unterernährung auf Gehirn und Muskeln bewußt sein.«

Grinsend fügte er hinzu: »Es gibt keinen Grund, große Augen zu machen, meine Herren. Ich stelle mich lediglich gedanklich auf den Kontakt mit Surreshuns Volk ein, indem ich so tue, also ob Bescheidenheit nicht existieren würde.«

Während des restlichen Flugs hielt sich Conway die meiste Zeit im Kommunikations- oder Kontrollraum auf und unterhielt sich mit Captain Williamson, Edwards und Surreshun. Doch als sich die *Descartes* im Sonnensystem des Fleischkloßes wieder materialisierte, war sein Wissensstand über die medizinische Wissenschaft auf dem Planeten noch immer sehr gering, und noch weniger wußte er über diejenigen, die dort als Mediziner praktizierten.

Der Kontakt mit seinen Pendants auf dem Fleischkloß war für den Erfolg des Auftrags absolut erforderlich.

Doch chirurgische Medizin und Heilkunde waren Entwicklungen der jüngsten Zeit, die erst möglich geworden waren, als die Spezies gelernt hatte, wie sie sich drehen und dabei an einer Stelle bleiben konnte. Seitens Surreshuns gab es jedoch vage Hinweise auf eine weitere Spezies, deren Mitglieder sozusagen als Ärzte fungierten. Nach seiner Beschreibung schienen sie teils Ärzte, teils Parasiten und teils Raubtiere zu sein. So sei es eine sehr riskante Angelegenheit, einen von ihnen am Körper zu tragen, und führe sehr oft zu einer Störung des Gleichgewichts, zum körperlichen Stillstand und schließlich zum Tod des ständig rotierenden Körpers des Patienten. Wie Surreshun weiterhin beteuerte, müsse man den Arzt häufig mehr fürchten als die eigentliche Krankheit.

Wegen der begrenzten Übersetzungsmöglichkeiten war er nicht in der Lage zu erläutern, wie sich die Wesen mit ihren Patienten verständigten. Surreshun hatte nie einen dieser Ärzte persönlich kennengelernt und stand auch mit niemandem auf gutnachbarlichem Reifen, der das von sich behaupten konnte. Die genaueste Beschreibung, die er machen konnte, war, daß diese Ärzte in direkten Kontakt mit der Seele des Patienten traten.

»O mein Gott!« stöhnte Edwards auf. »Sonst noch was ...?«

»Beten Sie oder machen Sie nur Ihren Gefühlen Luft?« fragte Conway.

Der Major grinste und fuhr dann ernst fort: »Wenn Ihr Freund das Wort ›Seele‹ gebraucht, dann nur deshalb, weil Ihr Hospitalcomputer dieses Wort mit einer entsprechenden Bedeutung in der Sprache vom Fleischkloß gespeichert hat. Sie müssen das Hospital lediglich über Funk bitten herauszufinden, was sich dieses riesige Elektronengehirn unter einer Seele noch vorstellt.«

»Dann würde O'Mara nur wieder anfangen, sich um meinen Geisteszustand zu sorgen ...«, entgegnete Conway.

Als die Antwort eintraf, hatte Captain Williamson bereits die nicht zur Obrigkeit gehörenden Bewohner des Fleischkloßes erfolgreich um Verzeihung gebeten, und Surreshun die vollkommene Fremdheit der Terrestrier in solch leuchtenden Farben ausgemalt, daß man sich ihres Willkommens sicher sein konnte. Die *Descartes* war jedenfalls gebeten worden, in der Umlaufbahn zu bleiben, bis ein geeignetes Landegebiet abgesteckt und geräumt sein würde.

»Hiernach ist die Definition des Computers von ›Seele‹ einfach ›das Vorhandensein von Lebensprinzipien‹«, sagte Edwards, als er Conway den Durchschlag der Nachricht reichte. »O'Mara sagt, die Programmierer wollten ihn nicht durch religiöse und philosophische Faktoren verwirren, was die Unsterblichkeit oder Sterblichkeit der Seele einschließen würde. Für den Übersetzungscomputer hat etwas, das lebt, eine Seele. Anscheinend stellen die Ärzte vom Fleischkloß also direkten Kontakt mit dem ›Lebensprinzip‹ ihrer Patienten her.«

»Gesundbeten, glauben Sie?«

»Ich weiß es nicht, Doktor«, antwortete Edwards. »Mir scheint, Ihr Chefpsychologe ist diesmal keine große Hilfe. Und wenn Sie jetzt glauben, *ich* würde Ihnen helfen, indem ich Ihnen noch einmal Surreshuns Band einspiele, dann sind Sie falsch gewickelt.«

Conway war über das normale Aussehen des Fleischkloßes — so, wie man ihn aus der Umlaufbahn wahrnahm — überrascht. Erst als sich das Schiff weniger als fünfzehn Kilometer von der Oberfläche befand, wurden die Unebenheiten und langsamen Zuckungen der gewaltigen Teppiche aus tierischem Gewebe sichtbar, die über die Landfläche krochen, und die unnatürliche Starrheit der dickflüssigen, suppenartigen Meere. Nur entlang der Küste herrschte reges Leben. Dort schlugen im Wasser lebende große und kleine Raubtiere das Meer zu gelbgrünem Schaum auf und zerrten und rissen an dem lebenden Küstenstreifen, während sich das ›Land‹ genauso brutal zur Wehr setzte.

Ungefähr drei Kilometer von einem friedlichen Uferstreifen entfernt landete die *Descartes* in der Mitte eines Gebiets, das durch Schwimmblasen in leuchtenden Farben markiert worden war, und verschwand dabei völlig in einer Dampfwolke, die von den Heckdüsen erzeugt wurde. Als das Heck die Oberfläche durchbrach, verringerte man den Schub, und das Schiff kam sanft auf dem sandigen Meeresboden zum Stillstand. Als das von den Heckdüsen erzeugte kochende Wasser, mit der Strömung langsam davongetrieben war, kamen Surreshuns Artgenossen im wahrsten Sinne des Wortes angeeiert.

Wie große durchweichte Doughnuts rollten sie aus dem flüssigen, grünen Nebel heraus, an den Rumpf heran und dann immer um das Schiff herum. Wenn ihnen Felsvorsprünge oder stachelige Seegewächse im Weg waren, rollten sie wackelnd und schwerfällig darum herum und legten sich manchmal für einen Augenblick fast flach hin, wenn sie gezwungen waren, sich in die entgegengesetzte Richtung zu drehen. Doch immer behielten sie ihre konstante Rollgeschwindigkeit bei und achteten auf eine größtmögliche Entfernung voneinander.

Conway wartete einen angemessenen Zeitraum, bis er Surreshun gestattete, sich die Rampe hinunterzurollen und sich von seinen ›Nicht‹-Freunden anständig willkommen heißen zu lassen. Er selbst trug einen leichten Anzug, der mit dem in der Wasseratmerabteilung des Hospitals verwendeten Typ identisch war — dies tat er allerdings nicht nur zu seinem eigenen Wohlbefinden, sondern auch um den Bewohnern des Planeten so viel wie möglich von seinem für sie seltsam geformten Körper zu zeigen. Als er schließlich von der Rampe sprang und langsam auf den Meeresboden zusank, hörte er der Stimme Surreshuns zu und nahm auch die übersetzten Laute der ›VIPs‹ und der etwas lauteren Mitglieder seiner Spezies wahr, von denen der Pilot umringt wurde.

Als der den Grund berührte, dachte er zuerst, er würde angegriffen. Jedes Wesen in der Nähe des Schiffs versuchte, so dicht wie möglich an ihm vorbeizurollen und ihm dabei etwas zu sagen. Das Anzugmikrofon empfing die Laute als gurgelndes Grunzen, aber der Translator übertrug es, da es eine einfache, innerhalb der Fähigkeiten des Schiffscomputers liegende Mitteilung war, als: »Willkommen, Fremder.«

Über ihre Aufrichtigkeit gab es keinen Zweifel — denn in dieser auf den Kopf gestellten Welt war die Herzlichkeit eines Empfangs gleichbedeutend mit dem Fremdheitsgrad des betreffenden Wesens. Und da es ihnen überhaupt nichts auszumachen schien, ein paar Fragen zu beantworten, war Conway sich sicher, seinen Auftrag mit links erledigen zu können.

Fast als erstes entdeckte er, daß sie seine medizinischen Kenntnisse nicht wirklich benötigten.

Es war eine Gesellschaft, deren Mitglieder nie aufhörten, sich durch und um ›Städte‹ herum zu bewegen. Dabei handelte sich nicht etwa um große Ansammlungen von Wohnquartieren, sondern ausschließlich um Produktions-, Forschungs- oder Lerneinrichtungen, denn auf dem Fleischkloß gab es keine privaten Behausungen. Nach einer Arbeitsperiode auf einem mechanisch gedrehten Rahmen kam der ›Doughnut‹ aus seinem Stützgeschirr heraus und rollte weg, um irgendwo auf dem Meeresboden Nahrung, Bewegung, Aufregung oder fremde Gesellschaft zu suchen.

Es gab keinen Schlaf, keinen Körperkontakt — außer zur Fortpflanzung —, keine hohen Gebäude, keine Grabstätten.

Wenn eins der rollenden Wesen aus Altersgründen, wegen eines Unfalls oder eines Zusammenstoßes mit einem der Raubtiere oder einer der Pflanzen mit giftigen Stacheln zum Stillstand kam, wurde es einfach ignoriert. Die inneren Gase, die sich kurz nach seinem Tod bildeten, ließen den Körper an die Oberfläche steigen, wo ihn Vögel und Fische beseitigten.

Conway sprach mit mehreren Wesen, die zu alt zum Rollen waren und durch künstliche Ernährung am Leben gehalten werden mußten, während man sie in ihren einzelnen Riesenrädern drehte. Er war sich nie ganz sicher, ob sie wegen ihres Werts für die Allgemeinheit am Leben erhalten wurden oder ob sie einfach als Versuchsobjekte dienten. Er wußte nur, daß es hierbei um praktizierte Altersheilkunde handelte, doch abgesehen von einer ähnlichen Form der Hilfe bei schwierigen Geburten, war dies die einzige Art medizinischer Hilfeleistungen, auf die er stieß.

Mittlerweile kartographierten die Vermessungsteams den Planeten und nahmen die verschiedensten Proben. Das meiste dieses Materials wurde zur Bearbeitung zum Orbit Hospital geschickt, und schon sehr bald trafen von Thornnastor detaillierte Behandlungsvorschläge ein, die auf einer ausführlichen Analyse basierten. Dem Chefdiagnostiker zufolge hatte der gesamte Fleischkloß ein höchst akutes medizinisches Problem. Nach einem ersten Blick auf die ausgewerteten Daten und einer Anzahl von Tiefflügen über die Planetenoberfläche konnten ihm Conway und Edwards nur in jeder Hinsicht zustimmen.

»Wir können jetzt immerhin eine vorläufige Diagnose der Probleme des Planeten stellen«, sagte Conway verärgert. »Diese Schwierigkeiten haben allein seine rollenden Bewohner verursacht, indem sie so verdammt großzügig mit ihren Nuklearwaffen umgegangen sind. Trotzdem benötigen wir dringend eine Einschätzung der hiesigen medizinischen Situation, an die wir aber nicht kommen. Die große Frage ist ...«

»... ob ein Arzt im Haus ist«, vollendete Edwards grinsend Conways Frage. »Und wenn ja, wo?«

»Ganz genau«, bestätigte Conway in ernstem Ton.

Draußen vor der Direktsichtluke wurde das Mondlicht von den trägen, angeschwollenen Wellen durch einen Nebelschleier auf der Wasseroberfläche reflektiert. Der Mond, der sich der Roche-Grenze und somit seiner Auflösung näherte, würde die Bewohner des Fleischkloßes in ferner Zukunft vor ein anderes bedeutendes Problem stellen — bis dahin dürften allerdings noch ungefähr eine Million Jahre verstreichen. Im Moment stellte er einen großen schartigen Halbmond dar und beleuchtete das Meer, den seltsam friedlichen Küstenstreifen und die etwa siebzig Meter lange Fläche der *Descartes*, die über die Oberfläche hinausragten.

Friedlich deshalb, weil sie tot war und die Raubtiere kein Aas fressen wollten.

»Wenn ich mir nun selbst ein rotierendes Gestell baue, würde O'Mara mir dann ...?« begann Conway.

Edwards schüttelte den Kopf. »Surreshuns Band ist gefährlicher als Sie glauben. Sie hatten großes Glück, daß Sie nicht für ewig und immer eine Schraube locker haben. Außerdem hat O'Mara auch schon diese Idee gehabt, sie aber gleich wieder verworfen. Ob Sie sich nun in einem Drehstuhl oder in einem von unseren Entwicklungskonstrukteuren hergestellten Gerät drehen, unter dem Einfluß des Bands können Sie Ihren Verstand auf jeden Fall nur ein paar Minuten lang täuschen, sagt er. Aber wenn Sie möchten, kann ich ihn ja noch mal fragen.«

»Ich glaube Ihnen auch so«, erwiderte Conway. Nachdenklich fuhr er fort: »Aber ich stelle mir immer wieder die Frage, wo auf diesem Planeten ein Arzt am wahrscheinlichsten zu finden ist. Ich nehme an, die Antwort lautet, wo es die größte Anzahl von Verletzten gibt, das heißt, entlang der Küsten ...«

»Nicht unbedingt«, wandte Edwards ein. »Schließlich findet man einen Arzt normalerweise nicht in einem Schlachthof. Und vergessen Sie nicht, daß es noch eine andere intelligente Spezies auf diesem Planeten gibt, nämlich die Hersteller dieser gedankengesteuerten Werkzeuge. Wäre es nicht möglich, daß die Ärzte zu dieser Spezies gehören und die Antworten auf Ihre Fragen völlig außerhalb der Kultur der rollenden Wesen liegen?«

»Richtig«, entgegnete Conway. »Aber uns steht die bereitwillige Mitarbeit der Bewohner zur Verfügung, von der wir auch reichlich Gebrauch machen sollten. Ich glaube, ich sollte um die Erlaubnis bitten, einem von den weitreisenden Doughnuts folgen zu dürfen, sobald er das nächstemal zu einem Ausflug aufbricht. Selbst auf die Gefahr hin, daß man mir eine Abfuhr erteilt, weil es womöglich für sie dasselbe ist, als würde ich jemanden als ungebetener Gast auf seiner Hochzeitsreise begleiten. Doch offensichtlich gibt es in den Städten und bewohnten Gebieten keine Ärzte, und nur die Reisenden scheinen eine Chance zu haben, einem zu begegnen. Bis es soweit ist«, schloß er, »lassen Sie uns versuchen, diese andere intelligente Spezies ausfindig zu machen.«

Zwei Tage später trat Conway mit einem Wesen in Kontakt, das nicht mit Surreshun verwandt war. Es war in einem nahegelegenen Kraftwerk, einem Nuklearreaktor, beschäftigt, in dem sich Conway fast heimisch fühlte, weil es vier massive Wände und ein Dach hatte. Nach Ablauf seiner gegenwärtigen Arbeitszeit hatte das Wesen einen Ausflug entlang eines unbewohnten Teils der Küste geplant, der nach Conways Schätzung zwei oder drei Tage dauern dürfte. Das Wesen namens Camsaug hatte gegen Conways Begleitung nichts einzuwenden, solange er sich beim eventuellen Auftreten gewisser Umstände nicht allzusehr in seiner der Nähe aufhalten würde. Camsaug beschrieb diese Umstände ausführlich und offensichtlich ohne Scham.

Er hatte von den ›Beschützern‹ gehört, jedoch nur aus zweiter oder dritter Hand. Im Gegensatz zu Conways Ärzten würden sie ihre Patienten aber nicht aufschneiden und wieder zunähen — was sie genau machten, wüßte er allerdings auch nicht, nur so viel, daß sie die Wesen, die sie beschützen sollten, oftmals töteten. Sie seien dumme, sich träge bewegende Wesen, die sich aus irgendeinem merkwürdigen Grund ganz in der Nähe der aktivsten und gefährlichsten Küstenabschnitte aufhielten.

»Wir haben es als nicht mit einem Schlachthof zu tun, Major Edwards, sondern mit einem Schlachtfeld«, sagte Conway, als er nach seinem ersten Besuch bei Camsaug wieder an Bord der *Descartes* war. »Und auf einem Schlachtfeld müßte man eigentlich auch Ärzte antreffen ...«

Doch sie konnten nicht auf den Beginn von Camsaugs Ferien warten, denn Thornnastors Berichte, die von den Aufklärungsschiffen gesammelten Proben und ihre eigenen Augen ließen keinen Zweifel an der Dringlichkeit der Lage.

Der Fleischkloß war wirklich ein sehr kranker Planet. Surreshuns Artgenossen hatten ihre jüngst entwickelte Atomenergie schlichtweg viel zu großzügig und fahrlässig eingesetzt. Der Grund dafür war, daß sie es sich als eine sich rasch entwickelnde Zivilisation nicht leisten konnten, sich durch die ständige Bedrohung seitens der riesigen Landtiere in ihrer Entwicklung behindern zu lassen. Sie hatten ein paar Kilometer landeinwärts eine Reihe von atomaren Sprengkörpern gezündet und natürlich gut darauf aufgepaßt, daß der Wind den Fallout nicht in ihr eigenes Wohngebiet geweht hatte, und so große Teile der Landtiere getötet. Jetzt waren sie in der Lage, auf dem toten Land Stützpunkte zu errichten, um ihre wissenschaftlichen Forschungen auf vielen Gebieten auszuweiten.

Es war ihnen egal, daß sie auf diese Weise über ausgedehnte Gebiete noch weit landeinwärts Braunfäule und Krebs verbreiteten — schließlich waren diese großen Teppiche ihre natürlichen Feinde. Jedes Jahr wurden Hunderte von ihrem Volk von den Landtieren zum Stillstand gebracht und gefressen, und jetzt wollten sie das, was ihnen ihrer Meinung nach zustand, zurückhaben.

»Sind diese Teppiche lebendig und intelligent?« fragte Conway aufgeregt, als ihr Aufklärungsschiff im Tiefflug über ein Gebiet ging, das anscheinend an fortgeschrittenem Brand litt. »Oder gibt es dort kleine intelligente Organismen, die in oder unter ihnen leben? Egal, wie diese Wesen beschaffen sind, Surreshuns Volk wird damit aufhören müssen, mit seinen schmutzigen Bomben herumzuschmeißen!«

»Der Meinung bin ich auch«, stimmte Edwards zu. »Aber wir müssen es ihnen taktvoll beibringen, schließlich sind wir *ihre* Gäste.«

»Man sollte niemandem *taktvoll* beibringen müssen, daß er endlich aufhören soll, sich selbst umzubringen!«

»Sie müssen bisher immer ungewöhnlich intelligente Patienten gehabt haben, Doktor«, erwiderte Edwards unbeeindruckt. »Wenn die Teppiche Intelligenz besitzen und nicht nur Riesenmägen mit ein paar Gliedmaßen als Füllvorrichtung sind, dann müßten sie Augen, Ohren und eine Art Nervensystem besitzen, das auf äußere Reize reagieren kann ...«

»Als die *Descartes* das erstemal hier gelandet ist, gab es allerdings eine solche Reaktion«, berichtete Harrison vom Pilotensitz aus. »Eins dieser Viecher hat versucht, uns zu verschlingen! Wir kommen in ein paar Minuten dicht an unserem ersten Landeplatz vorbei. Wollen Sie ihn sich ansehen?«

»Ja, bitte«, antwortete Conway und fügte nachdenklich hinzu: »Das Maul zu öffnen könnte die instinktive Reaktion eines hungrigen und unintelligenten Tiers sein. Doch da dieses gedankengesteuerte Werkzeug an Bord gelangt ist, muß irgendeine Form von Intelligenz mit im Spiel sein.«

Sie überflogen das befallene Gebiet und der Schatten des Aufklärungsschiffs jagte über große Flächen von leuchtendgrüner Vegetation. Im Gegensatz zu den Arten, die Luft und Abfallstoffe wiederaufbereiteten, bestand diese ausschließlich aus kleinen Pflanzen, die offenbar keinem besonderen Zweck dienten. Die Exemplare, die Conway schon zuvor im Labor der *Descartes* untersucht hatte, besaßen sehr lange, dünne Wurzeln und vier breite Blätter, die sich fest aufrollten und ihre gelben Unterseiten nach oben drehten, sobald man ihnen Licht entzog.

Das Aufklärungsschiff zog jetzt im Sog seines Schattens eine Linie von aufgerollten Blättern hinter sich her, als wäre der sichtbare Teil der Planetenoberfläche der hellgrüne Schirm eines Oszilloskops und der Schiffsschatten darauf ein hochbeständiger Punkt.

Irgendwo in Conways Hinterkopf nahm eine Idee Gestalt an, löste sich aber wieder auf, als sie den ursprünglichen Landeplatz erreichten und zu kreisen begannen. Er hatte den Eindruck, daß es sich nur um einen flachen Krater mit einem klumpigen Lehmboden handelte, keinesfalls aber um irgendein Riesenmaul.

In einem Ton, der keinen Zweifel daran ließ, daß er als Antwort ein klares Nein erwartete, fragte Harrison, ob er landen sollte.

»Ja«, antwortete Conway.

Sie landeten in der Mitte des Kraters. Die Ärzte zogen sich schwere Anzüge zum Schutz gegen die Pflanzen an, die sich sowohl an Land als auch unter Wasser verteidigten, indem sie mit giftigen Dornen besetzten Zweigen um sich schlugen oder mit tödlichen Stacheln auf alles schossen, was ihnen zu nahe kam. Da der Boden keinerlei Anzeichen verriet, sich zu öffnen und sie zu verschlingen, stiegen sie aus dem Schiff. Harrison blieb jedoch zurück, um sich für einen Schnellstart bereitzuhalten, falls sich der Krater entschließen sollte, seine Meinung zu ändern.

Während sie den Krater und dessen unmittelbare Umgebung erkundeten, geschah nichts. Deshalb stellten sie das tragbare Bohrgestell auf, um ein paar Proben von der Haut und dem tiefer liegenden Gewebe mit an Bord nehmen zu können. Alle Aufklärungsschiffe führten solche Vorrichtungen mit sich, und man hatte bereits aus Hunderten über den gesamten Planeten verstreuten Gebieten Proben entnommen. Aber bei der

Entnahme dieser Proben stießen sie auf für diesen Planten ungewöhnliche Begleitumstände — sie mußten fast fünfzehn Meter trockener, faseriger Haut durchbohren, bevor sie auf das rosafarbene und weiche Gewebe stießen. Sie verlegten das Bohrgestell zu einem Punkt außerhalb des Kraters und versuchten es noch einmal. Hier war die Haut nur sechs Meter dick, was genau dem Durchschnittswert auf diesem Planeten entsprach.

»Das gibt mir zu denken«, sagte Conway plötzlich. »Das ist keine Mundhöhle, es gibt keinerlei Anzeichen von aktiver Muskulatur und keine Spur von irgendeiner Öffnung. Das *kann* einfach kein Maul sein!«

»Es war aber auch kein Auge, mit dem uns der Krater damals zugezwinkert hat«, erwiderte Harrison über Anzugfunk. »Ich war schließlich da ... genau hier, meine ich.«

»Das Ganze sieht aus wie vernarbtes Gewebe«, stellte Conway fest. »Aber es kann sich nicht wegen einer Verbrennung durch die Heckdüsen der *Descartes* gebildet haben, dazu ist die Schicht viel zu dick. Und warum hatte das Wesen zufällig genau dort ein Maul, wo sich das Schiff entschlossen hatte zu landen? Die Chancen, daß so etwas passiert, stehen eins zu einer Million dagegen. Und warum hat man landeinwärts keine anderen Mäuler entdeckt? Wir haben jeden Quadratkilometer der Landmasse vermessen, aber das bislang einzige Oberflächenmaul ist ein paar Minuten nach der Landung der *Descartes* aufgetaucht. Warum?«

»Die Kreatur hat uns kommen sehen und ...«, setzte Harrison an.

»Womit?« fragte Edwards.

»... oder dann eben *gefühlt*, wie wir landen, und sich entschlossen, ein Maul zu bilden ...«

»Ein Maul mit Muskeln zum Öffnen und Schließen, mit Zähnen und Vorverdauungssäften und einem Verdauungskanal mit einer Verbindung zum Magen, der viele Kilometer weit entfernt sein konnte, falls die Kreatur sich nicht entschieden hatte, auch diesen neu zu bilden — und das alles innerhalb der wenigen Minuten, die die Schiffslandung gedauert hat? Nach dem, was wir über den Stoffwechsel der Schichtwesen wissen, kann ich mir nicht vorstellen, wie das alles so schnell vonstatten gegangen sein soll. Oder haben Sie ein Ahnung ...?«

Edwards und Harrison antworteten nichts.

»Durch unsere Untersuchung des Teppichs, der diese kleine Insel im Norden bewohnt«, fuhr Conway fort, »haben wir eine ungefähre Vorstellung davon, wie diese Dinger funktionieren.«

Seit dem Tag nach ihrer Ankunft hatte diese Insel unter ständiger Beobachtung gestanden. Ihr Bewohner besaß einen unglaublich langsamen, fast pflanzlichen Stoffwechsel. Die Oberfläche des Teppichs schien sich nicht zu bewegen, doch in Wirklichkeit veränderte sie ihre Konturen, um das pflanzliche Leben, das die Luft und Abfallstoffe des Teppichs wiederaufbereitete oder als zusätzlicher Nahrungsvorrat diente, wo immer nötig mit Regenwasser zu versorgen. Die einzige wirkliche Aktivität fand entlang des Teppichrands statt, wo sich das Maul des großen Wesens befand. Doch auch hier war es nicht der Teppich selbst, der sich schnell bewegte, sondern die Raubtierhorden, die ihn zu fressen versuchten, während sie selbst langsam und schwerfällig gefressen wurden, indem der Teppich sie mit dem dickflüssigen, nahrhaften Meerwasser einsog. Die anderen großen Teppiche, die das Pech hatten, keinen ans Meer grenzenden Rand zu besitzen, ernährten sich von der Vegetation und voneinander.

Die Teppiche hatten weder Hände noch Tentakel oder irgendwelche andere Greiforgane, sondern nur Mäuler und Augen, die durchaus in der Lage waren, die Flugbahn eines nahenden Raumschiffs zu verfolgen.

»Augen?« fragte Edwards. »Warum haben sie dann nicht unser Aufklärungsschiff gesehen?«

»Vor kurzem sind da noch Dutzende von Aufklärungsschiffen und Hubschraubern herumgeflattert, und dadurch ist das Tier vielleicht verwirrt«, antwortete Conway. »Aber um was ich Sie jetzt gerne bitten würde, Lieutenant, ist, ihr Schiff auf, sagen wir mal, dreihundert Meter zu bringen und eine Reihe von Achten zu fliegen. Fliegen Sie die Achten so eng und so schnell wie möglich und jedesmal über der gleichen Stelle des Bodens. Und machen Sie den Kreuzungspunkt direkt über unseren Köpfen. Kapiert?«

»Ja, aber...«

»Dadurch wird das Wesen mitbekommen, daß wir nicht irgendein Aufklärungsschiff sind, sondern ein ganz besonderes«, erklärte Conway und fuhr fort: »Und halten Sie sich bereit, uns schleunigst aufzunehmen, falls irgend etwas schiefgeht.«

Ein paar Minuten später startete Harrison und ließ die zwei Ärzte neben dem Bohrgestell allein zurück.

Nach einer kurzen Denkpause, sagte Edwards: »Ach, jetzt verstehe ich, was Sie damit beabsichtigen, Doktor. Sie wollen auf uns aufmerksam machen. Ein ›X‹ markiert einen Punkt, und ein ›X‹ mit geschlossenen Enden ergibt eine Acht. Und die Augenträgheit sorgt für den Rest.«

Dicht über ihnen zog jetzt das Aufklärungsschiff kreuz und quer die engsten Schleifen, die Conway jemals gesehen hatte. Selbst mit den auf Höchstleistung arbeitenden Schwerkraftkompensatoren mußte Harrison wenigstens vier Ge aushalten. Der Schatten des Schiffs fegte auf dem Boden an ihnen vorbei und um sie herum und zog eine lange hellgelbe Linie aus aufgerollten Blättern hinter sich her. Der Boden bebte unter dem Donner der Strahlentriebwerke des kleinen Schiffs, und dann begann er, ganz leicht von selbst zu beben.

»Harrison!«

Das Aufklärungsschiff brach das Manöver ab und landete heulend hinter ihnen. Inzwischen hatte der Boden bereits begonnen abzusacken.

Und plötzlich erschienen sie.

Zwei große, flache Metallscheiben, die senkrecht im Boden standen, eine ungefähr sechs Meter vor und die zweite in derselben Entfernung hinter ihnen. Während Conway und Edwards zusahen, zog sich jede Scheibe in Sekundenbruchteilen zu einem unförmigen Metalltropfen zusammen, der ein paar Meter zur Seite rollte und dann genauso plötzlich wieder zu einer großen messerscharfen Scheibe wurde, die einen tiefen Einschnitt in den Boden machte. Bevor Conway bewußt wurde, was dort vor sich ging, hatte jede Scheibe schon mehr als einen Viertelkreis um ihn und Edwards herum eingeschnitten, und der Boden sackte an diesen Stellen bereits rapide ab.

»Stellen Sie sich die Scheiben als Würfel vor, Harrison!« schrie er. »Verdammt! Stellen Sie sich irgend etwas *Stumpfes* vor!«

»Die Schleuse ist auf. Rennen Sie los!«

Doch ohne ihre Augen und Gedanken von den Scheiben abzuwenden, konnten sie nicht rennen, gelang es ihnen aber doch, dann konnten sie nicht schnell genug laufen, um den kreisförmigen Einschnitt noch rechtzeitig zu verlassen, der um sie herum gemacht wurde. Statt dessen bewegten sie sich seitwärts auf das Aufklärungsschiff zu und legten jeden Zentimeter des Wegs mit dem Willen zurück, daß sich diese Scheiben in Würfel, Kugeln oder Hufeisen verwandelten — jedenfalls in alles mögliche, nur nicht in diese kreisförmigen Riesenskalpelle, deren Gestalt sie irgend etwas hatte annehmen lassen.

Im Orbit Hospital hatte Conway seinen Kollegen Mannon unglaubliche chirurgische Meisterleistungen vollbringen sehen, als der Arzt eins dieser gedankengesteuerten Werkzeuge benutzt hatte: ein chirurgisches Allzweckinstrument, das auf der Stelle jede gewünschte Gestalt annahm. Jetzt krochen und drehten sich zwei dieser Dinger wie metallische Alpträume um sie herum. Und während sich Conway, Edwards und Harrison bemühten, sie eine andere Gestalt annehmen zu lassen, versuchte irgend jemand anders — nämlich der Besitzer, der als solcher mehr Geschick hatte —, sie diese Form beibehalten zu lassen. Es war ein sehr einseitiger Kampf, aber es gelang ihnen, das Denken ihres Opponenten wenigstens soweit zu stören, daß sie sich noch gerade rechtzeitig aus der Gefahrenzone retten konnten, bevor der kreisrunde ›Haut‹pfropfen samt Bohrgestell und anderen Ausrüstungsutensilien aus ihrem Blickfeld verschwand.

»Sollen sie das Zeug doch behalten!« sagte Major Edwards, als die Schleuse zuschlug und Harrison startete. »Immerhin haben wir Proben für ein paar Wochen entnommen und ihnen vielleicht ein paar Dinge hinterlassen, worüber sie nachdenken können, bevor wir wieder mit Hilfe von Schattenbildern oder -diagrammen Kontakt zu ihnen aufnehmen.« Als er fortfuhr, wurde er plötzlich sehr aufgeregt: »Mit funkgesteuerten Hochgeschwindigkeitsraketen könnten wir zum Beispiel ziemlich komplizierte Figuren erzeugen.«

»Ich hab mehr an einen stark gebündelten Lichtstrahl gedacht, der nachts auf die Oberfläche projiziert wird«, entgegnete Conway. »Die Blätter würden reagieren, indem sie sich öffnen, und der Strahl könnte wie bei einem dieser altmodischen Fernseher ein Rechteckmuster durchlaufen. Es wäre vielleicht sogar möglich, sich bewegende Bilder zu projizieren.«

»*Das* ist es!« rief Edwards begeistert. »Wie eine solch niederträchtige Kreatur von der Größe eines Naherholungsgebiets, die weder Arme noch Beine oder sonst etwas besitzt, auf unsere Signale reagieren soll, ist allerdings eine völlig andere Sache. Wahrscheinlich stellt es sich irgend etwas vor.«

Conway schüttelte den Kopf. »Es ist möglich, daß die Teppiche trotz ihrer langsamen Bewegungen schnell denken können und tatsächlich die Werkzeugbenutzer sind, nach denen wir suchen. Vielleicht unterziehen sich ihre riesigen Körper jedesmal einer freiwilligen Operation, wenn sie irgend etwas, das sich nicht in Reichweite ihres Mauls befindet, in sich hineinziehen und praktisch wie eine entnommene Probe untersuchen wollen. Doch ich ziehe die Theorie von einer kleineren intelligenten Lebensform in oder unter der größeren vor; möglicherweise handelt es sich dabei um einen intelligenten Parasiten, der seinem Wirt, dem organischen Teppich also, hilft, bei guter Gesundheit zu bleiben, indem er diese Werkzeuge und andere Fähigkeiten einsetzt, und der auch von den ›Augen‹ wie von allen anderen Vorteilen seines Wirts Gebrauch macht. Sie können sich davon eine Möglichkeit aussuchen.«

Während das Aufklärungsschiff Kurs auf das Mutterschiff nahm, herrschte Schweigen. Irgendwann sagte Harrison: »Demnach haben wir also keinen *direkten* Kontakt hergestellt — und lediglich ein paar Schnörkel auf einen pflanzlichen Radarschirm gemalt. Aber immerhin ist das schon ein großer Schritt vorwärts.«

»Meiner Meinung nach müssen sich diese Lebewesen in ziemlicher Entfernung von der Oberfläche befinden, wenn sie Werkzeuge benutzen müssen, um uns zu sich zu holen«, erklärte Conway. »Vielleicht können sie auf der Oberfläche gar nicht existieren. Und vergessen Sie nicht: Diese Wesen verwenden den Teppich wahrscheinlich auf dieselbe Art und Weise, wie wir Pflanzen und Bodenschätze verwenden. Wie würden sie wohl lebende Proben analysieren? Wären sie überhaupt in der Lage, die Proben da unten zu sehen? Sie gebrauchen zwar Pflanzen als Augen, aber ein pflanzliches Mikroskop kann ich mir nicht vorstellen. Vielleicht setzen sie während bestimmter Analysephasen auch die Verdauungssäfte der großen Kreatur ein ...«

Harrison sah langsam etwas blaß um die Nase aus. Er schlug vor: »Lassen Sie uns doch zunächst einmal einen Sensorroboter runterschicken, um zu sehen, was damit angestellt wird, ja?«

»Alles, was ich eben gesagt hab, beruht natürlich ausschließlich auf reinen Mutmaßungen, aber ...«, begann Conway.

Er brach ab, als der Schiffsfunk brummte. Eine Stimme räusperte sich und meldete: »Aufklärungsschiff neun, hier Mutterschiff. Ich hab eine dringende Nachricht für Doktor Conway. Das einheimische Wesen Camsaug hat heute seine Ferienreise angetreten. Es hat aber den Sender dabei, den ihm der Doktor mitgegeben hat. Er ist jetzt auf dem Weg zum aktiven Teil des Ufers im Gebiet H zwölf. Harrison, haben Sie irgend etwas zu berichten?«

»Ja, das kann man wohl sagen«, antwortete der Lieutenant und warf Conway einen kurzen Blick zu. »Aber ich glaube, zunächst einmal möchte der Doktor mit Ihnen sprechen.«

Conway faßte sich kurz, und ein paar Minuten später machte das Schiff mit Notschub einen Satz nach vorn, raste so schnell durch den Himmel, daß nicht einmal die Blätter auf seinen Schatten reagieren konnten, und zog eine nicht enden wollende Druckwelle hinter sich her, die alle mit Hörorganen ausgestatteten Wesen auf der Planetenoberfläche taub gemacht hätte. Wie Conway entsetzt feststellte, litt der unter ihnen dahingleitende Teppich aber in erster Linie an den ausgeprägten und ausgedehnten Hautkrebsgeschwüren und an wer weiß was sonst noch, selbst wenn er möglicherweise durchaus auch so etwas wie Taubheit zu seinen Gebrechen zählte.

Er fragte sich, ob eine so riesige und sich langsam bewegende Kreatur überhaupt Schmerz empfinden konnte, und wenn ja, wann ihre Belastungsgrenze erreicht war. Waren die Beschwerden, die er sehen konnte, auf die hektargroßen Hautflächen beschränkt oder gingen sie viel tiefer? Was würde mit den Lebewesen geschehen, die darin oder darunter lebten, wenn zu viele der Teppiche starben und sich zersetzten? Selbst die rollenden Bewohner mit ihrer Küstenkultur wären davon betroffen: Die Ökologie des gesamten Planeten würde zerstört werden! Irgend jemand mußte mit den rollenden Wesen dringend ein freundliches, aber bestimmtes Gespräch führen, falls es dafür nicht bereits zu spät war.

Auf einmal war der ganze Kuhhandelaspekt seines Auftrags, das Tauschen von gedankengesteuerten Werkzeugen gegen medizinisches Wissen, nicht mehr wichtig. Conway begann wieder wie ein Arzt zu denken — wie ein Arzt, der einen fast hoffnungslos erkrankten Patienten zu behandeln hatte.

Das von ihm angeforderte hubschrauberähnliche Fluggefährt wartete startbereit auf der *Descartes*. Conway wechselte in einen leichten Anzug mit einem auf den Rücken geschnallten Antriebsaggregat und zusätzlichem Sauerstoffvorrat auf der Brust. Camsaug hatte einen zu großen Vorsprung, als daß Conway ihm hätte zu Fuß folgen können, deshalb wollte er sich in Begleitung von Edwards mit dem Hubschrauber zum gegenwärtigen Aufenthaltsort des Wesens bringen lassen. Harrison saß am Steuerpult.

»Ach, Sie schon wieder!« sagte Edwards, als sie den Helikopter betraten.

Der Lieutenant lächelte. »Hier scheint mir am meisten los zu sein, meine Herren. Also, halten Sie sich fest.«

Nach der verrückten Jagd zum Mutterschiff erschien der Hubschrauberflug unglaublich langsam. Conway hatte das Gefühl, jeden Augenblick nach vorn auf die Nase zu fallen, wenn der Hubschrauber nicht an Tempo zulegen würde. Edwards versicherte ihm, daß dieses Gefühl beiderseitig sei und sie nach seinem Empfinden schwimmend schneller vorangekommen wären. Sie konnten sehen, wie Camsaugs Spur auf dem Beobachtungsschirm größer wurde, während Harrison die Vögel und fliegenden Echsen verfluchte, die nach Fischen tauchten und in den Rotorblättern Selbstmord begingen.

Der Helikopter flog jetzt niedrig über den ruhigen Küstenstreifen, wo die seichten Stellen durch eine Kette von ufernahen Inseln und Riffen vor den großen Meeresraubtieren geschützt waren. Diesem natürlichen Schutz hatten die rollenden Bewohner zum Festland hin eine Barriere aus toten Landtieren hinzugefügt, indem sie eine Reihe von atomaren Sprengkörpern mit geringer Sprengkraft im Innern dieser gewaltigen Tierkörper gezündet hatten. Das Gebiet war jetzt so ruhig, daß die Doughnuts unter nur sehr geringer Gefahr weit in die gähnenden Tiermäuler und Vormägen hinein- und wieder hinausrollen konnten.

Doch Camsaug ließ das sichere Gebiet links liegen. Er rollte schnurstracks auf die Spalte im Riff zu, die zum aktiven Küstenstreifen führte, wo große, mittlere und kleine Raubtiere das lebende Ufer fraßen und aushöhlten.

»Setzen Sie mich auf der anderen Seite der Spalte ab«, bat Conway. »Ich werde dort warten, bis Camsaug sie durchquert und ihm dann folgen.«

Harrison landete sanft an der bezeichneten Stelle und Conway ließ sich auf einen der beiden Schwimmer des Helikopters hinunter. Er hatte das Visier geöffnet, und sein Kopf und seine Schultern ragten jetzt durch die Bodenluke. So konnte er sowohl den Beobachtungsschirm als auch das etwa einen Kilometer entfernte Ufer sehen. Etwas, das wie ein zu den Ausmaßen eines Wals angewachsener Plattfisch aussah, schleuderte sich aus dem Wasser heraus und ließ sich wieder mit einem

Geräusch zurückfallen, das wie eine Explosion klang. Die Welle erreichte sie ein paar Sekunden später und warf den Hubschrauber wie einen Korken hin und her.

»Ehrlich gesagt, verstehe ich nicht, warum Sie das tun, Doktor«, sagte Edwards. »Ist es nun wissenschaftliche Neugier, das Paarungsverhalten der rollenden Wesen zu beobachten, oder eher die Lust, einen Blick in den gähnenden Rachen eines Landtiers zu werfen? Wir haben ferngesteuerte Geräte, die beides gefahrlos erledigen könnten, sobald wir eine Möglichkeit haben, die Dinger aufzustellen ...«

Conway antwortete: »Ich bin doch kein Voyeur, und zwar weder in wissenschaftlicher noch in irgendeiner anderen Hinsicht. Über das, was ich wirklich wissen will, geben mir solche Geräte vielleicht keinerlei Aufschluß. Sehen Sie, ich weiß zwar nicht genau, wonach ich suche, aber ich bin mir ziemlich sicher, daß ich hier mit ihnen in Kontakt treten kann ...«

»Mit den Benutzern der Werkzeuge? Aber mit denen könnten wir doch visuellen Kontakt herstellen, über die Pflanzen zum Beispiel.«

»Das ist vielleicht schwieriger, als wir vermuten«, entgegnete Conway. »Ich falle zwar äußerst ungern über meine eigene schöne Theorie her, aber nehmen wir einmal an, diese Kreaturen haben aufgrund ihrer pflanzlichen Sichtweise Schwierigkeiten, Begriffe wie Astronomie und Raumreisen zu begreifen oder, als Wesen, die in oder unter ihren gewaltigen Wirten leben, sich das von einem äußeren Blickpunkt aus vorzustellen ...«

Zwar sei dies lediglich eine weitere Theorie, fuhr Conway mit seiner Erklärung fort, doch seiner Meinung nach müßten die Benutzer dieser Werkzeuge ihre Umwelt praktisch völlig beherrschen. Auf einem normalen Planeten schloß Macht über die Umwelt Dinge wie Wiederaufforstung, Schutz gegen Bodenerosion, effiziente Nutzung der natürlichen Ressourcen und so weiter ein. Auf diesem Planeten waren solche Angelegenheiten vielleicht nicht die Aufgabe von Geologen und Bauern, sondern von Wesen, die Spezialisten darin waren, ihre Umwelt gesund zu erhalten, weil diese ein lebendiger Organismus war.

Er war sich ziemlich sicher, diese Wesen in den Randgebieten vorzufinden, wo der gigantische Organismus ständigen Angriffen ausgesetzt war und ihre Hilfe benötigte. Des weiteren war er davon überzeugt, daß sie die Arbeit eher selbst erledigten, als ihre Werkzeuge zu benutzen, weil diese gedankengesteuerten Instrumente den Nachteil hatten, der nächstgelegenen Gedankenquelle zu gehorchen und sich nach deren Bedürfnissen zu formen — das war erst wieder vor ein paar Stunden und vor allem etliche Male im Hospital bewiesen worden. Wahrscheinlich waren die Werkzeuge wertvoll, und zwar zu wertvoll, um es zu riskieren, sie von den Raubtieren verschlingen oder sie durch deren grausame und zusammenhanglose Denkweise möglicherweise unbrauchbar zu machen.

Conway wußte nicht, wie diese Wesen sich selbst nannten — die rollenden Bewohner nannten sie ›Beschützer‹ oder ›Heiler‹, vor allem aber eine ›fast sichere Methode, Selbstmord zu begehen‹, weil diese Kreaturen öfter jemand töteten als heilten. Aber selbst der berühmteste tralthanische Chirurg in der Föderation würde wahrscheinlich einen terrestrischen Patienten töten, wenn er keine medizinischen Kenntnisse über die Funktionsweise des menschlichen Körpers besaß und ihm kein Physiologieband zur Verfügung stand. Aber unter genau diesen erschwerten Bedingungen arbeiteten wahrscheinlich die Benutzer der Werkzeuge, wenn sie die rollenden Wesen zu behandeln versuchten.

»Wichtig ist eigentlich nur, daß sie es wenigstens versuchen«, fuhr Conway fort. »Ihre ganzen Anstrengungen sind darauf abgestimmt, anstatt vieler Patienten einen großen am Leben zu erhalten. Sie stellen auf dem

Fleischkloß praktisch die Ärzteschaft dar und sind die Wesen, mit denen wir zuerst in Kontakt treten müssen.«

Bis auf die gewaltigen Klatsch- und Schlaggeräusche, die vom Uferstreifen herüberdrangen, herrschte wieder Stille. Plötzlich meldete sich Harrison.

»Camsaug ist direkt unter uns, Doktor.«

Conway nickte, schloß sein Visier und ließ sich etwas unbeholfen ins Wasser fallen. Durch das Gewicht des Antriebsaggregats und der zusätzlichen am Anzug angebrachten Sauerstoffbehälter sank er rasch, und ein paar Minuten später entdeckte er Camsaug, der den Meeresboden entlangrollte. Conway folgte ihm, paßte seine Geschwindigkeit dem rollenden Wesen an und blieb gerade eben in Sichtweite. Er hatte nicht die Absicht, in das Privatleben von irgend jemandem einzudringen. Schließlich war er kein Anthropologe, sondern ein Arzt, der ausschließlich an Camsaugs Reaktionen interessiert war, falls dieser in Nöte gesundheitlicher oder medizinischer Natur geriet.

Der Hubschrauber hatte sich wieder in die Luft erhoben, hielt mit Conway Schritt und stand mit ihm in ständigem Funkkontakt.

Camsaug bog allmählich zum Ufer ab, rollte dabei wackelnd an Teppichen aus Dorn- und Nadelgewächsen vorbei, die um so dichter wurden, je flacher der Boden wurde. Manchmal rollte er mehrere Minuten im Kreis, wenn ihm eins der großen Raubtiere über den Weg trieb. Die Pflanzen besaßen giftige Dornen und Stacheln, mit denen sie um sich schlugen oder die sie auf alles abschossen, was ihnen zu nahe kam. Conways Problem war nun, wie er in sicherer Höhe über sie dahintreiben, gleichzeitig jedoch tief genug bleiben konnte, um nicht von einem der riesengroßen Plattfische auf die Hörner genommen zu werden.

Das Wasser war jetzt so von Leben, von tierischem und pflanzlichem Treiben erfüllt, daß er nicht einmal mehr die vom Hubschrauber verursachte Aufwirbelung der Wasseroberfläche erkennen konnte. Wie eine dunkelrote Steilwand rückte der vordere Rand der Landkreatur bedrohlich näher, der fast vollständig von einer Unmenge Unterwasserangreifern, Parasiten und möglicherweise auch Verteidigern verdeckt wurde — die Situation war für Conway viel zu chaotisch, um erkennen zu können, wer das eine und wer das andere war. Er wurde mit neuen Lebensformen konfrontiert, die er noch nie zuvor gesehen hatte — wie etwa mit einem glänzenden, schwarzen und scheinbar endlosen Ungetüm, das sich über seinen Weg schlängelte und versuchte, sich um seine Beine zu wickeln, oder einer großen schillernden Qualle, die so durchsichtig war, daß man nur ihre inneren Organe sehen konnte.

Ein anderes Lebewesen hatte sich über ungefähr zwanzig Quadratmeter Meeresboden ausgebreitet, während ein zweites unmittelbar darüberschwebte. Soweit Conway sehen konnte, besaßen sie zwar keine Stacheln oder Dornen, doch alles andere schien ihnen lieber aus dem Weg zu gehen, und das tat Conway ebenfalls.

Plötzlich befand sich Camsaug in Schwierigkeiten.

Conway hatte nicht gesehen, wie es passiert war, sondern nur, daß Camsaug beim Rollen mehr als gewöhnlich gewackelt hatte. Noch während er mit Hilfe des Düsenaggregats auf ihn zuraste, sah er bereits ein Büschel vergifteter Stacheln in Camsaugs Seite stecken. Als er ihn erreichte, rollte Camsaug in einem engen Kreis beinahe flach auf dem Boden wie eine Münze in Zeitlupe, die sich fast zu drehen aufgehört hatte. Conway wußte, was zu tun war, da er es bereits mit einem ähnlichen Notfall zu tun gehabt hatte, als Surreshun in das Hospital eingeliefert worden war. Er hob den Doughnut schnell in die Senkrechte und begann ihn wie einen überdimensionalen Autoreifen, dem die Luft ausgegangen war, über den Meeresboden zu rollen.

Camsaug gab zwar nur unübersetzbare Laute von sich, doch Conway spürte, wie der Körper allmählich wieder straffer wurde, während er ihn rollte — Camsaug begann sich zu erholen. Plötzlich rollte er wakkelnd von Conway weg und direkt auf zwei Stachelpflanzen zu. Conway stieg etwas höher, um ihn noch rechtzeitig abzufangen, aber im selben Augenblick stürzte ein Plattfisch mit aufgerissenem Maul auf ihn los, und er tauchte instinktiv nach unten, um ihm auszuweichen.

Der riesige Schwanz peitschte an ihm vorbei und verfehlte ihn knapp, riß ihm aber das Antriebsaggregat vom Rücken. Gleichzeitig holte eine Dornenpflanze nach seinen Beine aus und zerfetzte den Anzugstoff an einem Dutzend Stellen. Conway spürte, wie das kalte Wasser an den Beinen entlang in seinen Anzug eindrang, und unter der Haut empfand er ein Gefühl, als würde ihm flüssiges Feuer durch die Adern rinnen. Er erhaschte einen flüchtigen Blick von Camsaug, der wie ein unbelehrbarer Idiot auf eine Qualle zurollte. Und ein zweites dieser Lebewesen sank wie eine schillernde Wolke auf ihn selbst herab. Wie schon zuvor bei Camsaug waren die Laute, die jetzt Conway von sich gab, nicht übersetzbar.

»Doktor!« Die Stimme war wegen ihrer Eindringlichkeit so schrill, daß er sie nicht erkennen konnte. »Was geht da unten *vor?*«

Conway wußte es selbst nicht und konnte sowieso nicht reden. Sein Anzug war zum Schutz gegen eine mögliche Beschädigung in irgendeiner schädlichen Atmosphäre oder im All in ringförmige Abschnitte unterteilt, die eine aufgerissene Stelle abdichteten, indem sie sich ausdehnten und sich fest gegen die Haut preßten. Die Idee dabei war, einen Druckabfall oder eine Verseuchung durch Gase an der Schadstelle zu stoppen — doch in diesem Fall wirkten die ausgedehnten Ringe gleichzeitig als Aderpresse, die das Vordringen des

Gifts in seinem Blutkreislauf verlangsamten. Trotzdem konnte Conway weder Arme noch Beine und nicht einmal den Unterkiefer bewegen. Sein Mund stand jedoch offen, und er konnte immerhin atmen — wenn auch nur sehr schwach.

Die Qualle befand sich direkt über ihm. Ihre Ränder bogen sich nach unten, legten sich über seinen Körper und hüllten ihn in einen fast unsichtbaren Kokon.

»Doktor! Ich komme runter!« Es klang wie Edwards.

Conway spürte, wie irgend etwas mehrmals auf seine Beine einstach, und stellte fest, daß die Qualle Stacheln oder Dornen hatte und sie dort einsetzte, wo der Stoff seines Anzugs von der Pflanze aufgerissen worden war. Verglichen mit dem brennenden Gefühl in den Beinen war der Schmerz zwar relativ gering, aber es beunruhigte ihn, weil die Stiche sehr nah an den Enden der Oberschenkelvenen und -arterien zu sein schienen. Mit gewaltiger Anstrengung bewegte er den Kopf, um zu sehen, was vor sich ging, doch in dem Moment wußte er es bereits, und der durchsichtige Kokon färbte sich leuchtendrot.

»Doktor! Wo sind Sie? Ich kann Camsaug herumrollen sehen. Sieht aus, als wenn er in eine rosa Plastiktüte gewickelt ist. Genau über ihm befindet sich ein großer roter Ball aus irgendeinem Material ...«

»Das bin ich ...«, begann Conway schwach.

Der scharlachrote Schleier um ihn herum hellte sich für einen Augenblick auf. Etwas Großes und Dunkles huschte an ihm vorbei, und Conway spürte, wie er sich mehrere Male kopfüber drehte. Die Röte um ihn herum wurde wieder lichtdurchlässiger.

»Das war ein Plattfisch«, sagte Edwards. »Ich hab ihn mit meinem Laser verjagt. Doktor?«

Jetzt konnte Conway den Major zum erstenmal sehen. Edwards trug einen schweren Anzug, der ihn zwar vor den Dornen- und Stachelgewächsen schützte, genaues Schießen jedoch schwierig machte — seine

Waffe schien direkt auf Conway gerichtet zu sein. Dieser nahm instinktiv die Hände hoch und bemerkte, daß sich seine Arme wieder leicht bewegen ließen. Er konnte auch den Kopf drehen, seinen Rücken beugen, und die Beine taten weniger weh. Als er sie in der Kniegegend begutachtete, waren sie dort zwar leuchtendrot, aber der Körper der Qualle schien nur um seine Beine herum weniger durchsichtig zu sein.

Äußerst merkwürdig!

Er sah wieder durch den Kokon hindurch zu Edwards hinüber und dann auf das unbeholfen und gefährlich langsam wirkende Rollen des eingewickelten Camsaug, und plötzlich ging ihm ein gewaltiges Licht auf.

»Schießen Sie bloß nicht, Major«, sagte er schwach, aber mit Nachdruck. »Bitten Sie den Lieutenant, das Rettungsnetz abzuwerfen. Hieven Sie uns beide zum Hubschrauber hoch, und fliegen Sie uns dann zur *Descartes.* Schnell! Natürlich nur, wenn mein Freund hier in der Luft überleben kann. In dem Fall schleppen Sie uns lieber gleich unter Wasser zur *Descartes* — mein Luftvorrat reicht noch. Aber seien Sie sehr vorsichtig, daß Sie ihn nicht verletzen.«

Edwards und Harrison wollten natürlich wissen, was er da eigentlich redete, und nach einer knappen Erklärung fügte er hinzu: »Wie Sie sehen, ist diese Qualle nicht nur mein Kollege, die Fleischkloß-Entsprechung eines Arztes also, sondern ich habe ihr auch mein Leben zu verdanken. Zwischen uns besteht eine enge persönliche Bindung — man könnte fast sagen, wir sind Blutsbrüder.«

Der Fleischkloß

Conway hatte sich während des gesamten Rückflugs zum Hospital über das Problem des Fleischkloßes Gedanken gemacht, doch erst in den letzten zwei Stunden nahm dieser Vorgang konstruktive Züge an. Das war der Zeitpunkt gewesen, als er sich endlich selbst eingestanden hatte, daß er das Problem allein nicht lösen konnte, und damit begonnen hatte, an Namen und berufliche Fähigkeiten von einigen der terrestrischen und extraterrestrischen Wesen zu denken, die ihm möglicherweise dabei behilflich sein konnten, eine Lösung zu finden. Weil er sich gerade auf so angestrengte und konstruktive Art Gedanken machte, bemerkte er gar nicht, daß sich ihr Schiff schon die vorgeschriebenen dreißig Kilometer vom Hospital entfernt materialisiert hatte, bis die ausdruckslose Translatorstimme der Anmeldezentrale aus dem Lautsprecher des Kontrollraums schepperte.

»Identifizieren Sie sich bitte. Patient, Besucher oder Mitarbeiter? Und welche Spezies?«

Der Lieutenant des Korps, der das Schiff flog, sah nach hinten zu Conway und Edwards, dem medizinischen Offizier des Mutterschiffs, und zog eine Braue hoch.

Edwards räusperte sich nervös und antwortete: »Hier ist Aufklärungsschiff D1-835, Anlandungs- und Kommunikationsschiff des Vermessungs- und Kontaktschiffs des Monitorkorps mit Namen *Descartes*. Wir haben vier Besucher und einen Personalangehörigen an Bord. Drei sind menschlich, und zwei sind gebürtige Dramboner, die verschiedenen Spezies angehören ...«

»Teilen Sie bitte die physiologischen Klassifikationen mit, oder stellen Sie vollen Sichtkontakt her. Alle intelligenten Spezies nennen sich selbst menschlich und betrachten andere als *nichtmenschlich*. Deshalb ist es völlig belanglos, wie Sie sich selbst nennen, insbesondere was Ihre Unterbringung und Ihren Weitertransport im Hospital angeht ...«

Edwards schaltete das Mikrofon stumm und fragte Conway hilflos: »Was *wir* sind, weiß ich ja; aber wie zum Teufel soll ich diesem medizinischen Bürokraten Surreshun und diese andere Gestalt beschreiben?«

Conway betätigte mit dem Daumen die Sprechtaste und sagte: »Dieses Schiff enthält drei Terrestrier der physiologischen Klassifikation DBDG. Es handelt sich um Major Edwards und Lieutenant Harrison vom Monitorkorps und mich, Chefarzt Conway. Wir befördern zwei drambonische Bewohner. Drambo ist der einheimische Name des Planeten, der bei Ihnen vielleicht noch unter der Bezeichnung Fleischkloß aufgeführt ist. So haben wir ihn jedenfalls genannt, bevor wir wußten, daß auf ihm intelligentes Leben existiert. Einer der Bewohner ist ein CLHG, ein Wasseratmer mit einem warmblütigen, auf Sauerstoff basierendem Stoffwechsel. Der zweite ist vorläufig als SRJH einzustufen und scheint sich sowohl in Luft als auch in Wasser wohl zu fühlen.

Der Transfer ist nicht dringend«, fuhr Conway fort. »Allerdings steckt der CLHG in einem körperlich unangenehmen Lebenserhaltungsmechanismus und würde sich zweifellos auf einer unserer wassergefüllten Ebenen sehr viel wohler fühlen, weil er dort normal herumrollen kann. Können Sie uns an Schleuse dreiundzwanzig oder vierundzwanzig andocken lassen?«

»Schleuse dreiundzwanzig, Doktor. Benötigen die Besucher für den Transfer spezielle Transport- oder Schutzvorrichtungen?«

»Nein.«

»Na gut. Unterrichten Sie bitte die Abteilung für Ernährungsfragen über Nahrungs- und Flüssigkeitsbedarf sowie die Periodizität der Mahlzeiten. Ihre Ankunft ist bereits zur Kenntnis genommen worden, und

Colonel Skempton würde Major Edwards und Lieutenant Harrison gerne so bald wie möglich sehen. Und Major O'Mara möchte Doktor Conway sogar umgehend sprechen.«

»Danke.« An Edwards gerichtet sagte er: »Wenn man nicht in einem Hospital mit vielfältigen Umweltbedingungen arbeitet, kommt man normalerweise immer nur mit Extraterrestrier einer Spezies zur gleichen Zeit zusammen und bezeichnet sie nach ihrem Herkunftsplaneten. Aber hier, wo die schnelle und genaue Kenntnis der physiologischen Beschaffenheit ankommender Patienten lebenswichtig ist, weil die sich allzuoft nicht in dem Zustand befinden, diese Informationen selbst geben zu können, haben wir das aus vier Buchstaben bestehende Klassifikationssystem entwickelt. Ganz kurz gefaßt funktioniert es folgendermaßen.

Der erste Buchstabe zeigt den Stand der physikalischen Evolution an, der zweite die Art und Verteilung der Gliedmaßen und Sinnesorgane und der dritte und vierte den Metabolismus sowie die erforderlichen Druck- und Schwerkraftverhältnisse, was zugleich ein Hinweis auf die physische Masse und auf die Beschaffenheit der Außenhaut eines Wesens ist. An diesem Punkt müssen wir unsere Studenten normalerweise darauf hinweisen, daß sie wegen des ersten Buchstabens der für sie zutreffenden Klassifikation keine Minderwertigkeitskomplexe bekommen müssen, da der Stand der physikalischen Evolution keinerlei Rückschlüsse auf den Grad der Intelligenz zuläßt ...«

Weiterhin erklärte er, daß alle Wesen mit A, B oder C als erstem Buchstaben Wasseratmer seien. Auf den meisten Planeten war das Leben im Wasser entstanden, und diese Wesen hatten eine hohe Intelligenz entwikkelt, ohne das nasse Element verlassen zu müssen. D bis F waren warmblütige Sauerstoffatmer — unter diese Klassifikation fielen die meisten intelligenten Wesen der Galaxis. G bis K waren auch Sauerstoffatmer, aber insektenartige Wesen von Planeten mit geringer Schwerkraft, ebenso wie die vogelartigen Wesen der Kategorie L und M. Die Chloratmer waren in die Gruppen O und P eingeteilt, darauf folgten die eher exotischen, physikalisch hochentwickelten und völlig absonderlich anmutenden Spezies — Strahlungsverwerter; starrblütige oder kristalline Wesen; Kreaturen, die ihre physische Gestalt beliebig verändern konnten. Diejenigen, die verschiedene Arten übersinnlicher Kräfte besaßen und bereits so weit entwickelt waren, daß sie nicht einmal mehr Fortbewegungs- oder Greiforgane benötigten, hatten unabhängig ihrer Form oder Größe als ersten Buchstaben ein V.

»Zwar ist dieses System nicht ganz fehlerfrei«, fuhr Conway fort, »aber schuld daran ist einfach die mangelnde Vorstellungskraft der Urheber gewesen, und man hat es deshalb auch hin und wieder ändern müssen. AACPs sind zum Beispiel eine Spezies mit vegetarischem Metabolismus. Normalerweise weist das A als deren erster Buchstabe auf Wasseratmer hin. Da das System mit seiner Klassifikation jedoch erst bei den fischähnlichen Lebensformen beginnt und die AACPs als pflanzliche Wesen noch vor den Fischen eingestuft werden müßten, hat man sie einfach dieser Gruppe zugeordnet ...«

»Entschuldigung, Doktor«, unterbrach ihn der Pilot. »Wir docken in fünf Minuten an, und Sie haben gesagt, Sie wollten die Besucher auf den Transfer vorbereiten.«

Conway nickte und Edwards sagte: »Ich helfe Ihnen, Doktor.«

Das Aufklärungsschiff lief in die gigantische würfelförmige Höhle ein, die Schleuse dreiundzwanzig darstellte. Währenddessen legten sie die leichten Anzüge an, die man in Umgebungen trug, in denen die Flüssigkeit oder das Gas zwar tödlich waren, ansonsten aber ziemlich normaler Druck herrschte. Sie spürten, wie die

Greifer das Schiff in das verstellbare Hängegerüst zogen, und taumelten ein wenig, als die künstlichen Schwerkraftgitter eingeschaltet wurden. Die Außenluke der Schleuse schlug dröhnend zu, und man hörte das Rauschen von Wasserfällen, die über Felsen aus Metall herabstürzten.

Conway war gerade damit fertig, seinen Helm zu befestigen, als sein Funkempfänger meldete: »Hier ist Harrison, Doktor. Der Leiter des Abfertigungsteams dieser Schleuse sagt, es würde einige Zeit dauern, die Schleuse vollständig mit Wasser zu füllen. Darüber hinaus wäre es erforderlich, die restlichen fünf Inneneingänge dem kompletten Dekontaminierungsverfahren zu unterziehen. Das hier ist nämlich eine große Schleuse, und auf den übrigen Luken wird ein starker Wasserdruck lasten, wenn man sie ...«

»Es ist nicht notwendig, sie ganz zu füllen«, unterbrach ihn Conway. »Der drambonische CLHG wird sich nur dann einigermaßen wohl fühlen, wenn das Wasser bis zur Oberkante der Frachtluke reicht.«

»Der Mann läßt Ihnen ein herzliches Dankeschön ausrichten«, antwortete Harrison spöttisch.

Sie betraten den Laderaum des Aufklärungsschiffs und gingen dem Lebenserhaltungsmechanismus behutsam aus dem Weg, der einen Eigenantrieb besaß und den ersten Dramboner fortwährend wie eine organische Gebetsmühle drehte, während sie die Befestigungsgurte von den Frachtvertäuungspunkten lösten.

»Wir sind da, Surreshun«, sagte Conway. »In ein paar Minuten können Sie sich für ein paar Tage von diesem Apparat verabschieden. Wie geht es Ihrem Freund?«

Das war eine rein rhetorische Frage, weil der zweite Dramboner bisher noch nie etwas gesagt hatte und vielleicht auch gar nicht sprechen konnte. Aber wenn er sich vielleicht auch nicht unterhalten konnte, so war er doch wenigstens in der Lage zu reagieren. Wie eine große durchsichtige Qualle schwamm der Dramboner in Wellenbewegungen auf sie zu — hätte er keine schimmernde Haut und ein paar milchige Innenorgane besessen, wäre er im Wasser vollkommen unsichtbar gewesen. Er legte sich einen Moment lang wie ein dikker, durchsichtiger Kokon um Conway und wandte dann seine Aufmerksamkeit Edwards zu.

»Falls Sie soweit sind, Doktor Conway und Doktor Edwards, wir wären bereit.«

»Diesmal klappt das ja viel besser als bei Ihrem ersten Besuch im Hospital«, bemerkte Conway an Surreshun gewandt, während ihm Edwards half, das Lebenserhaltungssystem des Dramboners aus dem Laderaum zu manövrieren. »Dieses Mal *wissen* wir wenigstens, was wir tun.«

»Es besteht keinerlei Notwendigkeit, sich zu entschuldigen, Freund Conway«, entgegnete Surreshun mit ausdrucksloser Translatorstimme. »Für ein Lebewesen von meiner enormen Intelligenz, das zudem mit hohen moralischen Werten ausgestattet ist, machen das Verständnis für die geistigen Mängel geringerer Wesen und natürlich die Vergebung jeglichen Unrechts, das diese mir möglicherweise zugefügt haben, lediglich einen geringen Teil meiner großmütigen und facettenreichen Persönlichkeit aus.«

Conway war sich gar nicht bewußt gewesen, daß er sich entschuldigt hatte, doch für ein Wesen, dem der Begriff Bescheidenheit vollkommen fremd war, hatten seine Äußerungen möglicherweise so geklungen. Er verhielt sich diplomatisch und entgegnete lieber nichts.

Das Abfertigungsteam der Schleuse dreiundzwanzig kam, um ihnen dabei zu helfen, Surreshuns Rad zum Eingang zu den wassergefüllten AUGL-Stationen zu bringen. Der Teamleiter, dessen schwarzer Anzug rot- und gelbgestreifte Ärmel und Hosenbeine hatte, die ihn wie einen der Neuzeit angepaßten Hofnarren aussehen ließen, schwamm nach oben zu Conway und berührte dessen Helm mit seinem.

»Tut mir leid, daß ich das auf diese Art tun muß, Doktor«, sagte er mit deutlicher, wenn auch durch das Übertragungsmedium leicht verzerrter Stimme, »aber es ist plötzlich ein Notfall eingetreten, und ich will nicht die Anzugfrequenz einstellen. Ich möchte, daß Sie sich alle so schnell wie möglich auf die Station begeben. Surreshun ist ja schon vorher einmal durch unsere Hände gegangen, deshalb brauchen wir uns um ihn keine Sorgen zu machen. Sie müssen also nur die Verantwortung für das andere Wesen übernehmen, wo immer sich das auch gerade befindet ... Was, zum Teufel, ist das?«

Das zweite Wesen hatte sich um Kopf und Schultern des Leiters gewickelt, fesselte seine Arme und beschnupperte ihn wie ein Hund mit einem Dutzend unsichtbarer Köpfe.

»Vielleicht mag er Sie«, sagte Conway. »Wenn Sie ihn eine Minute lang gar nicht beachten, geht er von selbst weg.«

»Tiere finden mich immer unwiderstehlich«, entgegnete der Teamleiter trocken. »Ich wollte, von den Frauen meiner eigenen Spezies könnte man dasselbe sagen ...«

Conway schwamm um den SRJH herum und dann über ihn, packte zwei kräftige Handvoll der elastischen transparenten Haut des Dramboners und strampelte seitlich mit den Beinen im Wasser, bis das vordere Ende des Wesens auf den Stationseingang gerichtet war. Große langsame Wellen liefen den Körper des SRJH entlang, und es begann mit wogenden Bewegungen wie ein schimmernder fliegender Teppich auf den Korridor zuzuschwimmen, der zur AUGL-Station führte. Dicht hinter ihm folgte Surreshuns Riesenrad mit weniger Anmut.

»Ein Notfall, sagten Sie?«

»Ja, Doktor«, antwortete der Teamleiter über Anzugfunk. »Aber die nächsten zehn Minuten wird wohl nichts passieren, deshalb kann ich den Anzugfunk benutzen, wenn wir uns kurz fassen. Meines Wissens ist eine kelgianische Schwester, die im hudlarischen OP arbeitet, während einer Operation durch einen Muskelkrampf und eine unwillkürliche Bewegung der vorderen Tentakeln des Patienten verletzt worden. Die Verletzungen werden durch die Auswirkungen der Kompression kompliziert und zusätzlich durch die Tatsache, daß die Bestandteile dieser unter hohem Druck stehenden Suppe, die die Hudlarer atmen, für den Stoffwechsel der Kelgianer hochgiftig sind. Doch zu einem Notfall hat sich das Ganze erst durch die enormen Blutungen entwickelt. Sie kennen ja die Kelgianer ...«

»Ja, allerdings«, sagte Conway.

Selbst eine kleine Stich- oder Schnittwunde stellte für Kelgianer eine sehr ernsthafte Angelegenheit dar. Sie waren riesige, pelzige Raupen, und lediglich ihr Gehirn, das im stumpfen, kegelförmigen Kopfteil lag, wurde von etwas geschützt, das einer Knochenstruktur ähnelte. Der Körper eines kelgianischen Wesens setzte sich aus einer Reihe von kreisförmigen Muskelbändern zusammen, die nicht nur zur Fortbewegung dienten, sondern darüber hinaus auch die lebenswichtigen Organe im Körperinnern schützten. Dieser Schutz war vom Standpunkt eines Lebewesens, dessen Körper von einem üppigeren Knochengerüst gestützt wurde, allerdings alles andere als ausreichend.

Die Schwierigkeit war, daß Puls und Blutdruck der Kelgianer nach terrestrischen Maßstäben abnorm hoch waren, damit diese gewaltigen Muskelbänder ausreichend mit Blut versorgt werden konnten.

»Man hat es nicht geschafft, die Blutungen hinreichend unter Kontrolle zu bekommen«, fuhr der Teamleiter fort, »und deshalb wird die Kelgianerin von der Hudlarerstation, die sich zwei Ebenen über uns befindet, in den kelgianischen OP genau unter uns verlegt. Um Zeit zu sparen, transportiert man sie durch die wassergefüllten Ebenen ... Entschuldigen Sie mich, Doktor, da kommen sie gerade ...«

Genau in diesem Augenblick passierten mehrere Dinge gleichzeitig. Mit einem unübersetzbaren Vergnügungsgluckser löste sich Surreshun vom Rad, rollte schwerfällig auf dem Boden entlang und fuhr langsam im Zickzack auf die Gruppe von Patienten und Schwestern zu, deren Zusammensetzung sich von den gedrungenen, krabbenähnlichen Melfanern bis zu den zwölf Meter langen Krokodilen mit Tentakeln erstreckte, die von dem mit Ozeanen überzogenen Planeten Chalderescol stammten. Der andere Dramboner hatte sich aus Conways Griff gewunden und schwamm fort, während sich hoch oben an der gegenüberliegenden Wand eine Luke öffnete, durch die die verletzte Kelgianerin gerade hereingebracht wurde. Dabei wurde sie von so vielen Wesen begleitet, daß Conways Hilfe weder notwendig noch erwünscht war.

Es handelte sich um fünf Terrestrier, die wie Conway leichte Anzüge trugen, zwei Kelgianer und einen Illensaner, durch dessen durchsichtige Hülle man das neblige Gelb des Chlors im Innern sehen konnte. In einem der terrestrischen Helme steckte ein Kopf, den Conway als den seines Freunds Mannon erkannte, der Spezialist für hudlarische Chirurgie war. Sie umschwärmten die kelgianische Verletzte wie ein Schwarm unbeholfener Fische und schoben und zogen sie zur anderen Seite der Station. Der Schwarm wuchs noch an, als der Leiter des Abfertigungsteams mit seinen Männern näher heranschwamm, um die Lage zu sondieren. Die drambonische Qualle näherte sich ebenfalls.

Zuerst dachte Conway, der SRJH wäre bloß neugierig, doch dann sah er, daß der schillernde Teppich mit voller Absicht auf das verletzte Wesen zuschwamm.

»Halten Sie ihn auf!« schrie Conway.

Alle Anwesenden konnten ihn hören, denn er sah, wie sie zusammenzuckten, als seine Stimme ohrenbetäubend aus den Kopfhörern in ihren Anzügen dröhnte. Aber sie wußten nicht, wer oder was aufzuhalten war, und nicht einmal wie — und es blieb auch keine Zeit, ihnen irgend etwas zu erklären.

Während er auf die Trägheit des Wassers fluchte, schwamm Conway wie wild auf die verletzte Kelgianerin zu, um zu versuchen, den Dramboner rechtzeitig abzufangen. Doch die große blutdurchtränkte Stelle im Pelz an der Seite der Kelgianerin zog die Qualle wie einen Magneten an, und die Anziehungskraft wuchs — ebenfalls wie bei einem Magneten — im doppelten Quadrat zur Entfernung. Conway blieb keine Zeit mehr, eine Warnung zu rufen, als der Dramboner auch schon leicht gegen die Kelgianerin stieß und sich festklammerte.

Es gab eine leichte Luftblasenexplosion, als die gallertartigen Tentakel der drambonischen Qualle die Drucktragbahre der Kelgianerin zerrissen, in den bereits beschädigten Anzug vordrangen, den die Kelgianerin bereits im hudlarischen OP getragen hatte, und sich unter das dicke silberne Fell schoben. Innerhalb weniger Sekunden nahm der durchsichtige Körper des SRJH einen sich vertiefenden Rotton an, während der Dramboner das Blut aus der verletzten Kelgianerin saugte.

»Schnell!« brüllte Conway, »bringen Sie beide auf die nächste mit Luft gefüllte Station!«

Er hätte sich die Worte sparen können, denn alle redeten jetzt wie wild durcheinander und überlasteten damit den Anzugfunk. Das Außenmikrofon war auch keine Hilfe — alles, was er hören konnte, war das tiefe, durch das Wasser übertragene Brummen der Notsirene und zu viele Stimmen, die gleichzeitig plapperten, bis die sehr laute Translatorstimme eines Chalders die anderen übertönte.

»Tier! Tier!«

Conways unermüdliches Schwimmen hatte das Trokkenmittel im Anzug bereits überlastet, doch diese Worte ließen den heißen Schweiß, in dem sein Körper badete, eiskalt werden.

Nicht alle Bewohner des Orbit Hospitals waren Vegetarier, und ihre Nahrungsbedürfnisse machten es erforderlich, gewaltige Fleischmengen per Schiff einzuführen, die sowohl extraterrestrischen als auch terrestrischen Ursprungs waren. Aber das Fleisch traf immer gefroren oder auf andere Weise konserviert ein, und das aus einem sehr guten Grund — so sollten nämlich Fälle von Verwechslung seitens der größeren fleischfressenden Lebensformen vermieden werden, die sehr oft in Berührung mit kleineren Wesen kamen, die häufig eine körperliche Ähnlichkeit mit der Lieblingsspeise der Erstgenannten aufwiesen.

Die Regel im Orbit Hospital lautete: Jedes Wesen, das lebt, ist auch intelligent — egal, welche Größe oder Gestalt es hat oder möglicherweise annimmt.

Ausnahmen von dieser Regel waren sehr selten und bestanden aus Haustieren — natürlich ungefährlichen —, die Personalmitgliedern oder wichtigen Besuchern gehörten. Falls zufällig ein nichtintelligentes Lebewesen in das Hospital eindrang, mußte man sehr schnell geeignete Schutzmaßnahmen ergreifen, damit den kleineren intelligenten Lebensformen kein Schaden zugefügt werden konnte.

Weder das mit dem Transport des Verletzten beschäftigte medizinische Personal noch das Abfertigungsteam war bewaffnet, doch innerhalb weniger Minuten würde die Alarmsirene bewaffnete Mitglieder des Monitorkorps herbeirufen. Inzwischen näherte sich einer der chalderischen Patienten — die allesamt über ihre gesamte Länge von zwölf Metern gepanzert waren und viele Tentakeln besaßen — dem festgeklammerten Dramboner, um ihn mit einem oder höchsten zwei Bissen seiner gewaltigen Kiefer von der Kelgianerin loszureißen.

»Edwards! Mannon! Helfen Sie mir, ihn da zurückzuhalten!« brüllte Conway, aber es schrien immer noch zu viele Stimmen durcheinander, als daß sie ihn hätten hören können. Er packte zwei Handvoll Haut des Dramboners und blickte wild umher. Der Teamleiter hatte den Ort des Geschehens zur gleichen Zeit erreicht, ein Bein zwischen die verletzte Kelgianerin und den festgeklammerten SRJH geschoben und versuchte jetzt, die beiden mit den Händen auseinanderzustemmen. Conway drehte sich um, zog die Knie bis zum Kinn an und stieß den Teamleiter mit beiden Füßen weg — entschuldigen konnte er sich später. Der Chalder kam gefährlich nah.

Dann kam Edwards an, sah, was Conway tat, und beteiligte sich. Zusammen traten sie nach der riesigen Schnauze des Chalders und versuchten so, ihn zu vertreiben. Sie konnten ihm zwar keinen Schmerz zufügen, vertrauten jedoch darauf, daß der Extraterrestrier nicht zwei intelligente Wesen angreifen würde, um ein scheinbares Tier zu töten, das ein drittes intelligentes Wesen attackierte. Die Situation war jedoch so verworren, daß leicht ein Fehler auftreten konnte. Es war sehr gut möglich, daß Edwards' und Conways Beine von der Taille abwärts durch einen einzigen Biß amputiert werden könnten.

Plötzlich wurde Conways Fuß von einem Paar großer, starker Hände gepackt, und sein Freund Mannon schwamm an seinem Körper entlang, bis sich ihre Helme berührten.

»Conway, was, zum Teufel, machen ...«

»Ich hab keine Zeit für Erklärungen«, antwortete er. »Bringen Sie die beiden nur schleunigst in eine mit Luft gefüllte Abteilung. Passen Sie auf, daß niemand den SRJH verletzt; er richtet keinen Schaden an.«

Mannon blickte auf das Wesen, das die Kelgianerin

wie eine riesige blutrote Blase bedeckte. Man konnte tatsächlich sehen, wie das Blut der verletzten Schwester in den großen kugelartigen Körper des Dramboners floß — der jetzt nicht mehr transparent war und bis zum Platzen gefüllt zu sein schien — und sich dort überall ausbreitete.

»Da hab ich mich wohl getäuscht«, sagte Mannon und schwamm weg. Mit einer Hand packte er einen der gewaltigen Zähne des Chalders, drehte sich um, bis er in ein Auge von der ungefähren Größe eines Fußballs starrte, und vollführte mit der zweiten Hand ruckartige Bewegungen zur Seite. Der Chalder blickte verwirrt drein und entfernte sich; und ein paar Sekunden später befand sich Conway mit Edwards und der eingehüllten Kelgianerin in der Schleuse, die zu einer mit Luft gefüllten Abteilung führte.

Das Wasser lief heraus, die Schleuse öffnete sich und zwei grünuniformierte Monitore kamen zum Vorschein, die mit der Waffe im Anschlag in der Schleusenvorkammer standen. Der erste der beiden drückte ein riesige Automatikwaffe mit Mehrfachmagazinen an sich, mit der man sämtliche Wesen sofort betäuben konnte, die der Klasse der warmblütigen Sauerstoffatmer angehörten, während der zweite eine kleine und viel weniger gefährlich aussehende Waffe in der Hand hielt, die aber das Lebenslicht eines Elefantenbullen oder jedes extraterrestrischen Gegenstücks im Nu ausblasen konnte.

»Moment mal!« sagte Conway und rutschte und schlitterte über den immer noch nassen Boden, um sich vor den Dramboner zu stellen. »Das hier ist ein prominenter Besucher. Geben Sie uns ein paar Minuten. Das kommt schon alles in Ordnung, glauben Sie mir.«

Die beiden Monitore behielten ihre Waffen im Anschlag, und sie sahen auch nicht so aus, als wenn sie Conway glauben würden.

»Das sollten Sie wohl besser erklären«, riet ihm der

Teamleiter ruhig, aber mit deutlicher Zornesröte im Gesicht.

»Ja«, erwiderte Conway. »Ich ... ehm ... ich hoffe, ich hab Sie nicht verletzt, als ich Sie vorhin getreten hab.«

»Nein, nur meinen Stolz. Aber ich will trotzdem ...«

»Hier O'Mara«, brüllte eine Stimme aus dem Kommunikator an der gegenüberliegenden Wand. »Ich will Sichtkontakt haben! Was geht da unten eigentlich vor?«

Edwards stand am nächsten. Er stellte Richtung und Schärfe der Kamera laut Anweisung ein und sagte: »Die Situation ist ziemlich kompliziert, Major ...«

»Natürlich, wenn Conway etwas damit zu tun hat, ist das kein Wunder«, entgegnete O'Mara in bissigem Ton. »Was macht er denn da? Um Erlösung beten?«

Conway kniete neben der verletzten Kelgianerin und prüfte ihren Zustand. Nach dem, was er sehen konnte, hatte sich der Dramboner so festgeklammert, daß nur sehr wenig Wasser in die Drucktragbahre oder den beschädigten Druckanzug eingedrungen war — die Schwester atmete normal und es gab keine Anzeichen, daß sie Wasser in den Lungen hatte. Die Farbe des Dramboners hatte sich wieder aufgehellt; sie war jetzt nicht mehr tiefrot, sondern wieder fast völlig transparent mit einem leicht rosa schimmernden Farbton. Unter Conways Augen löste sich der SRJH von der Kelgianerin und rollte wie ein großer, mit Wasser gefüllter Ballon davon, bis er an der Wand zum Stillstand kam.

Edwards erklärte gerade: »Vor drei Tagen wurde ein vollständiger Bericht über diese Lebensform eingereicht. Mir ist klar, daß drei Tage kein allzu langer Zeitraum sind, um die Ergebnisse in einer Einrichtung dieser Größe zu verbreiten, aber nichts von all dem wäre geschehen, wenn der Dramboner nicht mit einem schwerverletzten Wesen konfrontiert worden wäre, das ...«

»Bei allem Respekt, Major«, unterbrach ihn O'Mara

mit einer Stimme, die von allem triefte, nur nicht von Respekt, »ein Hospital ist ein Ort, an dem jedermann jederzeit damit rechnen muß, auf eine schwere Krankheit oder Verletzung zu stoßen. Hören Sie endlich auf, Ausreden zu suchen, und erzählen Sie mir, was *passiert* ist!«

»Der Dramboner da drüben«, fügte der Teamleiter ein, »hat die verletzte Kelgianerin angegriffen.«

»Und?« fragte O'Mara.

»Hat sie sofort geheilt«, antwortete Edwards süffisant.

Daß es O'Mara die Sprache verschlug, kam nicht oft vor. Conway trat zur Seite, um es der Kelgianerin, die jetzt keine Verletzte mehr war, zu ermöglichen, auf die zahlreichen Beine zu kommen. Er erklärte: »Der drambonische SRJH ist das einem Arzt ähnlichste Wesen, das wir auf dem Planeten gefunden haben. Er stellt eine blutegelartige Lebensform dar, die ihren Beruf praktiziert, indem sie dem Patienten das Blut entzieht und von allen Infektionen und giftigen Substanzen reinigt, bevor sie es in den Körper des Patienten zurückleitet. Sie heilt auch einfache physische Schäden. Angesichts einer schweren Krankheit oder Verwundung reagiert sie instinktiv. Als eben die verletzte Kelgianerin plötzlich auftauchte, wollte der SRJH helfen. Die Schwester hat an einer Vergiftung gelitten, die durch die toxische Substanz in der Umweltbedingung des hudlarischen Operationssaals hervorgerufen worden war und die die Wunde infiziert hat. Für den Dramboner war das allerdings ein ganz einfacher Fall.

Doch wird nicht das gesamte entzogene Blut wieder zurückgeleitet«, fuhr Conway fort. »Wir konnten allerdings noch nicht nachweisen, ob es für das Wesen physiologisch unmöglich ist, das ganze Blut zurückzuleiten, oder ob es ein paar Deziliter als Bezahlung für geleistete Dienste behält, sozusagen als Blutzoll.«

Die Kelgianerin stieß ein tiefes Hupen aus, das wie

ein moduliertes Nebelhorn klang. Der Ton wurde als ›Mir soll's recht sein‹ übersetzt.

Die kelgianische Raupe entfernte sich, dann folgten ihr die beiden bewaffneten Korpsmitglieder. Mit einem verdutzten Blick auf den Dramboner winkte der Teamleiter seine Männer auf ihre Posten zurück, und für einen Moment trat Stille ein.

Schließlich sagte O'Mara: »Sobald Sie Ihre beiden Besucher untergebracht haben und wenn keine physiologischen Gründe dagegen sprechen, schlage ich vor, daß wir uns in drei Stunden in meinem Büro treffen, um die Angelegenheit genauer zu besprechen.«

O'Maras Stimme hatte bedrohlich mild geklungen. Vielleicht wäre es keine schlechte Idee, für das Treffen mit dem Chefpsychologen nicht nur medizinische, sondern auch moralische Unterstützung mitzubringen, sagte sich Conway.

Conway hatte nicht nur seinen empathischen Freund Prilicla gebeten, an dem Treffen teilzunehmen, sondern auch die Monitoroffiziere Colonel Skempton und Major Edwards, Dr. Mannon, die beiden Dramboner, Thornnastor, den leitenden Diagnostiker der Pathologie, und zwei Ärzte von Hudlar und Melf, die zur Zeit Lehrgänge am Hospital absolvierten. Es dauerte mehrere Minuten, bis sie alle O'Maras gewaltiges Vorzimmer betreten hatten — einen Raum, der normalerweise nur von dem Berater des Majors besetzt war, und in dem mehr als zwanzig Möbelstücke standen, die für die ETs geeignet waren, mit denen O'Mara beruflichen Kontakt hatte. Zu diesem Anlaß war es der Chefpsychologe selbst, der am Schreibtisch seines Assistenten saß und mit sichtlich beherrschter Ungeduld darauf wartete, daß sich endlich alle in die Möbel setzten, legten oder auf sonstige Art Platz nahmen.

Als sie das getan hatten, sagte O'Mara ruhig: »Seit der hochdramatischen Phase, mit der Ihre Ankunft eingeläutet wurde, hab ich es nachgeholt, die letzten Berichte über den Fleischkloß zu lesen. Und alles zu wissen heißt, alles zu verzeihen — natürlich außer Ihrer Anwesenheit hier, Conway. Sie sollten doch erst in frühestens drei ...«

»Drambo, Sir«, unterbrach Conway ihn. »Wir benutzen jetzt den Klang des einheimischen Worts für den Fleischkloß.«

»Das gefällt uns besser«, schloß sich Surreshuns Translatorstimme an. »Fleischkloß ist kein treffender Name für einen Planeten, der nur von einer relativ dünnen Schicht tierischen Lebens bedeckt ist. Und auch nicht für einen Planeten, den wir für den schönsten der Galaxis halten, obwohl wir bisher noch keine Gelegenheit hatten, einen der anderen zu besuchen. Außerdem verrät mir Ihr Translator, daß es dem Namen ›Fleischkloß‹ an Genauigkeit, Ehrfurcht und Respekt fehlt. Doch selbst die fortgesetzte Verwendung Ihres Namens für unseren herrlichen Planeten wird mich nicht ärgern. Mein Verständnis für das oftmals oberflächliche Denken, mit dem sich Ihre Spezies abgibt, ist dafür zu groß, und ich hab ein zu starkes Mitleid mit diesen geistigen Mängeln, um mich zu ärgern oder auch nur aufzuregen ...«

»Sie sind zu liebenswürdig«, entgegnete O'Mara.

»Das kommt auch noch hinzu«, bestätigte Surreshun.

»Der Grund, weshalb ich zurückgekehrt bin«, sagte Conway hastig, »ist einfach der, Hilfe zu holen. Ich hab beim Problem mit dem Planeten Drambo einfach keinerlei Fortschritte erzielen können, und das hat mir Kopfzerbrechen bereitet.«

»Sich den Kopf zu zerbrechen ist eine besonders unnütze Tätigkeit«, erwiderte O'Mara trocken. »Natürlich nicht, wenn Sie es laut und in Gesellschaft tun. Aha, jetzt verstehe ich auch, warum Sie das halbe Hospital mitgebracht haben.«

Conway nickte und fuhr fort: »Der Planet benötigt dringend medizinische Hilfe, aber das Problem unterscheidet sich gänzlich von den Schwierigkeiten, auf die wir bislang auf Planeten oder in Kolonien von Terrestriern oder ETs gestoßen sind. Normalerweise muß man einfach die Krankheiten untersuchen und bestimmen, die angezeigten Medikamente einführen und vorschlagen, wie man sie am wirkungsvollsten verteilt, um sie dann durch ortsansässige Ärzte und Einrichtungen verabreichen zu lassen. Auf Drambo ist alles ganz anders. Es geht nicht darum zu versuchen, eine große Anzahl von Individuen zu untersuchen und Diagnosen zu erstellen, sondern dort haben wir es mit relativ wenigen, dafür aber wirklich sehr, sehr großen Patienten zu tun.

Der Grund dafür ist, daß Surreshuns Spezies innerhalb der letzten paar Jahre gelernt hat, wie man Atomenergie freisetzt«, fuhr Conway fort und fügte dann hinzu: »Natürlich explosiv, wobei große Mengen radioaktiven Mülls anfallen. Sein Volk ist sehr ...« — er stockte und versuchte, ein diplomatisches Wort für ›gedankenlos‹ oder ›auf kriminelle Weise dumm‹ oder ›selbstmörderisch‹ zu finden, hatte damit aber keinen Erfolg — »... stolz auf die neugewonnene Fähigkeit, große Flächen dieser Schichtkreaturen zu töten und die flachen Meeresstellen um diese lebenden Küsten herum für die stetig wachsende Bevölkerung sicher zu machen.

Aber in oder unter diesen Schichtkreaturen lebt noch eine andere intelligente Spezies, die vielleicht die Kontrolle über diese Schichtkreaturen hat und deren Land um sie herum buchstäblich abzusterben droht«, setzte Conway seine Erklärungen fort. »Diese Wesen haben das Werkzeug hergestellt, das an Bord der *Descartes* gekommen ist. Nach dem Gerät zu urteilen, muß es sich um eine hochentwickelte Kultur handeln, von der wir aber noch immer nichts wissen.

Als uns klar wurde, daß Surreshuns Mitwesen nicht die Werkzeughersteller waren, haben wir uns gefragt, wo sie am wahrscheinlichsten zu finden sein würden. Die Antwort lautete, in den Gebieten, wo ihr lebendes Land Angriffen ausgesetzt war«, fuhr Conway fort. »In diesen Verhältnissen erwartete ich, auch auf ihre Ärzte zu stoßen, und bin dabei tatsächlich auf unseren durchsichtigen Freund hier gestoßen. Er hat mir auf seine etwas verwirrende Weise das Leben gerettet, und ich bin davon überzeugt, daß er das drambonische Gegenstück eines Arztes ist. Leider scheint er nicht in der Lage zu sein, auf irgendeine mir verständliche Weise zu kommunizieren. Und wenn man die Tatsache im Auge behält, daß man seine Innereien ohne Röntgenstrahlen direkt sehen kann, scheint er auch keine lokalisierbare Gruppe von Ganglienzellen zu besitzen oder überhaupt irgend etwas, das einem Gehirn gleicht.

Wir brauchen dringend die Hilfe seiner Spezies«, fügte Conway ernst hinzu, »und das ist auch der Grund, warum wir ihn hierhergebracht haben, damit nämlich ein Experte in ET-Kommunikation vielleicht dort Erfolg hat, wo die Erstkontaktspezialisten des Monitorschiffs und ich gescheitert sind.«

Er blickte O'Mara direkt in die Augen, der wiederum nachdenklich auf den blutegelartigen Dramboner sah. Dieser hatte seinerseits eins der Augen in ein zur Decke ausgestrecktes Scheinfüßchen gesteckt, damit er sich die zerbrechliche, insektenartige Gestalt des Empathen Prilicla anschauen konnte. Prilicla selbst besaß genügend Augen, um überall gleichzeitig hinzusehen.

»Ist es nicht merkwürdig«, fragte auf einmal Colonel Skempton, »daß der eine Dramboner herzlos ist und der andere hirnlos zu sein scheint?«

»An hirnlose Ärzte bin ich ja gewöhnt«, entgegnete O'Mara trocken. »Ich verständige mich jeden Tag mit ihnen, im großen und ganzen sogar erfolgreich. Aber das ist doch nicht Ihr einziges Problem, Doktor, oder?«

Conway schüttelte den Kopf. »Ich hab ja bereits gesagt, daß wir eine kleine Anzahl sehr großer Patienten behandeln müssen. Selbst mit Unterstützung sämtlicher drambonischer Ärzte würde ich immer noch Hilfe benötigen, um das ganze Ausmaß des Leidens so genau wie möglich erfassen zu können — und ich meine damit die Erfassung durch Bildaufklärung — und auch um Bereiche unter der Oberfläche zu untersuchen. In diesem Maßstab sind Röntgenstrahlen unmöglich. Auch umfassende Bohroperationen, um tiefe Gewebeproben zu entnehmen, wären nur von geringem Nutzen, da die Bohrer lediglich kurze und unglaublich dünne Nadeln sein würden. Deshalb werden wir die erkrankten oder beschädigten Stellen persönlich untersuchen müssen, indem wir gepanzerte Bodenfahrzeuge und, wo möglich, Hände und Füße benutzen, die natürlich in schweren Anzügen stecken. Der Zutritt zu den befallenen Stellen erfolgt durch natürliche Körperöffnungen, und das Manöver wird viel schneller vonstatten gehen, wenn wir Hilfe von medizinisch ausgebildeten Wesen erhalten, die keinen Schutz durch gepanzerte Fahrzeuge oder Anzüge brauchen. Ich denke dabei an Spezies wie die Chalder, Hudlarer und Melfaner, die ja bereits gepanzert sind.

Von der Pathologie«, fuhr er fort und blickte zu Thornnastor hinüber, »hätte ich gern Vorschläge, wie man in diesem Fall eine Heilung nicht durch Medikamente, sondern durch einen chirurgischen Eingriff erzielen kann. Nach den gegenwärtigen Anzeichen ist das Leiden zum größten Teil Folge einer Strahlenverseuchung. Und während mir auf der einen Seite klar ist, daß wir heutzutage in der Lage sind, selbst fortgeschrittene Fälle atomarer Verseuchung medikamentös zu behandeln, kann es auf der anderen ohne weiteres sein, daß diese Behandlungsform an Patienten von dieser Größe nicht durchführbar ist. Ganz zu schweigen von der Tatsache, daß die für nur einen dieser Patienten benötigte Arzneimenge vielleicht den Gesamtausstoß dieses Medikaments von einem Dutzend unserer Planeten über viele Jahre hinweg bedeuten würde. Aus diesem Grund ist eine chirurgische Lösung unbedingt erforderlich.«

Skempton räusperte sich und sagte: »Ich begreife allmählich den Umfang Ihres Problems, Doktor. Ich werde mich an diesem Projekt durch die Organisation des Transports und die Versorgung Ihrer medizinischen Mitarbeiter beteiligen. Außerdem würde ich vorschlagen, ein komplettes Bataillon von Technikern mitzunehmen, die die Spezialausrüstung aufbauen und warten kann ...«

»Das wäre allenfalls ein Anfang«, warf Conway ein.

Der Colonel entgegnete ein wenig kühl: »Natürlich werden wir Sie auch weiter bei allem unterstützen, was Sie ...«

»Sie haben mich mißverstanden, Sir«, unterbrach ihn Conway. »Ich bin mir zwar nicht sicher, wieviel Hilfe wir zur Zeit wirklich brauchen, aber ich hab an die Größenordnung eines Untergeschwaders eines ganzen Sektors gedacht, das mit weitreichenden Lasern, die Oberfläche durchdringenden Torpedos, taktischen Nuklearwaffen — natürlich sauberen — und allen anderen Formen des Schreckens bewaffnet ist, die Sie sich vorstellen können. Diese Waffen und Hilfsmittel müssen sowohl massiert als auch punktuell eingesetzt werden können.

Wie Sie sehen, Colonel«, schloß Conway, »stellt ein chirurgischer Eingriff in diesem Maßstab eher eine militärische als eine chirurgische Operation dar.« An O'Mara gewandt fügte er hinzu: »Das sind einige der Gründe für meine außerplanmäßige Rückkehr. Die restlichen sind weniger dringend und ...«

»Können verdammt gut warten, bis das hier alles geklärt ist«, führte O'Mara den Satz zu Ende.

Kurz darauf löste sich die Versammlung auf, weil weder Surreshun noch Conway irgendwelche zusätzliche Informationen über den Planeten Drambo geben konnten, die nicht schon in den Korpsberichten erwähnt worden wären. O'Mara zog sich mit dem drambonischen Arzt in sein Büro zurück, Thornnastor und Skempton begaben sich wieder in ihre Unterkünfte. Edwards, Mannon, Prilicla und Conway gingen, nachdem sie sich nach Surreshuns Wohlergehen im Wassertank der AUGLs erkundigt hatten, zur Kantine für warmblütige Sauerstoffatmer, um neue Kräfte zu tanken. Die hudlarischen und melfanischen Ärzte begleiteten sie, um mehr über den Planeten Drambo zu erfahren und den anderen beim Essen zuzusehen — als ganz frische Neuzugänge des Hospitalpersonals, die noch auf der ersten Woge der Begeisterung schwammen, verbrachten sie fast jede freie Minute damit, fremdartige Wesen zu beobachten und sich mit ihnen zu unterhalten.

Conway kannte das Gefühl; er verspürte selbst auch noch immer diesen Drang. Doch war er heutzutage praktisch genug veranlagt, um die Begeisterung der Neuen nicht nur zu bewundern, sondern auch zu benutzen ...

»Die Chalder sind so widerstandsfähig und beweglich, daß sie sich gegen die einheimischen Raubtiere behaupten können«, sagte Conway, als sie sich um einen für tralthanische FGLIs gebauten Tisch verteilten — die Tische für terrestrische DBDGs waren alle besetzt, und zwar von Kelgianern — und ihre Bestellungen aufgaben. »Sie Melfaner bewegen sich auf dem Meeresboden sehr schnell, und Ihre Beine, die hauptsächlich aus Knochensubstanz bestehen, sind gegen die giftigen Dornen- und Stachelpflanzen gefeit, die auf dem Meeresgrund wachsen. Und Sie als Hudlarer brauchen sich trotz Ihrer relativ trägen Fortbewegungsart allenfalls vor panzerbrechenden Granaten zu fürchten, zudem ist das Wasser auf dem ganzen Planeten voll von pflanzlichem und tierischem Leben, das praktisch nur darauf wartet, sich an jede glatte Fläche zu heften, so daß Sie Ihre Spezialgeräte zum Aufsprühen von Nahrung wegwerfen und vollkommen vom Meer leben können.«

»Das klingt ja wie der Himmel auf Hudlar«, entgegnete der Hudlarer, und wegen seiner ausdruckslosen Translatorstimme konnte man unmöglich sagen, ob er das ironisch gemeint hatte oder nicht. »Aber wir werden eine große Anzahl Ärzte aller drei Spezies benötigen — viel zu viele, als daß sie allein vom Hospital gestellt werden könnten, selbst wenn man sämtlichen Mitarbeitern gestatten würde, sich freiwillig zu melden.«

»Wir werden allein Hunderte Ihrer Spezies benötigen«, antwortete Conway, »und der Planet ist selbst für Hudlarer kein Paradies. Andererseits hab ich gedacht, gibt es vielleicht Ärzte — junge, noch rastlose, frisch qualifizierte Leute —, die auf Erfahrungen mit ETs aus sind ...«

»Ich bin zwar nicht Prilicla«, sagte Mannon lachend, »aber selbst ich spüre, daß Sie offene Türen einrennen. Mögen Sie *lauwarmes* Steak, Conway?«

Mehrere Minuten lang konzentrierten sie sich auf das Essen, damit die kühle Brise, die Priliclas Flügel erzeugten — er zog es vor, während der Mahlzeiten zu schweben, und behauptete, das fördere die Verdauung —, mit Ausnahme der Eiscreme wenigstens nicht alles ruinierten.

»Beim Treffen haben Sie weitere, weniger dringende Probleme erwähnt«, sagte Edwards plötzlich. »Ich nehme an, eins davon war das Rekrutieren einiger dickhäutiger Wesen wie Garoth hier. Ich scheue mich direkt, nach den anderen Problemen zu fragen ...«

Conway antwortete: »Wir werden während dieser großangelegten medizinischen Untersuchung vor Ort fachlichen Rat benötigen. Das heißt, wir brauchen Ärzte, Schwestern und medizinische Techniker, die Erfahrung in der Bearbeitung und Analyse von Proben der verschiedensten Spezies haben. Ich werde Thornnastor überreden müssen, mir einen Teil seines Pathologiepersonals zur Verfügung zu stellen ...«

Prilicla rutschte plötzlich zur Seite und steckte beinahe eins seiner bleistiftdünnen Beine in Mannons Nachtisch. Er zitterte leicht, während er flog, ein sicheres Zeichen, daß irgend jemand am Tisch heftige und komplizierte Gefühle ausstrahlte.

»Ich bin zwar immer noch nicht Prilicla«, sagte Mannon, »aber nach dem Verhalten unseres empathischen Freunds vermute ich, Sie suchen noch eine viel engere Verbindung mit der pathologischen Abteilung und im besonderen mit einer frischgebackenen Pathologin namens Murchison und versuchen, diese Verbindung zu rechtfertigen. Hab ich recht, Doktor?«

»Meine Gefühle sollten eigentlich vertraulich bleiben«, antwortete Conway und blickte Prilicla an.

»Ich hab kein einziges Wort gesagt«, entschuldigte sich Prilicla, der immer noch Schwierigkeiten hatte, ein ruhiges Schweben beizubehalten.

Edwards fragte: »Wer ist Murchison?«

»Oh, ein weibliches Wesen der terrestrischen Klassifikation DBDG«, erklärte Garoth durch seinen Translator. »Einst eine äußerst fähige Schwester mit einer über mehr als dreißig verschiedene Lebensformen umfassenden OP-Erfahrung, die sich kürzlich als Pathologin in leitender Position qualifiziert hat. Ich persönlich hab sie als angenehm und freundlich empfunden, und zwar so sehr, daß ich in der Lage bin, die für mich körperlich abstoßenden Fettpolster zu übersehen, von denen ein nicht unbeträchtlichen Teil ihrer Muskulatur überzogen ist.«

»Und die wollen Sie wirklich mit auf den Planeten nehmen, Conway?« hakte Edwards nach. Das Monitorkorps und seine Offiziere hatten sehr altmodische Vorstellungen über gemischte Besatzungen, selbst bei langfristig angelegten Expeditionen.

»Nur dann, wenn wenigstens halbwegs die Möglichkeit dazu besteht«, sagte Mannon ernst.

»Sie sollten die Frau heiraten, Conway.«

»Das hat er schon.«

»Oh ...«

»Das Orbit Hospital ist in mehrerer Hinsicht eine sehr merkwürdige Anstalt, Major«, erläuterte Mannon lächelnd, »voll von seltsamen und eigenartigen Bräuchen. Nehmen Sie zum Beispiel Sex. Für eine große Anzahl der Lebewesen hier ist er entweder ein fortwährender unwillkürlicher Prozeß und so geheimnisvoll und stimulierend wie der Atmungsvorgang, oder er ist ein physiologisches Erdbeben, das sie im Jahr vielleicht drei Tage lang erschüttert. Solche Wesen sind von den für sie verwirrenden Komplikationen und den rituellen Verhaltensweisen befremdet, die bei unserer Spezies mit der Bildung von Paaren und der Paarung selbst verbunden sind — obwohl zugegebenermaßen einige Aliens ein Sexualleben führen, gegen das unsere Fortpflanzungsmethode so schlicht wie eine Pollenbestäubung wirkt.

Aber das Argument, das ich anzubringen versuche«, fuhr Mannon fort, »ist, daß die überwältigende Mehrheit der ETs im Hospital einfach nicht versteht, warum das Weibchen unserer Spezies ihre Identität verlieren und das Kostbarste von allen Besitztümern hergeben sollte: ihren Namen. Für viele von ihnen riecht das leicht nach Sklaverei oder zumindest nach Bürger zweiter Klasse, und für den Rest nach purer Dummheit. Sie begreifen nicht, warum eine terrestrische Ärztin, Schwester oder Technikerin aus rein emotionalen Gründen ihre Identität wechseln und einen Namen annehmen sollte, der zu einem anderen Wesen gehört — und das kann der Computer, der die Unterlagen über die Bürger speichert, ebenfalls nicht, wenn es dazu kommt. Deshalb behalten die Frauen ihren gewohnheitsmäßigen Namen bei, so, wie Schauspielerinnen und ähnlich beruflich engagierte Frauen, und achten sehr darauf, ihn immer zu benutzen, um Identitätsunklarheiten bei ETs zu vermeiden, die ...«

»Er hat verstanden, worum es geht«, unterbrach ihn Conway ungeduldig. »Aber es wäre schön, wenn Sie irgendwann einmal den Unterschied zwischen häuslich und beruflich engagierten Frauen erklären würden.«

»Sie benehmen sich natürlich im Privatleben unterschiedlich«, fuhr Mannon fort, indem er Conway gar nicht beachtete. »Einige sind moralisch sogar derart verdorben, daß sie sich wie vor Jahrhunderten gegenseitig mit ihren Vornamen ansprechen.«

»Wir brauchen ein Pathologenteam«, sagte Conway, der nun seinerseits Mannon überhörte. »Aber noch dringender benötigen wir medizinische Hilfe vor Ort. Surreshuns Volk kann uns aus physiologischen Gründen nur moralische Unterstützung geben, das heißt, alles hängt davon ab, die Mitarbeit unserer blutegelartigen Freunde zu gewinnen. Und hier treten Sie auf den Plan, Prilicla. Sie haben die emotionale Strahlung des SRJHs während der Versammlung überwacht. Haben Sie irgendwelche Vorstellungen gewonnen?«

»Leider nicht, mein Freund«, antwortete der Empath. »Der drambonische Arzt war zwar während des gesamten Treffens wach und bei Bewußtsein, aber er hat auf nichts reagiert, was gesagt oder getan wurde, oder sich mit konzentriertem Denken beschäftigt. Er hat nur Gefühle der Behaglichkeit, Sättigung und Selbstzufriedenheit ausgestrahlt.«

»Das mit der Kelgianerin hat er ja auch sauber hingekriegt«, mischte sich Edwards ein, »und als professioneller Blutsauger hat er sich eben ungefähr einen halben Liter Blut abgezapft ...«

Prilicla wartete höflich das Ende der Unterbrechung ab und fuhr dann fort: »Es war eine sehr kurze Verstärkung des Interesses feststellbar, als die Versammlungsteilnehmer zum erstenmal das Zimmer betreten haben. Die Emotion bestand jedoch nicht aus Neugier, sondern ähnelte eher einer für die flüchtige Identifizierung der Anwesenden notwendigen Steigerung des Bewußtseins.«

»Gab es irgendwelche Anzeichen, daß ihn der Flug hierher angegriffen hat?« fragte Conway. »Oder seine körperlichen oder geistigen Fähigkeiten beeinträchtigt hat oder irgend etwas anderes in der Art?«

»Er hat nur zufriedene Gedanken gehabt«, antwortete Prilicla, »deshalb würde ich sagen, nein.«

Sie sprachen noch eine Weile über den drambonischen Arzt, und als sie schließlich im Begriff waren, die Kantine zu verlassen, sagte Conway zu Prilicla: »O'Mara wird bestimmt froh sein, wenn Sie ihm dabei behilflich sind, unseren blutsaugenden Freund durch seine psychologische Mangel zu drehen. Deshalb wäre ich Ihnen dankbar, wenn sie die emotionale Strahlung des SRJHs überwachen könnten, während der Kontakt hergestellt wird. Der Major will vielleicht warten, bis die Verständigung vollständig klappt und für den Dramboner ein spezieller Translator programmiert worden ist, bevor er mit mir Verbindung aufnimmt. Aber ich würde gern jede brauchbare Information erhalten, sobald Sie irgend etwas über SRJH herausbekommen haben ...«

Drei Tage später, als er gerade mit Edwards und dem ersten Trupp von neuen Mitarbeitern — einer sehr sorgfältig ausgewählten Handvoll Leute, die durch ihren Enthusiasmus, so hoffte er, noch viele andere anziehen und in der Arbeit unterweisen würden — an Bord der *Descartes* gehen wollte, fing die Lautsprecheranlage an, Dr. Conway mit stiller Beharrlichkeit zu bitten, sofort mit Major O'Mara in Verbindung zu treten. Dabei wurde ihre Hartnäckigkeit noch durch den doppelten Gongton verstärkt, der den meisten dringenden Nachrichten vorausging. Conway gab den anderen durch einen Wink zu verstehen, schon einmal voranzugehen und begab sich zum Schleusenkommunikator.

»Freut mich, daß ich Sie noch erwischt hab«, sagte der Chefpsychologe, bevor Conway mehr tun konnte, als sich zu melden. »Sie sollen zuhören und nicht reden. Prilicla und ich kommen mit Ihrem drambonischen Arzt nicht weiter. Er strahlt zwar Emotionen aus, aber wir können ihn für nichts begeistern. Deshalb sind wir nicht mal in der Lage festzustellen, was er mag und was nicht.

Wir *wissen* zwar, daß er sieht und empfindet«, fuhr O'Mara fort, »aber wir sind uns nicht sicher, ob er hören oder sprechen kann und wie er es bewerkstelligt, falls er es können sollte. Prilicla glaubt, er besitzt vielleicht schwach ausgebildete empathische Fähigkeiten, doch bevor wir nicht ein paar krause Gefühlswellen auf seinem ansonsten spiegelglatten Gemüt erzeugen können, gibt es keine Möglichkeit, das zu beweisen. Ich gebe mich keineswegs geschlagen, Conway, aber Sie haben uns da ein Problem aufgehalst, das vielleicht eine ganz einfache Lösung hat ...«

»Haben Sie es mit dem gedankengesteuerten Werkzeug probiert?«

»Das war die erste, zweite und achtundzwanzigste Sache, die wir ausprobiert haben«, entgegnete O'Mara griesgrämig. »Prilicla hatte dabei jedesmal ein ganz leicht gesteigertes Interesse wahrgenommen, das, wie er sagte, dem Erkennen eines vertrauten Gegenstands entsprach. Aber der Dramboner hat keinen Versuch unternommen, das Gerät zu steuern oder anderweitig zu benutzen. Ich hab ja schon gesagt, daß Sie uns ein ganz schönes Problem aufgehalst haben. Vielleicht wäre es für Sie die einfachste Lösung, uns noch so eins aufzuhalsen.«

Der Chefpsychologe hatte fast die gleiche Abneigung dagegen, unnötige Erklärungen geben zu müssen, wie gegen Leute, die schwer von Begriff waren. Deshalb dachte Conway einen Augenblick nach, bevor er fragte: »Sie möchten also, daß ich noch einen weiteren drambonischen Arzt herbringe, damit Sie, wenn sich die beiden treffen, das Gespräch beobachten und belauschen können, um deren Verständigung auf dem Translator zu reproduzieren, richtig?«

»Ja, Doktor«, bestätigte O'Mara, »und zwar schnell, bevor Ihr Chefpsychologe einen Psychiater braucht. Ende.«

Nach seiner Rückkehr auf den Planeten Drambo war es Conway nicht sofort möglich, einen weiteren blutegelartigen SRJH ausfindig zu machen, zu entführen oder auf andere Art und Weise an Bord eines Schiffes zu schaffen. Er mußte sich um eine Gruppe von ETs kümmern, die vielschichtiger Nahrungs-, Atmosphäre- und Gravitationserfordernisse bedurften. Und obwohl alle drei Lebensformen ohne allzu große Schwierigkeiten im drambonischen Ozean existieren konnten, mußten ihre Unterkünfte auf der *Descartes* doch etwas von dem Komfort von zu Hause haben.

Darüber hinaus mußte man sie ein wenig über den Umfang des medizinischen Problems unterrichten, zu dessen gemeinsamer Lösung man sie gebeten hatte; und das war mit vielen Hubschrauberflügen über die Schichtkreaturen verbunden. Conway zeigte ihnen die großen Flächen des lebenden ›Lands‹, das von den kleinen, tief verwurzelten Pflanzen bedeckt war, die vielleicht als Augen der Schichttiere dienten — vielleicht aber auch nicht. Die Blätter rollten sich fest zusammen, um ihre helle Unterseite zum Vorschein zu bringen, als der Hubschrauber über sie hinwegflog, und entfalteten sich ein paar Sekunden später wieder, nachdem er sich entfernt hatte. Es war, als wenn der Hubschrauberschatten ein hochbeständiger gelber Punkt auf einem hellgrünen Radarschirm wäre. Conway zeigte den anderen auch die Küstenstriche, an denen es viel dramatischer zuging.

Hier rissen sich große und kleine Meeresraubtiere gegenseitig und zerrten an dem lebenden ›Küstenstreifen‹, der zu den riesigen Landtieren gehörte, und schlugen dabei das dickflüssige Meerwasser zu gelbgrünem Schaum auf, der mit roten Flecken und Streifen durchzogen war. In solch einem Gebiet wie diesem, wo Conway das Schutzbedürfnis des Schichttiers für am größten gehalten hatte, war er damals auf die blutegelartigen SRJHs gestoßen. Und hier mußte er, sobald er die Zeit dazu hatte, nach einem weiteren suchen.

Dieses Mal würde er jedoch eine Menge bereitwilliger und fachlich kompetenter Helfer an seiner Seite haben.

Jeden Tag traf eine Mitteilung von O'Mara ein, die sich von der vorherigen nur durch die zwischen den Zeilen offensichtlich werdende zunehmende Ungeduld unterschied. Prilicla und der Chefpsychologe hatten mit dem drambonischen Arzt keinen Erfolg und waren zu dem Schluß gekommen, daß er eine der exotischen visuell-sensorischen Sprachen benutzte, die ohne einen ausführlichen Sicht- und Tastwortschatz praktisch unmöglich wiederzugeben war.

Die erste Expedition zur Küste hatte eher den Charakter einer Übung — zumindest fing sie so an. Camsaug und Surreshun übernahmen die Führung und rollten wackelnd wie ein Paar großer organischer Doughnuts über den unebenen Meeresboden. Sie wurden von zwei krabbenähnlichen Melfanern flankiert, die ohne die geringste Schwierigkeit in der Lage waren, doppelt so schnell zu krabbeln wie die Dramboner rollen konnten. Über ihnen schwamm schwerfällig ein zwölf Meter langer und mit Tentakeln versehener Chalder, bereit, hiesige Raubtiere mit seinen Zähnen, Klauen und seiner knöchernen Riesenkeule von einem Schwanz abzuwehren — obwohl nach Conways Meinung ein Blick aus seinen vier ausstreckbaren Augen genügt hätte, um alles abzuwehren, was auch nur ein Fünkchen Überlebenswillen hatte.

Conway, Edwards und Garoth fuhren in einem amphibienartigen Bodenfahrzeug des Korps, das sich nicht nur jeder vorstellbaren topographischen Beschaffenheit anpassen konnte, sondern auch die Fähigkeit besaß, eine begrenzte Zeitlang in der Luft zu schweben. Sie hielten sich gerade so weit hinten, daß sie alle anderen noch im Auge behielten.

Sie wurden zu einem toten Teil der Küste geführt, einem breiten Streifen des Schichttiers, das von Surreshuns Volk getötet worden war, um sich mehr geschützten Raum zum Rollen zu schaffen. Diese ›Heldentat‹ hatten sie bewerkstelligt, indem sie eine Reihe sehr schmutziger Atombomben fünfzehn Kilometer weit landeinwärts abgeworfen hatten. Danach brauchten sie nur noch abzuwarten, bis der lebende Küstenstreifen aufhörte zu töten, zu fressen und zu trinken, und die Raubtiere das Interesse an dem toten Fleisch verloren und verschwanden.

Der atomare Fallout scherte die rollenden Dramboner nicht, weil der vorherrschende Wind landeinwärts blies. Aber Conway hatte absichtlich diese Stelle ausgesucht, die nur wenige Kilometer von einem Küstenstück entfernt lag, das noch immer äußerst lebendig war, damit sich ihre erste Untersuchung mit ein wenig Glück zu etwas mehr als nur einer Autopsie entwickelte.

Mit dem Rückzug der Raubtiere hatte das pflanzliche Leben des Meeres Einzug gehalten. Auf dem Planeten verlief die Trennungslinie zwischen pflanzlichem und tierischem Leben selten scharf, und sämtliche Tiere waren Allesfresser. Das Untersuchungsteam mußte fast einen Kilometer an der Küste entlangfahren, bevor es ein Maul fand, das weder zu fest geschlossen noch zu stark überwuchert war, um das Hineinfahren zu ermöglichen. Doch die Zeit war nicht vergeudet, weil Camsaug und Surreshun so auf große Mengen gefährlicher Pflanzen aufmerksam machen konnten, denen selbst die schwer gepanzerten ETs in Zukunft lieber aus dem Weg gehen sollten.

Extraterrestrische Medizin zu praktizieren wurde enorm durch die Tatsache vereinfacht, daß die Krankheiten und Infektionen einer Spezies nicht auf eine andere übertragbar waren. Das bedeutete jedoch nicht, daß Gifte und andere von extraterrestrischen Tieren und Pflanzen abgesonderte toxische Substanzen nicht töten konnten — und auf dem drambonischen Meeresboden war die Vegetation besonders heimtückisch. Mehrere Arten waren von giftigen Dornen übersät, und eine weitere verhielt sich so, als ob sie die Wahnvorstellung hätte, eine pflanzliche Krake zu sein.

Das erste brauchbare Maul sah wie eine gigantische Höhle aus. Als der Trupp den rollenden Drambonern hineinfolgte, zeigten die Scheinwerfer des Fahrzeugs blasse Pflanzen, die sich, so weit das Auge reichte, schlängelnd hin- und herbewegten. Surreshun und Camsaug rollten in unsicheren Achten über den dichtbewachsenen Boden und entschuldigten sich dafür, daß sie die anderen nicht noch weiter in die Höhle begleiten könnten, ohne Gefahr zu laufen, zum Stillstand gebracht zu werden.

»Das verstehen wir«, sagte Conway, »und wir danken Ihnen.«

Als sie tiefer in das gigantische Maul eindrangen, wurde die Vegetation allmählich spärlich und blasser; dadurch kamen große Gewebeflächen der Kreatur zum Vorschein. Das Gewebe selbst sah grobkörnig, faserig und eher nach pflanzlicher als nach tierischer Substanz aus, selbst wenn man die Tatsache berücksichtigte, daß die Kreatur schon vor mehreren Jahren gestorben war. Plötzlich fiel die Höhlendecke flach ab, und die Frontleuchten zeigten die erste ernsthafte Barriere: ein Gewirr von langen haueähnlichen Zähnen, die so dick waren, daß sie wie der Rand eines versteinerten Walds aussahen.

Als erster berichtete einer der Melfaner. »Bevor die Pathologie meine Proben nicht überprüft hat, kann ich mir zwar nicht absolut sicher sein, Doktor Conway, aber anscheinend bestehen die Zähne eher aus pflanzlichen Stoffen als aus tierischer Knochensubstanz. Sie wachsen sowohl auf der oberen als auch auf der unteren Fläche des Mauls und erstrecken sich bis an die Grenze unseres Blickfelds. Die Wurzeln sind quer gewachsen, so daß sich die Zähne unter festem Druck frei nach vorn und hinten biegen können. In der normalen Position sind sie im scharfen Winkel auf die Außenöffnung gerichtet und dienen als tödliche Barriere für große Raubtiere — also nicht als Mittel, um sie zu kleinen Stücken zu zermahlen.

Wegen der Lage und dem Zustand mehrerer großer Kadaver in diesem Bereich würde ich sagen, daß das Nahrungsaufnahmesystem der Kreatur sehr einfach ist«, fuhr der Melfaner fort. »Meerwasser, das Nahrung in Form von Tieren aller Größen enthält, wird in einen Magen oder Vormagen gesogen. Kleine Tiere rutschen durch die Zähne hindurch, während sich größere selbst aufspießen, woraufhin die nach innen verlaufende Strömung und der Überlebenskampf der betreffenden Tiere bewirken, daß sich die Zähne nach innen biegen und die Tiere freigeben. Ich nehme an, die kleinen Tiere stellen kein Problem dar, aber die großen könnten schwere Schäden im Magen verursachen, bevor sie vom Verdauungssystem neutralisiert werden, deshalb müssen sie tot sein, bevor sie den Magen erreichen.«

Conway richtete den Scheinwerfer auf den Bereich, in dem sich der Melfaner befand, und sah, wie dieser mit einem seiner Mundwerkzeuge winkte.

»Das klingt vernünftig, Doktor«, entgegnete Conway. »Es würde mich nicht überraschen, wenn die Verdauungsprozesse wirklich sehr langsam vonstatten gingen.

Ich beginne mich nämlich allmählich zu fragen, ob diese Kreatur nicht mehr pflanzlicher als tierischer Natur ist. Ein Organismus dieser Größe aus normalem Fleisch, Blut, Knochen und Muskeln wäre zu schwer, um sich überhaupt zu bewegen. Aber dieser hier bewegt sich, wenn auch sehr langsam, wie er eben auch alles andere sehr langsam tut ...« Er brach ab, bündelte den Strahl zu maximaler Helligkeit und Reichweite und fuhr dann fort: »Sie sollten lieber an Bord kommen, damit wir uns einen Weg durch diese Zähne brennen können.«

»Nicht nötig, Doktor«, antwortete der Melfaner. »Die Zähne sind verfault und völlig weich und spröde. Sie können einfach durchfahren, und wir folgen Ihnen.«

Edwards ließ das Fahrzeug auf den Boden herabsinken und bewegte es dann mit einer für Melfaner bequemen Krabbelgeschwindigkeit vorwärts. Hunderte dieser langen verfärbten Pflanzenzähne brachen und taumelten langsam durch das trübe Wasser, bis sie diese Barriere plötzlich überwunden hatten.

»Wenn die Zähne eine spezialisierte Form pflanzlichen Lebens sind«, sagte Conway nachdenklich, »dann nehmen sie nur ein sehr scharf umrissenes Gebiet ein, was darauf hindeutet, daß jemand für ihre Anpflanzung verantwortlich ist.«

Edwards brummte zustimmend, hielt an, um zu sehen, ob alle durch den Tunnel gekommen waren, den sie eben geschlagen hatten, und sagte dann: »Der Kanal wird wieder breiter und tiefer, und ich kann eine weitere, vermutlich spezialisierte pflanzliche Lebensform erkennen. Ganz schön groß, nicht? Und dahinten ist noch eine. Die Dinger sind über die ganze Gegend verteilt.«

»Das ist weit genug«, sagte Conway. »Wir wollen nicht den Weg nach draußen aus den Augen verlieren.«

Edwards schüttelte den Kopf. »Ich kann an beiden Seiten genau solche Öffnungen wie die da sehen. Wenn das hier ein Magen ist, und dafür sieht er groß genug aus, dann hat er mehrere Zuleitungen.«

Conway wurde plötzlich böse und entgegnete: »Wir wissen doch, daß es allein in diesem toten Abschnitt Hunderte von diesen Mäulern gibt; und die Anzahl der Mägen ist reine Vermutungssache. Wenn uns der Radarschirm keine Lügen erzählt hat, handelt es sich dabei um große, flache, leere Höhlen mit einem Durchmesser von mehreren Kilometern. Wir haben das Problem noch nicht einmal *angeknabbert!*«

Edwards gab einen verständnisvollen Laut von sich und zeigte nach vorn. »Das sieht wie Stalaktiten aus, die in der Mitte weich geworden sind. Ich hätte nichts dagegen, darauf mal einen genaueren Blick zu werfen.«

Selbst der Hudlarer stieg aus, um sich die großen, scharf gebogenen Säulen, die das Dach trugen, genauer anzusehen. Indem sie ihre tragbaren Analysegeräte benutzten, konnten sie nachweisen, daß diese Säulen einen Teil der Muskulatur des Schichttiers darstellten und nicht, wie sie zuvor gedacht hatten, eine weitere pflanzliche Lebensform waren — obwohl die Oberfläche aller Muskelstützen in diesem Bereich von etwas bedeckt war, das Ähnlichkeit mit übergroßen Algen hatte. Diese blasenartigen Gebilde maßen fast einen Meter im Durchmesser und sahen aus, als wenn sie jeden Moment platzen würden. Ein Melfaner, der dem tiefer liegenden Muskelgewebe eine Probe entnehmen wollte, berührte aus Versehen eine: sie platzte und löste in der Nähe ungefähr zwanzig weitere Blasen aus. Sie sonderten eine dicke milchige Flüssigkeit ab, die sich schnell ausbreitete und sich im Wasser der Umgebung auflöste.

Der Melfaner gab unübersetzbare Geräusche von sich und krabbelte zurück.

»Was ist los?« fragte Conway in scharfem Ton. »Ist das Zeug giftig?«

»Nein, Doktor. Es hat zwar einen starken Säuregehalt, ist aber nicht unmittelbar schädlich. Wenn man ein Wasseratmer wäre, würde man sagen, sie stinkt. Aber sehen Sie sich die Auswirkung auf den Muskel an.«

Die große Muskelsäule, die sowohl im Boden als auch in der Decke fest verwurzelt war, zuckte, und ihr scharfer Bogen begann, sich gerade zu machen.

»Ja«, sagte Conway lebhaft, »das erhärtet unsere Theorie über den Verdauungsvorgang der Kreatur. Aber ich glaube, wir sollten jetzt lieber zur *Descartes* zurückkehren; diese Gegend scheint nicht so tot zu sein, wie wir gedacht haben.«

Spezialisierte Zahnpflanzen dienten als Filter und tödliche Barriere für Nahrung, die in den Magen der Kreatur gesogen wurde. Weitere symbiotische Pflanzen, die auf den Muskelsäulen wuchsen, sonderten ein Sekret ab, das die Muskeln steif werden und den Magen sich ausweiten ließ, und zogen große Mengen nahrungsreiches Wasser herein. Vermutlich hatte das Sekret auch den Zweck, die Nahrung aufzulösen und sie für die Aufnahme durch die Magenwand oder andere spezialisierte Pflanzen vorzuverdauen. Sie hatten jedenfalls genügend Proben entnommen, damit Thornnastor den Mechanismus der Verdauung in allen Einzelheiten herausfinden konnte. Wenn die Stärke des Verdauungssekrets von der in den Magen gelangten Nahrung verdünnt worden war, verringerte sich auch die Wirkung des Sekrets auf die Muskeln und ermöglichte so den Säulen, zum Teil wieder zusammenzuklappen und unverdaute Substanzen auszustoßen.

Auch von den anderen Säulen begannen jetzt Blasen abzuplatzen. Das bedeutete nicht automatisch, daß das Tier noch lebendig war, sondern nur, daß ein toter Muskel noch immer auf den richtigen Reiz reagierte — doch das Höhlendach wurde angehoben, und automatisch strömte immer mehr Wasser herein.

»Ich bin auch ihrer Meinung, Doktor«, stimmte Edwards zu, »lassen Sie uns hier verschwinden. Aber könnten wir nicht durch ein anderes Maul raus? Vielleicht stoßen wir dadurch auf irgend etwas Neues.«

»Gut«, antwortete Conway mit dem unguten Gefühl, er hätte nein sagen sollen. Wenn schon tote Muskeln zucken konnten, zu welchen anderen Formen unwillkürlicher Bewegungen war der gigantische Kadaver dann noch fähig? Er fügte hinzu: »Sie fahren. Ich bleibe draußen bei den ETs, aber lassen Sie die Ladeluke und die Besatzungsschleuse offen ...«

Ein paar Minuten später hielt sich Conway an einem handlichen Vorsprung fest, während das Fahrzeug den ETs in eine andere Rachenöffnung folgte. Er hoffte jedenfalls, es wäre ein Maul und keine Verbindung zu irgend etwas anderem, das tiefer im Tier lag, denn Edwards berichtete, der Gang schlängele sich auf einen lebenden Küstenabschnitt zu. Noch bevor sich Conways sinkende Fußtemperatur so auf sein Sprachzentrum auswirken konnte, daß er sie alle den Weg zurückbeorderte, den sie gekommen waren, gab es eine Unterbrechung.

»Major Edwards, halten Sie bitte das Fahrzeug an«, sagte einer der Melfaner. »Hier unten, Doktor Conway. Ich glaube, ich hab einen toten ... Kollegen gefunden.«

Es war ein drambonischer SRJH, nicht mehr durchsichtig, sondern milchig und verschrumpelt und mit einer langen, quer über seinen Körper verlaufenden Schnittwunde, der holpernd über den Boden trieb.

»Thornnastor wird mit Ihnen zufrieden sein, mein Freund«, lobte ihn Conway begeistert. »O'Mara und Prilicla ebenfalls. Lassen Sie uns mit den restlichen Proben an Bord gehen. Ähm ... ich bin zwar kein Wasseratmer, aber ist er nicht ...«

»Nein«, antwortete der Melfaner auf die unausgesprochene Frage. »Ich würde sagen, er ist noch nicht lange genug tot, um direkt abstoßend zu sein.«

Der Chalder rauschte zurück, griff mit seinen Tentakeln den toten SRJH, trug ihn zum gekühlten Aufbewahrungsfach für die Proben und kehrte dann an seinen Platz zurück. Wenige Sekunden später krächzte ein flaches, tonloses Translatorwort in ihren Empfängern.

»Gesellschaft.«

Edwards richtete sämtliche Lichter nach vorn und machte so eine kämpfende und sich windende Menagerie sichtbar, die praktisch den gesamten Rachen vor ihnen ausfüllte. Conway erkannte zwei Arten großer Meeresraubtiere, die offenbar in der Lage gewesen waren, sich einen Weg durch die spröden Zähne zu schlagen, mehrere kleinere, ungefähr zehn SRJHs und ein paar Fische mit Tentakeln und großen Köpfen, die er noch nie gesehen hatte. Zuerst war es unmöglich zu sagen, wer mit wem kämpfte oder ob die betroffenen Wesen überhaupt selbst wußten, worum es ging.

Edwards ließ das Fahrzeug zu Boden sacken. »Kommen Sie wieder rein! Schnell!«

Halb auf das Fahrzeug zurennend, halb schwimmend, beneidete Conway die Melfaner so sehr um ihre Beweglichkeit unter Wasser, daß es wehtat. Er holte einen Hudlarer ein, um dessen Panzer sich die Kiefer eines großen Raubtiers geschlossen hatten. Genau über ihm umhüllte ein SRJH eine der neuen Lebensformen, und der drambonische Arzt färbte sich bereits rot, während er seinen Patienten auf die einzige Art behandelte, die er kannte. Es ertönte ein tiefes nachhallendes Dröhnen, als eines der Raubtiere auf das Fahrzeug losging und zwei der vier Lampen einschlug.

»In den Laderaum!« schrie Edwards mit heiserer Stimme. »Wir haben keine Zeit, an Besatzungsschleusen herumzufummeln!«

»Laß mich los, du Dummkopf«, sagte der Hudlarer mit dem Raubtier auf dem Rücken. »Ich bin ungenießbar.«

»Conway, hinter Ihnen!«

Zwei große Raubtiere kamen über den Boden auf ihn

zu, während der Chalder von der Seite herbeischoß. Plötzlich war ein drambonischer Arzt da, der in Wellenbewegungen schnell zwischen das vordere Raubtier und Conway schwamm. Er berührte den Angreifer kaum, doch das Raubtier bekam einen solch heftigen Muskelkrampf, daß Teile seines Skeletts weiß durch die Haut stießen.

Also kannst du auch töten, und nicht nur heilen, dachte Conway dankbar, während er versuchte, dem zweiten Raubtier auszuweichen. Der herbeigeeilte Chalder befreite gerade mit einem einzigen Schlag seines gepanzerten Schwanzes den Rücken des Hudlarers von seiner Last, während sich praktisch gleichzeitig sein riesiges Maul öffnete und krachend um den Hals des zweiten Raubtiers zusammenschnappte.

»Dankeschön, Doktor«, sagte Conway. »Ihre Amputationstechnik ist zwar ein wenig brutal, aber effektiv.«

»Allzuoft müssen wir leider die Eleganz der Geschwindigkeit opfern ...«, entgegnete der Chalder trokken.

»Hören Sie auf zu schwatzen und kommen Sie endlich *rein!*« brüllte Edwards.

»Warten Sie! Wir brauchen für O'Mara noch einen Arzt von hier«, erwiderte Conway, während er sich am Rand der Luke festhielt. Ein paar Meter entfernt trieb ein drambonischer Arzt, leuchtendrot und offenbar um seinen Patienten gewickelt. Conway deutete auf ihn und sagte zum Chalder: »Schubsen Sie ihn rein, Doktor. Aber machen Sie das sanft, er kann nämlich auch töten.«

Als die Luke ein paar Minuten später dröhnend zuschlug, enthielt der Laderaum zwei Melfaner, einen Hudlarer, einen Chalder, den drambonischen SRJH mit seinem Patienten und Conway. Der Raum war pechschwarz. Das Fahrzeug bebte alle paar Sekunden, wenn die Raubtiere gegen seinen Rumpf krachten, und es herrschten so beengte Verhältnisse, daß alle außer dem gepanzerten Hudlarer zerquetscht worden wären, wenn sich der Chalder auch nur ein klein wenig bewegt hätte. Es schienen mehrere Jahre zu vergehen, bevor Edwards Stimme in Conways Helm erklang.

»Wir haben an einigen Stellen Lecks bekommen, Doktor, aber keine schlimmen, und Wasseratmern sollte das sowieso keine Sorgen bereiten. Die automatischen Kameras haben ganz gutes Material von einheimischen Lebensformen aufgenommen, denen gerade von hiesigen Ärzten geholfen wird. O'Mara wird sehr zufrieden sein. Oh, vor uns kann ich Zähne sehen. Bald sind wir raus aus diesem ...«

Conway sollte sich an dieses Gespräch mehrere Wochen später im Hospital erinnern, als man die lebenden und toten Proben und die Filme untersucht, seziert und sie sich so oft angesehen hatte, daß der blutegelartige Dramboner schon wogend durch jeden seiner Träume schwamm.

O'Mara war *nicht* zufrieden. Tatsächlich war er sogar äußerst unzufrieden, und zwar mit sich selbst, was die Angelegenheit für die Lebewesen in seiner näheren Umgebung noch viel schlimmer machte.

»Wir haben die drambonischen Ärzte einzeln und zusammen untersucht, mein Freund«, berichtete Prilicla in dem vergeblichen Versuch, die emotionale Atmosphäre im Raum ein wenig angenehmer zu gestalten. »Es gibt keinen Beweis, daß sie verbal, visuell, sensorisch, telepathisch, durch Geruch oder irgendein anderes uns bekanntes System kommunizieren. Die Qualität ihrer emotionalen Ausstrahlung läßt mich vermuten, sie kommunizieren im herkömmlichen Sinne überhaupt nicht. Sie bemerken einfach nur andere Wesen und Gegenstände in ihrer Umgebung und sind in der Lage, Freund und Feind zu unterscheiden, indem sie ihre Augen und einen Mechanismus benutzen, der Ähnlichkeit mit der empathischen Fähigkeit hat, die meine Spezies besitzt. Erinnern Sie sich: Sie haben die drambonischen Raubtiere angegriffen, ohne zu zögern, den optisch viel furchterregenderen chalderischen Arzt jedoch, der Freundschaft für sie empfunden hat, unbeachtet gelassen.

Soweit wir feststellen konnten«, fuhr Prilicla fort, »ist ihre empathische Fähigkeit hochentwickelt und nicht mit Intelligenz verbunden. Das gleiche gilt für den zweiten Dramboner, den sie mitgebracht haben, nur daß er ...«

»*Viel* schlauer ist«, beendete O'Mara mürrisch den Satz. »Fast so schlau wie ein sehr weit zurückgebliebener Hund. Mir macht es nichts aus zuzugeben, daß ich eine Zeitlang schon geglaubt hab, unser vergeblicher Versuch zu kommunizieren könnte von meiner mangelnden beruflichen Kompetenz herrühren. Aber jetzt ist klar, daß Sie nur unsere Zeit vergeudet haben, indem Sie uns dazu veranlaßt haben, drambonische Tiere anspruchsvollen Tests zu unterziehen.«

»Aber dieser SRJH hat mein Leben gerettet« , wandte Conway ein.

»Ein hochspezialisiertes, aber nichtintelligentes Tier«, entgegnete O'Mara in energischem Ton. »Es beschützt und heilt Freunde und tötet Feinde, aber es *denkt* nicht darüber *nach*. Und was das neue Exemplar angeht, das Sie mitgebracht haben, so hat es, als wir es dem gedankengesteuerten Werkzeug ausgesetzt haben, zwar Kenntnis davon genommen und eine gewisse Vorsicht ausgestrahlt — ähnlich unserer emotionalen Ausstrahlung, wenn wir dicht an einer unabgeschirmten Stromleitung stehen —, aber laut Prilicla nicht an das Gerät gedacht oder gar darüber nachgedacht.

Also, es tut mir leid, Conway«, schloß er, »wir suchen immer noch nach der Spezies, die für die Herstellung dieser Werkzeuge verantwortlich ist, und nach Hilfe intelligenter einheimischer Ärzte für Ihr spezielles Problem.«

Conway sagte lange Zeit nichts und starrte auf die beiden SRJHs auf dem Boden in O'Maras Büro. Es schien völlig unmöglich zu sein, daß ein Tier, das für die Rettung seines Lebens verantwortlich war, so etwas ohne Gedanken oder Gefühle getan haben sollte. Der SRJH war also lediglich ein Spezialist wie die anderen spezialisierten Tiere und Pflanzen, die im Innern der großen Schichtkreatur lebten, und verrichtete die Arbeit, zu der er sich entwickelt hatte. Die chemischen Reaktionen im Innern der Schichtkreaturen liefen so langsam ab — die Stoffe waren für schnellere Reaktionen zu stark verdünnt, weil das Blut dieser Wesen wahrscheinlich nur wenig mehr als etwas unreines Wasser darstellte —, daß spezialisierte pflanzliche und tierische Symbionten die für die Muskelaktivität und das Gleichgewicht der inneren Sekretion notwendigen Sekrete erzeugten und große Bereiche des Gewebes mit Nahrung versorgten und von Abfallstoffen befreiten. Andere spezialisierte Symbionten steuerten den Atmungszyklus und sorgten auf der Oberfläche für eine Art Sehvermögen.

»Unser Freund Conway hat eine Theorie«, stellte Prilicla fest.

»Ja«, bestätigte Conway. »Aber ich würde sie gerne überprüfen, indem wir den toten SRJH nach oben holen. Thornnastor hat mit ihm bisher noch nichts Drastisches angestellt, und wenn dem SRJH irgend etwas passieren sollte, können wir leicht einen neuen besorgen. Ich würde die beiden lebenden SRJHs gerne mit einem toten Kollegen konfrontieren.

Prilicla sagt, sie würden zu keinem einzigen Anlaß irgendwelche starke Emotionen ausstrahlen«, fügte er hinzu. »Sie vermehren sich durch Zellteilung, also können zwischen ihnen keine sexuellen Gefühle bestehen. Aber wenn sie einen Toten ihrer eigenen Spezies sehen, sollte das doch irgendeine Reaktion bei ihnen hervorrufen.«

O'Mara starrte Conway scharf an und sagte dann: »Der Art und Weise wie Prilicla zittert und dem selbstgefälligen Blick in Ihrem Gesicht entnehme ich, daß Sie glauben, Sie haben die Lösung gefunden. Aber *was* soll denn passieren? Werden die beiden ihren Kollegen heilen und wiederbeleben? Na, ist ja auch egal. Ich halte mich zurück und werde Ihnen Ihren großen Aufritt nicht verderben ...«

Als der tote SRJH eintraf, schob ihn Conway schnell von der Trage auf den Boden des Büros und winkte O'Mara und Prilicla zurück. Die beiden lebendigen SRJHs bewegten sich bereits entschlossen auf den Kadaver zu. Sie berührten ihn, kreisten über und um ihn herum und waren ungefähr zehn Minuten lang sehr beschäftigt. Als sie fertig waren, war nichts mehr übrig.

»Keine spürbare Veränderung der emotionalen Strahlung, keine Anzeichen von Trauer«, berichtete Prilicla. Er zitterte, doch wahrscheinlich waren seine eigenen Überraschungsgefühle dafür verantwortlich.

»*Sie* sehen nicht überrascht aus, Conway«, sagte O'Mara mit vorwurfsvollem Unterton in der Stimme.

Conway grinste und antwortete: »Nein, Sir. Ich bin zwar immer noch enttäuscht, keinen Kontakt mit einem drambonischen Arzt hergestellt zu haben, aber diese Tiere hier sind immerhin ein sehr guter Ersatz. Sie töten die Feinde der Schichttiere, heilen und beschützen deren Freunde und räumen den Abfall auf. Läßt Sie das nicht an etwas Bestimmtes denken? Diese Wesen sind natürlich keine Ärzte, sondern lediglich eine Art Leukozyten. Aber es muß Millionen von ihnen geben, und sie sind alle auf unserer Seite ...«

»Freut mich, daß Sie zufrieden sind, Doktor«, sagte der Chefpsychologe gelangweilt und blickte demonstrativ auf seine Uhr.

»Ich bin aber gar nicht zufrieden«, entgegnete Conway. »Ich brauche immer noch einen leitenden Pathologen, der die Ausbildung und die Fähigkeit hat, die

Möglichkeiten des Hospitals wirklich zu nutzen; einen *ganz bestimmten* Pathologen. Ich muß unbedingt eine enge Verbindung aufrechterhalten, und zwar mit ...«

»Die am engsten mögliche Verbindung überhaupt«, unterbrach ihn O'Mara, der plötzlich grinste. »Ich verstehe vollkommen, Doktor, und ich werde Thornnastor eindringlich darum bitten, sobald Sie die Tür hinter sich geschlossen haben ...«

Die Großoperation

Auf dem gesamten seltsamen und wunderbaren Planeten gab es nur siebenunddreißig Patienten, die einer Behandlung bedurften, sich jedoch sowohl von der Größe als auch von der Schwere der Erkrankung stark unterschieden. Natürlich behandelte man den Patienten als ersten, der am schwersten erkrankt war, obwohl er gleichzeitig auch der größte war; und zwar so groß, daß es mit der suborbitalen Geschwindigkeit des Aufklärungsschiffs von mehr als zehntausend Stundenkilometern etwas über neun Minuten dauerte, um vom einen Ende des Patienten zum anderen zu fliegen.

»Das ist ein riesiges Problem«, sagte Conway ernst. »Und nicht einmal die Höhe läßt es kleiner erscheinen — und der Mangel an Fachpersonal verschlimmert alles nur.«

Die Pathologin Murchison, die mit ihm die kleine Beobachtungskuppel teilte, klang kühl und ein wenig in der Defensive, als sie entgegnete: »Ich hab mich zwar schon lange vor meiner Ankunft vor zwei Monaten immer wieder mit dem gesamten Material über diesen Planeten eingehend befaßt, allerdings teile ich deine Meinung, daß einem das Problem zum erstenmal richtig vor Augen gehalten wird, wenn man das alles hier so sieht wie jetzt. Und was den Mangel an Fachkräften angeht, Doktor, mußt du dir eben darüber im klaren sein, daß du wegen eines einzigen Patienten nicht das gesamte Personal und sämtliche technische Möglichkeiten des Orbit Hospitals anfordern kannst, selbst wenn er die Größe eines Subkontinents hat. Schließlich gibt es im Hospital Tausende von kleineren und einfacher zu heilenden Patienten, die die gleichen Ansprüche an uns stellen.

Und falls du mir immer noch unterstellst, ich hätte

mir persönlich Zeit gelassen hierherzukommen«, fügte sie etwas wütend hinzu, »ist das ein gewaltiger Irrtum. Ich hab mich sofort auf den Weg gemacht, als mein Chef endlich zu dem Schluß gekommen ist, daß du mich wirklich brauchst, und zwar als Pathologin.«

»Ich hab Thornnastor sechs Monate lang erklärt, daß ich hier eine Spitzenpathologin brauche«, erwiderte Conway besänftigend. Murchison sah herrlich aus, wenn sie wütend war, doch sogar noch besser, wenn sie es nicht war. »Ich dachte, im Hospital wüßten alle, warum ich dich wollte. Das ist nämlich auch ein Grund, weshalb wir hier zusammen in dieser engen Beobachtungskuppel hocken und auf etwas blicken, das wir beide schon oft von Band gesehen haben, und die Lage diskutieren, anstatt uns berufswidrig zu verhalten und uns ein wenig zu ...«

»Hier spricht der Pilot«, meldete eine blecherne Stimme aus dem Lautsprecher in der Kuppel. »Wir gehen jetzt runter, fliegen im Kreis zurück und werden ungefähr zehn Kilometer östlich vom Terminator landen. Die Reaktion der Augenpflanzen auf das Sonnenlicht ist wert, es sich anzusehen.«

»Danke«, entgegnete Conway. An Murchison gewandt fügte er hinzu: »Ich hatte eigentlich nicht vorgehabt, aus dem Fenster zu schauen.«

»Ich schon«, erwiderte Murchison und boxte ihm mit einer leicht geballten Faust auf die Kinnlade. »Dich kann ich ja jederzeit sehen.«

Plötzlich deutete sie nach unten und sagte: »Da malt irgend jemand gelbe Dreiecke auf deinen Patienten.«

Conway lachte. »Hab ich ganz vergessen, du weißt ja bisher gar nichts von unseren Verständigungsschwierigkeiten. Die meisten Pflanzen auf der Oberfläche sind nämlich lichtempfindlich und dienen, wie einige von uns glauben, dieser Kreatur als Augen. Wir erzeugen geometrische und alle möglichen anderen Figuren, indem wir aus dem Orbit einen stark gebündelten, intensiven Lichtstrahl auf ein dunkles oder dämmeriges Gebiet richten und schnell hin- und herbewegen. Der Effekt ist so ähnlich wie der, wenn man einen hochbeständigen Punkt über einen Bildschirm zieht. Bisher hat es allerdings noch keine feststellbaren Reaktionen gegeben.

Wahrscheinlich kann die Kreatur gar nicht reagieren, selbst wenn sie wollte«, fuhr er fort, »weil die Augen ausschließlich sensorische Reiz empfangen, nicht aber übermitteln. Schließlich können wir mit unseren Augen Nachrichten übermitteln, nicht wahr?«

»Das glaubst auch nur du«, entgegnete Murchison.

»Im Ernst«, sagte Conway, »ich fange langsam an, mich zu fragen, ob die Schichtkreatur selbst wirklich intelligent ist ...«

Kurz darauf landeten sie, stiegen vorsichtig auf den federnden Boden und zerdrückten mit jedem Meter, den sie sich vorwärts bewegten, mehrere der pflanzlichen Augen. Selbst die Tatsache, daß der Patient unzählige Millionen weiterer Augen besaß, konnte ihr Gewissen nicht erleichtert, mit ihren Füßen solchen Schaden anzurichten.

Als sie sich ungefähr fünfzig Meter vom Schiff entfernt hatten, fragte Murchison plötzlich: »Wenn diese Pflanzen Augen sind — was durchaus möglich sein kann, weil sie lichtempfindlich sind —, warum sollte das Tier dann ausgerechnet so viele an einer Stelle haben, wo so selten Gefahr droht? Es wäre doch viel praktischer, wenn es am Rand sehen könnte, um die Tätigkeit der Mäuler für die Nahrungsaufnahme zu koordinieren.«

Conway nickte. Sie knieten sich vorsichtig zwischen den Pflanzen hin, und ihre langen Schatten füllten sich mit dem Gelb fest geschlossener Blätter. Conway zeigte auf die Spuren, die zur Einlaßschleuse des Schiffs führten und ebenfalls leuchtendgelb waren, und schwenkte die Arme hin und her, um einige der Pflanzen teilweise vom Licht abzuschirmen. Auch Blätter, die sich nur zum Teil im Schatten befanden oder sogar nur vom Schatten gestreift worden waren, reagierten genauso wie die gänzlich vom Licht abgeschnittenen — sie rollten sich fest zusammen, um ihre gelben Unterseiten zu zeigen.

»Die Wurzeln sind dünn und unendlich lang«, stellte er fest und grub sanft mit den Fingern, um eine weißliche Wurzel freizulegen, die sich bis zum Durchmesser einer dünnen Schnur verengte, bevor sie dem Blick entschwand. »Wir waren selbst mit Bergbauausrüstung oder während der Probegrabungen mit Raupenbohrern nicht in der Lage, das andere Ende einer Wurzel zu finden. Hast du irgend etwas Neues über das Innenleben rausgefunden?«

Conway bedeckte die freigelegte Wurzel mit Erdreich, preßte jedoch weiterhin beide Handflächen leicht gegen den Boden.

Murchison schaute ihm zu und antwortete: »Nicht sehr viel. Licht und Dunkelheit bewirken nicht nur, daß sich die Blätter öffnen oder fest aufrollen, sondern verursachen auch elektrochemische Veränderungen im Saft, der so stark mit Mineralsalzen angereichert ist, daß er einen sehr guten Leiter darstellt. Die von diesen Veränderungen erzeugten elektrischen Impulse könnten sehr schnell von der Pflanze zum anderen Wurzelende weitergeleitet werden. Ähm, was machst du da, Liebling, ihren Puls fühlen?«

Ohne zu antworten, schüttelte Conway den Kopf, und Murchison fuhr fort: »Die Augenpflanzen sind gleichmäßig über die gesamte Oberfläche des Patienten verteilt, auch über die Bereiche, auf denen es eine dichtere Vegetation gibt und deren Pflanzen dafür sorgen, die Luft zu erneuern und Abfallstoffe zu vernichten. Deshalb wird ein irgendwo auf seiner Oberfläche empfangener Schatten- oder Lichtreiz schnell — oder eigentlich unverzüglich — über diesen mineralreichen

Saft zum zentralen Nervensystem übermittelt. Aber was mich noch beschäftigt, ist die Frage, welchen möglichen Grund die Kreatur dafür gehabt haben könnte, einen Augapfel mit einem Durchmesser von mehreren hundert Kilometern zu entwickeln.«

»Schließ die Augen«, bat Conway lächelnd. »Ich werde dich jetzt berühren. Versuche mir so genau du kannst zu sagen, wo.«

»Du bist offensichtlich zu lange in Gesellschaft von Männern und ETs gewesen, Herr Doktor«, begann sie und brach dann mit nachdenklichem Blick ab.

Conway fing an, indem er sie leicht im Gesicht berührte, dann legte er drei Finger oben auf ihre Schulter und fuhr von dort aus fort.

»Linke Wange, ungefähr zweieinhalb Zentimeter vom linken Mundwinkel entfernt«, berichtete sie. »Jetzt hast du deine Hand auf meine Schulter gelegt. Du scheinst auf meinen linken Bizeps ein X zu reiben. Jetzt hast du einen Daumen und zwei, vielleicht auch drei Finger auf meinen Nacken genau am Haaransatz gelegt ... Macht dir das Spaß? Mir schon.«

Conway lachte. »Das würde es mir vielleicht, wenn da nicht der Gedanke an Lieutenant Harrison wäre, der uns beobachtet und von dessen heißem Atem wahrscheinlich schon das ganze Dach der Pilotenkanzel beschlagen ist. Aber im Ernst, du merkst, worauf ich hinaus will: Die Augenpflanzen haben zwar nichts mit dem Sehvermögen der Kreatur zu tun, entsprechen aber druck-, schmerz- und temperaturempfindlichen Nervenenden.«

Sie öffnete die Augen und nickte. »Das klingt plausibel, aber du scheinst trotzdem nicht zufrieden damit zu sein.«

»Das bin ich auch nicht«, antwortete Conway verdrossen. »Und ich möchte, daß du diese Pflanzen bis in ihre letzten Bestandteile zerlegst. Verstehst du, der volle Erfolg dieser Operation hängt davon ab, ob wir mit den Wesen, die diese gedankengesteuerten Werkzeuge hergestellt haben, kommunizieren können. Bisher hatte ich angenommen, diese Wesen seien von der Größe her mit uns vergleichbar, selbst wenn ihre physiologische Klassifikation uns vollkommen fremd sein sollte, wären sie doch mit den üblichen Sinnen wie Sehen, Hören, Schmecken und Fühlen ausgestattet und könnten über alle oder jeden dieser Kanäle einzeln angesprochen werden. Doch jetzt verdichten sich die Beweise für eine einzelne intelligente Lebensform, nämlich die Schichtkreatur selbst, die, soweit wir wissen, taub, stumm und blind ist. Das Problem, ihr wenigstens die einfachsten Begriffe zu vermitteln, besteht darin ...«

Er brach den Satz ab und konzentrierte sich mit seiner gesamten Aufmerksamkeit auf die rechte Handfläche, die er noch immer gegen den Boden drückte. Dann sagte er: »Lauf sofort zum Schiff!«

Auf dem überhasteten Rückweg achteten sie überhaupt nicht mehr darauf, auf keine Pflanzen zu treten, und als sich die Luke hinter ihnen geschlossen hatte, schepperte Harrison Stimme aus dem Kommunikator der Schleuse.

»Erwarten wir Gesellschaft?«

»Ja, aber erst in einigen Minuten«, antwortete Conway außer Atem. »Wieviel Zeit brauchen Sie, um zu starten? Und können wir die Ankunft des Werkzeugs durch etwas Größeres als durch dieses kleine Sichtfenster in der Luftschleuse beobachten?«

»Für einen Notstart zwei Minuten«, erwiderte der Pilot, »und wenn Sie nach oben in den Kontrollraum kommen, können Sie die Scanner zur Überprüfung von Außenschäden benutzen.«

Als Conway und Murchison bei ihm im Kontrollraum eintrafen, fragte Harrison: »Aber was haben Sie denn eigentlich da unten *gemacht*, Doktor? Ich meine, *meiner* Erfahrung nach hält man die Vorderseite des Bizeps nicht gerade für eine erogene Zone.«

Als Conway keine Antwort gab, blickte er flehentlich Murchison an.

»Er hat ein Experiment durchgeführt«, klärte sie ihn in ruhigem Ton auf, »um mir zu beweisen, daß ich nicht mit den Nervenenden meines Oberarms sehen kann. Als wir unterbrochen wurden, hat er mir gerade bewiesen, daß ich auch im Nacken keine Augen hab.«

»Ich merke schon, das war eine ziemlich dumme Frage von mir ...«, begann Harrison.

»Da kommen sie«, sagte Conway.

Sie waren drei halbkreisförmige Metallscheiben, die in dem Bereich des Bodens, der von dem langen Morgenschatten des Aufklärungsschiffs bedeckt wurde, anscheinend ruckartig entstanden und wieder verschwanden. Harrison verstärkte die Vergrößerung des Scanners, der zeigte, daß die Gegenstände nicht einfach nur auftauchten und verschwanden, sondern vielmehr rhythmisch zu winzigen Metalltropfen von ein paar Zentimetern schrumpften und sich dann wieder zu flachen kreisförmigen Klingen ausdehnten, die durch die Oberfläche schnitten. Dort lagen sie einige Sekunden lang zwischen den überschatteten Augenpflanzen flach auf der Seite, und dann wurden die Scheiben plötzlich zu flachen, auf dem Kopf stehenden Schalen. Die Verwandlung ging derart abrupt vonstatten, daß sie mehrere Meter hoch in die Luft schnellten und ungefähr sechs Meter weiter landeten. Der Vorgang wiederholte sich alle paar Sekunden, wobei die eine Scheibe schnell auf die entfernte Spitze des Schiffsschattens zusprang, die zweite im Zickzack lief, um die Breite zu erfassen, während die dritte direkt auf das Schiff zukam.

»Ich hab noch nie gesehen, daß die sich so verhalten«, sagte der Lieutenant.

»Wir haben eine Art langanhaltenden Juckreiz verursacht«, erklärte Conway, »und die Scheiben kommen, um das Tier zu kratzen. Können wir noch ein paar Minuten stehenbleiben?«

Harrison nickte, entgegnete jedoch: »Aber bedenken Sie, wir benötigen noch zwei Minuten zum Starten, sobald Sie Ihre Meinung geändert haben.«

Die dritte Scheibe kam immer noch in fünf Meter weiten Sätzen in der Mitte ihres Schattens auf sie zu. Conway hatte zuvor noch nie gesehen, daß sie eine solche Beweglichkeit und Koordination entfalten konnten, obwohl er wußte, daß sie in der Lage waren, jede Form anzunehmen, an die ihre Lenker dachten, und daß die Komplexität der Form und die Schnelligkeit der Verwandlung einzig und allein von der Gedankengeschwindigkeit und -klarheit des Benutzergehirns gesteuert wurde.

»Lieutenant Harrison hat recht, Doktor«, sagte Murchison plötzlich. »Den ersten Berichten ist zu entnehmen, daß diese Werkzeuge eingesetzt wurden, um gelandete Schiffe zu unterhöhlen, damit sie in den so entstandenen Krater hineinfallen — vermutlich, um sie bei dieser Gelegenheit genauer zu untersuchen. Damals haben die Tiere versucht, den Schatten des Gegenstands zu unterhöhlen, und dabei die beschatteten Augenpflanzen als Anhaltspunkt für Größe und Position genommen. Aber inzwischen scheinen sie gelernt zu haben, den Juckreiz von dem Gegenstand zu unterscheiden, der ihn verursacht hat, um bei deinem eigenen Vergleich zu bleiben.«

Ein lautes Dröhnen hallte durch den Rumpf und kündigte die Ankunft des ersten Werkzeugs an. Sofort drehten die beiden anderen Scheiben ab und kamen hinter der ersten her. Eine nach der anderen sprangen sie hoch in die Luft, höher als selbst der Schiffskontrollraum lag, um im Bogen über den Rumpf zu fliegen und dagegenzuknallen. Die Scanner zur Überprüfung von Außenschäden zeigten, wie sie aufprallten, ein paar Sekunden lang kleben blieben, sich wie dünne Metallpfannkuchen über vorstehende Rumpfteile legten und dann wieder abfielen. Einen Augenblick später schlugen sie gegen einen anderen Rumpfabschnitt und blieben dort hängen. Doch wenige Sekunden darauf klebten sie dort nicht mehr; denn aus den Werkzeugen wuchsen Nadelspitzen, die tiefe glänzende Kratzer in die Außenhaut zogen.

»Die müssen blind sein«, sagte Conway aufgeregt. »Die Werkzeuge müssen eine Erweiterung des Tastsinns der Kreatur darstellen und werden eingesetzt, um die von den Pflanzen gelieferten Informationen zu vermehren. Sie betasten uns, um Größe, Form und Zusammensetzung festzustellen.«

»Bevor die Dinger entdecken, daß wir einen weichen Kern haben«, sagte Harrison mit Nachdruck, »schlage ich vor, daß wir lieber einen taktischen Rückzug vornehmen — oder besser gesagt, wir verduften, was das Zeug hält.«

Conway nickte. Während Harrison unhörbare Melodien auf seinem Steuerpult spielte, erläuterte Conway, daß die Werkzeuge bis zu einer Entfernung von zirka sechs Metern durch unsere Gedanken gesteuert werden könnten, darüber hinaus jedoch die Werkzeugbenutzer die Kontrolle besäßen. Er bat Murchison, sie sich als stumpfe Formen vorzustellen, sobald sie wieder in Reichweite kommen würden, als irgendeine Form, solange sie nur keine Spitzen oder scharfe Kanten hatten ...

»Nein, warte«, sagte er, als ihm eine bessere Idee kam. »Stell sie dir breit und flach vor, mit einem Tragflächenteil und irgendeinem vertikalen Vorsprung für die Führung und Stabilisierung. Halte die Form durch deine Gedanken aufrecht, während das Gebilde herunterfällt, und laß es so weit wie möglich vom Schiff entfernt gleiten. Mit etwas Glück braucht es dann drei oder vier Sprünge, um zurückzukommen.«

Ihr erster Versuch war nicht erfolgreich, obwohl die Form, die schließlich gegen das Schiff schlug, zu stumpf und verschlungen war, um ernsthafte Schäden anzurichten. Doch auf die nächste konzentrierten sie sich angestrengt und brachten sie in eine Dreiecksform, die nur den Bruchteil eines Zentimeters dick war und in der Mitte eine breite Flosse besaß. Murchison hielt die Gesamtform aufrecht, während Conway durch seine Gedanken die Achterkanten und Stabilisierungsflächen verdrehte, so daß das Werkzeug genau vor dem Direktsichtfeld einen ausbalancierten vertikalen Kurvenflug vollzog und sich in einem langen, flachen Gleitflug vom Schiff entfernte.

Der Gleitflug dauerte noch lange an, nachdem das Werkzeug die Reichweite ihres Einflusses verlassen hatte. Es ging ein wenig in die Querlage, ruckelte und pflügte dann eine kurze Bahn durch die Augenpflanzen, bevor es aufsetzte.

»Ich könnte dich küssen, Doktor ...«, begann Murchison.

»Ich weiß ja, daß Sie gerne mit Mädchen und Modellflugzeugen spielen, Doktor«, mischte sich Harrison ein, »aber wir starten in zwanzig Sekunden. Anschnallen.«

»Es hat die Form bis ganz zum Schluß beibehalten«, sagte Conway, der sich aus irgendeinem Grund Sorgen zu machen begann. »Könnte es von uns gelernt oder vielleicht selbst experimentiert haben?«

Er verstummte. Das Werkzeug schmolz, floß wieder in die auf dem Kopf stehende Schalenform zusammen und sprang hoch in die Luft. Als es zurückfiel, verwandelte es sich in die Gestalt eines Gleiters, nahm während des Falls Geschwindigkeit auf, fing sich dann wenige Meter über dem Boden und kam auf sie zugeschossen. Die Flügelvorderkanten waren scharf wie Rasierklingen. Seine beiden Begleiter befanden sich ebenfalls als Gleiter in der Luft und schnitten von der anderen Seite des Schiffs her durch die Luft auf sie zu. *»Anschnallen!«*

Sie warfen sich gerade auf die Beschleunigungsliegen, als die drei schnell gleitenden Werkzeuge zufällig oder absichtlich gegen den Rumpf schlugen und zwei der Außenscanner abrissen. Der eine von den beiden noch funktionierenden Scanner zeigte eine neunzig Zentimeter lange, in die dünne Außenhaut geschlagene Spalte, in der ein Gleiter steckte, der gerade seine Form veränderte und so den Riß verlängerte und verbreiterte. Wahrscheinlich war es gut so, daß sie nicht sehen konnten, was die beiden anderen anstellten.

Durch den Spalt in der Außenhaut konnte Conway leuchtend gefärbte Rohre und Kabelstränge sehen, die ebenfalls vom Werkzeug auseinandergedrückt wurden. Dann erstarb auch das Bild auf diesem Schirm, gerade, als Conway vom Startrückstoß tief in seine Liege gepreßt wurde.

»Doktor, überprüfen Sie das Heck auf blinde Passagiere«, befahl Harrison barsch, als die Anfangsbeschleunigung langsam zurückging. »Wenn Sie welche finden, dann stellen Sie sich die Dinger als sichere Formen vor, als irgendwas, das mir nicht noch mehr elektrische Leitungen durcheinanderbringt. Schnell!«

Conway war sich über das volle Ausmaß des Schadens gar nicht klar. Er hatte nur bemerkt, daß mehr rote Lampen als gewöhnlich vom Armaturenbrett herüberblinkten. Die Finger des Piloten bewegten sich mit solch ungeheurer Leichtigkeit über das Schaltpult, daß seine Stimme durch den barschen Ton so klang, als würde sie von einer ganz anderen Person kommen.

»Der Heckscanner zeigt, daß alle drei Werkzeuge hinter unserem Schatten hergleiten«, beruhigte ihn Conway.

Eine Zeitlang herrschte Stille, die nur vom unmelodischen Pfeifen der Luft durch die aufgerissene Außenhaut und an den nicht eingezogenen Scannerhalterungen entlang unterbrochen wurde. Die Oberfläche schwankte unter ihnen vorbei, und durch die Bewegungen des Schiffs hatte Conway den Eindruck, es befinde sich eher auf dem Meer als in der Luft. Ihr Problem war, die Höhe bei einer sehr geringen Fluggeschwindigkeit zu halten; denn durch die Erhöhung der Geschwindigkeit würden sich beschädigte Rumpfteile lösen oder wegen der atmosphärischen Reibung erhitzen, dadurch könnte der Luftwiderstand in solch einem Ausmaß anwachsen, daß das Schiff überhaupt nicht mehr flog. Für ein Schiff, das als Überschallgleiter für Operationen in der Atmosphäre galt, war die gegenwärtige niedrige Geschwindigkeit geradezu lächerlich. Harrison mußte sich sozusagen mit den Fingernägeln am Himmel festkrallen.

Conway versuchte angestrengt, die Probleme des Lieutenants zu vergessen, indem er sich laut über seine eigenen Sorgen machte.

»Ich glaube, das beweist eindeutig, daß die Schichtkreaturen unsere Werkzeugbenutzer sind«, sagte er. »Der hohe Grad an Beweglichkeit und Flexibilität, den die Werkzeuge gezeigt haben, macht das ganz deutlich. Sie müssen von einem diffusen und nicht sehr starken Feld geistiger Strahlung gesteuert werden, das von Wurzelnetzen erzeugt und gesteuert wird und sich nur über kurze Entfernung über dem Boden erstreckt. Das Feld ist so schwach, daß ein Durchschnittsterrestrier oder -ET die Steuerung vor Ort übernehmen kann.

Denn wären die Werkzeugbenutzer Wesen von mit uns vergleichbarer Körpergröße und geistigen Fähigkeiten«, fuhr er fort, während er versuchte, nicht auf die unter ihnen dahinschlingernde Landschaft zu blikken, »dann müßten sie sich unter der Oberflächensubstanz und durch sie hindurch genauso schnell bewegen können, wie die Werkzeuge darüber hinwegfliegen, wenn sie die Kontrolle aufrechterhalten wollten. Um mit solch einer Geschwindigkeit zu graben, müßten sie in einer Art Panzerschale mit Selbstantrieb stecken. Aber das erklärt nicht, warum sie unsere Versuche, durch ferngesteuerte Geräte mit ihnen in Kontakt zu treten, ignoriert haben und die Kommunikationsmodule lediglich in ihre Einzelteile zerlegt haben ...«

»Wenn die Reichweite des geistigen Einflusses den gesamten Körper der Kreatur durchzieht«, unterbrach ihn Murchison, »würde das dann bedeuten, das Gehirn der Kreatur wäre ebenfalls über den ganzen Körper verteilt? Oder, falls sie doch ein lokalisierbares Gehirn besitzt, wo befindet es sich dann?«

»Ich bevorzuge die Vorstellung eines zentralen Nervensystems in einem sicheren und natürlich gut geschützten Bereich«, erwiderte Conway. »Wahrscheinlich nahe der Unterseite der Kreatur, wo es einen reichen Vorrat an Mineralien gibt, und vielleicht in einer natürlichen Aushöhlung im Untergrundgestein. Die Augenpflanzen und ähnliche Arten von innerem Wurzelgeflecht, die du analysiert hast, werden immer differenzierter und umfangreicher, je näher man der Planetenoberfläche kommt. Das könnte bedeuten, daß dort das druckempfindliche Netz durch das elektrovegetabile System verstärkt wird und auf diese Weise sowohl Muskel- als auch die anderen Bewegungsarten hervorgebracht werden, deren Funktion und Zweck uns immer noch unbekannt sind. Das Nervensystem ist zugegebenermaßen größtenteils pflanzlich, aber der Mineralgehalt des Wurzelsystems bedeutet, daß die an irgendeinem Nervenende erzeugten elektrochemischen Reaktionen sehr schnell Impulse zum Gehirn übertragen. Folglich gibt es wahrscheinlich nur ein Gehirn, und das könnte überall liegen.«

Murchison schüttelte den Kopf. »Ich glaube, ein Wesen von der Größe eines Subkontinents, das kein nachweisbares Gerippe oder einen Knochenbau besitzt, der einen Schutzpanzer bildet, und dessen Körper in Relation zu seiner Fläche einem dünnen Teppich ähnelt, bräuchte mehr als nur ein Gehirn; ein zentrales sowieso, aber zusätzlich noch eine Anzahl von neuralen Nebenstellen. Aber was mir wirklich Sorgen macht: Was tun wir, wenn das Gehirn zufällig im Operationsbereich liegt oder zumindest gefährlich nahe?«

»Etwas, das wir nun wirklich nicht tun können, ist, die Operation zu verschieben«, antwortete Conway mit grimmiger Miene. »Das geht aus deinen Berichten ganz deutlich hervor.«

Murchison hatte keine Zeit vergeudet, seit sie auf den Planeten gekommen war. Infolge ihrer Analyse Tausender von Proben, die aus Testbohrlöchern, von Raupenbohrern und Ärzten an sämtlichen Stellen und aus allen Schichten entnommen worden waren, war sie in der Lage, ein wenn auch nicht vollkommen ausführliches, so doch ziemlich genaues Bild von dem gegenwärtigen physiologischen Zustand der Kreatur zu geben.

Ihnen war bereits bekannt, daß der Stoffwechsel der Schichtkreatur extrem langsam ablief und die Muskelreaktionen mehr denen von Pflanzen als von Tieren glichen. Die willkürlichen und unwillkürlichen Muskeln, die die Bewegung, Nahrungsaufnahme, Verdauung, den Kreislauf der Funktionsflüssigkeit und die Zerlegung der Abfallstoffe steuerten, wurden allesamt durch die Sekretion spezialisierter Pflanzen beeinflußt oder angeregt. Doch es waren gerade die Pflanzen, aus deren ausgedehnten Wurzelnetzen das Nervensystem des Patienten bestand, die unter dem atomaren Fallout der rollenden Dramboner am meisten gelitten hatten, weil sie der Oberflächenradioaktivität ermöglichten, tief in die Schichtkreatur einzudringen. Dadurch waren viele Pflanzenarten gestorben und darüber hinaus Tausende von inneren Tierorganismen vernichtet worden, deren Zweck es war, das Wachstum verschiedener spezialisierter Pflanzenarten zu kontrollieren.

Es gab zwei verschiedene Typen innerer Organismen, die beide ihre Aufgabe sehr ernst nahmen. Der Farmerfisch mit dem großen Kopf war dafür verantwortlich, gutartige Gewächse zu kultivieren und zu schützen und alle anderen zu zerstören; für solch ein großes Tier war das Stoffwechselgleichgewicht des Patienten bemerkenswert empfindlich. Der zweite Typ, der quallenartige ›drambonische Arzt‹, jener Blutegel, der praktisch dieselbe Aufgabe wie Leukozyten hatte, assistierte dem Farmerfisch bei der Pflanzenkontrolle und half direkt, wenn einer der Fische verletzt oder krank wurde. Sie mußten auch für Sauberkeit sorgen, indem sie tote Angehörige ihrer eigenen oder der Fischspezies fraßen oder auf andere Art absorbierten. Deshalb konnte bereits eine sehr geringe Menge radioaktiver Substanz, die von den Wurzeln der Pflanzen auf der Oberfläche hineingespült worden war, für den Tod einer sehr großen Anzahl von Leukozyten verantwortlich sein, die wie die Fliegen starben.

Und deswegen entstanden durch die unkontrollierte Ausbreitung bösartigen pflanzlichen Lebens die toten Gebiete, die sich weit über die Gegenden hinaus ausgedehnt hatten, die direkt durch den atomaren Fallout in Mitleidenschaft gezogen worden waren. Dieser Vorgang war nicht mehr rückgängig zu machen — genausowenig wie die Zersetzung. Die einzige Lösung bestand in der dringenden operativen Entfernung der befallenen Gebiete.

Aber der Bericht war in gewisser Hinsicht auch ermutigend gewesen. In einer Anzahl von Gebieten hatte man bereits kleinere Operationen durchgeführt, um die wahrscheinlichen ökologischen Auswirkungen von großen Mengen verfaulender tierisch-pflanzlicher Materie auf das Meer oder in der Nachbarschaft lebende Schichtkreaturen zu prüfen und sich Verfahren für die radioaktive Entseuchung in großem Maßstab auszudenken. Es hatte sich herausgestellt, daß der Patient, wenn auch langsam, genesen würde. Und wenn man den Einschnitt zu einem Graben von dreißig Metern verbreiterte, dann würde sich die unkontrollierte Wucherung in dem entfernten Abschnitt nicht weiter ausbreiten und das lebende Gebiet nicht infizieren können, obwohl es dennoch ratsam war, regelmäßige Rundgänge zu machen, um absolut sicherzugehen. Das Problem der Zersetzung schließlich war überhaupt keins — die explosionsartige Wachstumsgeschwindigkeit hielt an, bis die betreffende lebende Pflanze die vorhandene Materie verbraucht hatte und starb. An Land würden die Rückstände zu einer sehr fruchtbaren Lehmerde zerfallen und ein ideales Gelände für eine unabhängige Basis bilden, falls man in zukünftigen Jahren medizinische Beobachter benötigte. Und wenn die Substanz von abschüssigen Küstenstreifen in das Meer rutschte, dann brach sie einfach ab und sank auf den Meeresboden, wo sie einen eßbaren Teppich für die rollenden Dramboner bildete.

Bestimmte Gebiete konnten natürlich aus dem gleichen Grund nicht operativ behandelt werden, aus dem Shylock auf sein Pfund Fleisch verzichten mußte. Das waren relativ kleine Problemzonen weit im Inland, deren Zustand schwerem Hautkrebs entsprach; doch durch begrenzte Operationen und unglaublich hohe Dosen verschiedener Spezialpräparate sollte man auch dort allmählich erste gute Resultate erzielen können.

»Aber ich verstehe die Feindseligkeit dieser Kreatur uns gegenüber immer noch nicht«, sagte Murchison nervös, als das Schiff gerade ins Trudeln geriet und eine Menge Höhe verlor. »Schließlich kann sie unmöglich genug über uns wissen, um uns so zu hassen.«

Das Schiff flog über ein abgestorbenes Gebiet, wo die Augenpflanzen verfärbt und leblos waren und nicht auf den Schiffsschatten reagierten. Conway fragte sich, ob die gewaltige Kreatur Schmerz empfinden konnte, oder ob sie einfach die Empfindung verlor, wenn Teile von ihr starben. Für jede andere Lebensform, auf die er je gestoßen war — und er hatte im Orbit Hospital ein paar wirklich seltsame Lebewesen kennengelernt — bedeutete das Weiterleben Freude, und der Tod brachte

Schmerzen mit sich. Auf diese Weise hielt die Evolution eine Spezies davon ab, sich einfach hinzulegen und zu sterben, wenn das Leben zur Strapaze wurde. Deshalb hatte die Schichtkreatur ziemlich sicher Schmerzen empfunden, äußerst starke Schmerzen über Hunderte von Quadratkilometern, als die rollenden Dramboner ihre Nuklearwaffen gezündet hatten. Sie mußten mehr Schmerzen als genug erlitten haben, um vor Haß verrückt zu werden.

Conway schreckte innerlich vor der Vorstellung eines solch gewaltigen und unvorstellbaren Schmerzes zurück. Ihm wurden langsam mehrere Dinge ganz klar.

»Du hast recht«, sagte er. »Diese Wesen wissen zwar überhaupt nichts über uns, aber sie hassen unsere Schatten. Diese Kreatur haßt die Schatten ganz besonders, weil das Flugzeug, das mit den Atombomben der rollenden Dramboner bestückt war, einen ähnlichen Schatten geworfen hat wie unser Schiff, kurz bevor große Gebiete des Patientenkörpers gebraten und verstrahlt worden sind.«

»Wir landen in vier Minuten«, gab Harrison plötzlich bekannt. »Und zwar, so leid es mir tut, an der Küste, weil dieser Kübel zu viele Löcher hat, um zu schwimmen. Die *Descartes* hat uns auf dem Radarschirm und schickt einen Hubschrauber.«

Als Conway das Gesicht des Piloten sah, mußte er gegen den Drang ankämpfen zu lachen. Er sah wie ein ungeschminkter Clown aus — durch die hemmungslose Konzentration hatten sich Harrisons Brauen zu einem lächerlich finsteren Ausdruck verzogen, während sich die Unterlippe, an der er seit dem Start ständig geknabbert hatte, zu einem breiten, blutroten Bogen guter Laune verzogen hatte.

»Die Werkzeuge können in dieser Gegend nicht arbeiten«, sagte Conway, »und außer einer geringen Reststrahlung, die der Fallout verursacht hat, besteht keine Gefahr. Sie können also sicher landen.«

»Ihr Vertrauen in meine beruflichen Fähigkeiten ist wirklich rührend«, entgegnete der Pilot.

Sie gingen von dem unausgeglichenen Flugzustand mit dem Heck voran in einen kaum kontrollierten Sturzflug über. Zuerst kroch der Boden auf sie zu, dann schoß er ihnen entgegen. Harrison bremste den Sturz mit vollem Notschub ab. Es entstand ein Höllenlärm von reißendem Metall, und die restlichen Lampen auf dem Kontrollpult leuchteten rot auf.

»Harrison, bei Ihnen fallen ja ganze Teile ab ...«, konnte der Funker der *Descartes* gerade noch berichten, dann setzten sie auf.

Noch tagelang danach sollten sich die Beobachter darüber streiten, ob es sich um eine Landung oder um einen Absturz gehandelt hatte. Die stoßdämpfenden Beine verbogen sich, der Heckteil absorbierte noch mehr von dem Stoß, als er versuchte, sich mittschiffs zusammenzuschieben, und den Rest fingen die Beschleunigungsliegen ab — selbst dann noch, als das Schiff umfiel, auf die Seite krachte und ein breiter, flimmernder Keil aus Tageslicht kaum einen Meter von den Insassen entfernt in der Außenhaut auftauchte. Der Rettungshubschrauber befand sich bereits über ihnen.

»Alles nach draußen«, befahl Harrison. »Der Schutzschild des Nuklearantriebs ist beschädigt worden.«

Conway blickte auf den toten und verfärbten Boden um sie herum und dachte wieder an seinen Patienten. Fast wütend sagte er: »Ein bißchen mehr Strahlung macht in dieser Gegend sowieso keinen großen Unterschied mehr.«

»Für Ihren Patienten nicht«, erwiderte der Lieutenant eindringlich. »Aber ich hab — vielleicht ein wenig selbstsüchtig — an meine zukünftigen Nachkommen gedacht. Nach Ihnen.«

Während des kurzen Flugs zum Mutterschiff starrte Conway schweigend aus der Luke neben sich und versuchte verzweifelt, keine Angst zu haben und sich nicht überfordert zu fühlen. Seine Furcht war eine Reaktion auf das, was leicht ein tödlicher Absturz hätte werden können, und wurde zusätzlich von dem Gedanken an einen noch gefährlicheren Flug verstärkt, den er innerhalb weniger Tage würde unternehmen müssen. Und kein Arzt mit einem Patienten, der sich in allen Richtungen über die Grenzen der normalen Sichtweite hinaus erstreckte, konnte etwas dafür, wenn er sich selbst nur noch winzig dagegen vorkam. Er war bloß eine einzelne Mikrobe, die versuchte, einen ganzen Körper zu heilen. Und plötzlich sehnte er sich nach den normalen Arzt-Patienten-Beziehungen im Hospital zurück, obwohl nur sehr wenige seiner Patienten oder Kollegen als normal eingestuft werden konnten.

Er fragte sich, ob es nicht besser gewesen wäre, einen General zum Direktor einer medizinischen Universität zu ernennen, als einem Arzt die Befehlsgewalt über das Untergeschwader eines ganzen Sektors zu geben.

Nur sechs der schweren Kreuzer des Monitorkorps standen auf der Planetenoberfläche, und ihre Landebeine steckten fest in den seichten Stellen ein paar Kilometer von den toten Abschnitten der Küste entfernt. Die übrigen Kreuzer füllten den Morgen- und Abendhimmel wie zu einem Regiment geordnete Sterne. Conways Ärzteteams waren rings um die auf dem Boden stehenden Schiffe gruppiert, die wie graue Bienenstökke aus dem dickflüssigen, suppenartigen Meer emporragten. Die Terrestrier wie er selbst wohnten an Bord, während die ETs, von denen keiner reine Luft atmete, ganz zufrieden damit waren, in primitiver Art auf dem Meeresboden zu leben.

Er hatte die, wie er hoffte, letzte Versammlung vor der Operation im Laderaum der *Descartes* einberufen. Der Laderaum war mit drambonischem Meerwasser gefüllt, dessen Gehalt an tierischem und pflanzlichen Leben herausgefiltert worden war, damit der Lichtstrahl des Projektors eine faire Chance hatte, sich den Weg zu der an den vorderen Schotts befestigten Leinwand zu erkämpfen.

Das Protokoll verlangte, daß die anwesenden Dramboner die Veranstaltung eröffneten. Während Conway ihren Sprecher Surreshun beobachtete, der wie ein großer, schlaffer Doughnut im freien Raum in der Mitte des Decks umherrollte, fragte er sich erneut, wie eine solch empfindliche und leicht verwundbare Spezies in der Lage gewesen war, zu überleben und eine höchst vielschichtige, auf Technologie beruhende Kultur zu entwickeln — obwohl es natürlich sehr gut möglich war, daß ein intelligenter Dinosaurier ähnliche Gedanken über den Menschen haben könnte.

Auf Surreshun folgte Garoth, der hudlarische Chefarzt, der für die medizinische Behandlung des Patienten verantwortlich war. Garoths Hauptsorge galt der Entwicklung und Durchführung der künstlichen Ernährung in Gebieten, wo die vorzunehmenden Einschnitte die Rachentunnel zwischen den Küstenmäulern und den Vormägen im Inland durchtrennen würden. Darüber hinaus sagte er im Gegensatz zu Surreshun nicht gerade viel, sondern ließ den Projektor die Erklärungen übernehmen.

Die große Leinwand füllte sich mit dem Bild von einem als Speiseröhre fungierendem Hilfsschacht, der ungefähr drei Kilometer landeinwärts von der geplanten Einschnittlinie entfernt lag. Alle paar Minuten setzte ein Hubschrauber oder kleines Versorgungsschiff auf dem Boden neben dem Schacht auf, löschte seine Ladung, die aus toten Tiere von den seichten Stellen vor den Küsten bestand, und startete wieder. Gleichzeitig schoben Angehörige des Korps mit Frontladern und Planierraupen die Nahrung über den Rand der künstlichen Maulöffnung. Vielleicht entsprachen Menge und Qualität nicht ganz der normalerweise eingesogenen Nahrung, doch wenn man den Rachen während der

Großoperation versiegelte, würde das die einzige Möglichkeit sein, große Teile des Patienten mit Nahrung zu versorgen.

Bei einer Operation von dieser Größenordnung waren aseptische Verfahren unmöglich. Pumpanlagen, die das Meerwasser von der Küste durch riesige Plastikrohrleitungen ansaugten, versorgten den Schlund mit Wasser — wenn die Rohre nicht gerade von einem der drambonischen Werkzeuge durchtrennt worden waren. Sie pumpten einen ständigen Strom in den Nahrungsschacht und versorgten die Schichtkreatur mit der benötigten Funktionsflüssigkeit und benetzten gleichzeitig die Innenwände des künstlichen Schlunds, damit man von Zeit zu Zeit ›Leukozyten‹ hinunterrutschen lassen konnte, um die Auswirkungen gefährlicher Pflanzen zu bekämpfen, die vielleicht während der Fütterung hineingelangt waren.

Die Teilnehmer der Besprechung sahen natürlich eine Bohrung, die ein paar Tage vorher bei einer Fütterungsinstallation ausgeführt worden war, doch es gab noch mehr als fünfzig weitere Hilfsmäuler im gleichen Bereitschaftszustand, die sich entlang der beabsichtigten Einschnittlinie hinzogen.

Plötzlich war auf der Leinwand zu sehen, wie sich neben dem Pumpengehäuse ein silbriger verschwommener Fleck über den Boden bewegte, und ein Mitglied des Korps ein paar Meter auf einem Bein hüpfte, bevor es zu Boden fiel. Der Stiefel, in dem noch der andere Fuß steckte, lag neben der Pumpe, wo der Mann gestanden hatte — und das Werkzeug, nicht mehr silbern, schnitt sich bereits unterhalb des blutbespritzten Bodens voran.

»Die Angriffe durch die Werkzeuge nehmen an Häufigkeit und Stärke zu«, erklärte Garoth in der Übersetzung des Translators. »Darüber hinaus legen sie eine beträchtliche Initiative an den Tag. Ihre Idee, Doktor, ein gewisses Gebiet rings um die Fütterungsinstallationen von sämtlichen Augenpflanzen zu befreien, damit die Werkzeuge blind arbeiten und umherspringen müssen, um ihre Ziele zu ertasten, hat nur kurze Zeit funktioniert. Die Werkzeuge haben sich einen neuen Trick einfallen lassen — und zwar gleiten sie jetzt ein paar Zentimeter unter der Oberfläche entlang, natürlich blind, stoßen dann plötzlich eine Spitze oder scharfe Klinge heraus und stechen oder schlagen damit zu, bevor sie sich wieder unter die Oberfläche zurückziehen. Wenn wir sie nicht sehen können, dann ist auch die Steuerung durch unsere eigenen Gedanken unmöglich. Und jeden arbeitenden Korpsangehörigen durch einen anderen zu bewachen, der einen Metalldetektor bei sich trägt, hat bisher auch nicht sonderlich gut funktioniert — vielmehr hat sich dadurch die Chance der Werkzeuge, jemanden zu treffen, nur verdoppelt.

Und gerade seit kurzem gibt es Anzeichen dafür«, schloß Garoth, »daß sich die Werkzeuge zu Vereinigungen zusammenschließen, die aus fünf, sechs, und in einem Fall sogar aus zehn Einheiten bestehen. Der Korpsangehörige, der davon berichtet hat, ist ein paar Sekunden später gestorben, noch bevor er in der Lage war, seinen Bericht zu beenden. Der Zustand seines Fahrzeugs hat diese Theorie jedenfalls später erhärtet.«

Conway nickte mit grimmiger Miene und sagte: »Danke, Doktor. Aber jetzt werden wir leider auch Angriffen aus der Luft standhalten müssen. Auf dem Weg hierher haben wir dem Patienten beigebracht, wie Gleiter funktionieren, und er hat schnell gelernt ...« Er fuhr fort, über die Begebenheit zu berichten und fügte die neuesten pathologischen Befunde und ihre Folgerungen und Theorien über das Wesen des Patienten hinzu. Folglich verwandelte sich die Versammlung schnell in eine Debatte und artete dann zu einer erbitterten Auseinandersetzung aus, noch bevor Conway den Vorgesetzten herauskehren und seine terrestrischen und extraterrestrischen Ärzte wieder zum Zustand nüchterner Distanz zurückführen konnte.

Die Leiter der melfanischen und chalderischen Teams erstatteten ihren Bericht praktisch im Duett. Wie Garoth waren sie beide mit den nichtchirurgischen Aspekten der Behandlung des Patienten betraut gewesen. Einem hypothetischen Beobachter, der den wahren Umfang ihres Problems nicht kannte, hätte diese medizinische Behandlung irrtümlicherweise als eine sehr weitgefächerte Verminungsoperation erscheinen können. Beide Leiter waren fest davon überzeugt, und Conway stimmte ihnen darin zu, daß man einen falschen Weg beschritt, wenn man Hautkrebs durch die Amputation des befallenen Glieds behandelte.

Die Mengen radioaktiver Substanz, die sich durch den atomaren Fallout in den zentralen Gebieten abgelagert hatten, waren relativ gering; und ihre Wirkungen breiteten sich ziemlich langsam in die Tiefen des Patientenkörpers aus. Doch selbst dieser Zustand würde letzten Endes tödlich sein, wenn man nicht irgend etwas unternahm, um ihn aufzuhalten. Da die weniger stark befallenen Gebiete zu zahlreich waren und an zu vielen inoperablen Orten auftraten, hatten die Teams die vergiftete Oberfläche mit Planierraupen und Baggern abgezogen und sie für die spätere Dekontaminierung zu Haufen zusammengeschoben. Der Rest der Behandlung bestand darin, dem Patienten dabei zu helfen, sich selbst zu helfen.

Plötzlich erschien ein Bild von einem unterirdischen Tunnelabschnitt unter den vom Fallout betroffenen Gebieten auf der Leinwand. In dem Tunnel gab es Dutzende von Lebensformen, von denen die meisten Farmerfische mit armdicken Fühlern waren, die aus dem Ansatz ihrer sich nach vorn vergrößernden Köpfe wuchsen, während die übrigen in wogenden Bewegungen wie große durchsichtige Nacktschnecken auf den Standort des Betrachters zuschwebten.

Für einen lebenden Abschnitt der Schichtkreatur sah er nicht allzu gesund aus. Die Farmerfische, deren Aufgabe die Kultivierung und Kontrolle des inneren Pflanzenlebens war, bewegten sich langsam, stießen gegeneinander und gegen die Leukozyten, die wiederum, normalerweise durchsichtig, die milchige Färbung aufwiesen, die kurz vor ihrem Tod auftrat. Die von den Strahlensensoren übermittelten Werte ließen keinen Zweifel darüber, woran sie starben.

»Diese Exemplare wurden kurz darauf gerettet«, berichtete der Chalder, »und in Lazarette auf den größeren Schiffen und zum Orbit Hospital transportiert. Sowohl die Fische als auch die Blutegel sprachen auf die gleichen Dekontaminierungs- und Regenerationsbehandlungen an, denen auch unsere eigenen Leute unterzogen wurden, wenn sie einer Überdosis Strahlung ausgesetzt gewesen waren. Fische und Egel wurden dann zurückgebracht, damit sie ihre nützliche Arbeit fortsetzen konnten.«

»Die darin besteht«, fiel der Melfaner ein, »die Strahlung der nächsten verseuchten Pflanzen oder Fische zu absorbieren und dadurch wieder zu erkranken.«

O'Mara hatte Conway beschuldigt, mit dem Orbit Hospital wie mit einer Art extraterrestrischer Wurstfüllmaschine umzugehen, obwohl das Hospital alles Lebendige von dem Planeten heilte, das es irgend heilen konnte.

Allein reichten weder das Hospital noch die Behandlungseinrichtungen auf den Hauptschiffen aus, um das Gleichgewicht wieder einzupendeln. Um es dem Patienten wirklich zu ermöglichen, diese lokalen Infektionen zu bekämpfen, waren riesige Transfusionen der leukozytischen Lebensform von anderen, gesunderen Schichtkreaturen nötig.

Als er die Idee zum erstenmal vorgeschlagen hatte, hatte Conway noch befürchtet, daß der Patient das, was praktisch gesehen die Antikörper einer anderen Kreatur waren, abstoßen würde. Doch war dies nicht geschehen, und die einzigen Schwierigkeiten, auf die man stieß, waren Beförderungs- und Versorgungsprobleme, als die ersten, sorgfältig ausgewählten Kidnappings zu einer pausenlosen Massenentführung wurden.

Auf der Leinwand erschien eine Sequenz, die einen der Spezialtrupps zeigte, der Leukozyten aus einer kleinen und kerngesunden Schichtkreatur auf der anderen Seite des Planeten entfernte. Der Eintrittsschacht war schon mehrere Wochen lang in Gebrauch gewesen und hatte sich durch die Bewegung der Schichtkreatur an mehreren Stellen verzogen, doch war er noch immer verwendbar. Die Korpsangehörigen ließen sich aus den Hubschraubern in den abschüssigen Tunnel fallen und liefen los, wobei sie sich manchmal duckten, um der Aufzugsvorrichtung auszuweichen, mit der sie später ihren Fang an die Oberfläche ziehen würden. Sie trugen leichte Anzüge und hatten lediglich Netze dabei. Es war sehr wichtig für sie, sich ständig daran zu erinnern, daß diese quallenartigen Leukozyten ihre Freunde waren.

Diese Leukozyten besaßen hochentwickelte empathische Fähigkeiten, die es ihnen ermöglichten, die Freunde des Wirtskörpers einfach von dessen Feinden zu unterscheiden, indem sie die emotionale Strahlung überprüften. Solange die Kidnapper des Korps ihnen warme, freundliche Gedanken entgegenbrachten, während sie ihrem Geschäft nachgingen, dann waren sie vollkommen sicher. Aber es war eine harte und oftmals frustrierende Arbeit, die riesigen, trägen Nacktschnekken mit dem Netz einzufangen, hochzuschleppen und in die Transporthubschrauber zu hieven. Es war nicht einfach, so durchgeschwitzt und gereizt wie sie häufig waren, ihren Schützlingen gegenüber Gefühle der Freundschaft und Hilfsbereitschaft auszustrahlen. Wenn ein Korpsmitglied allerdings aus irgendeinem Anlaß einem Wutausbruch freien Lauf ließ und sei es, weil er sich über einen nicht funktionierenden Gegenstand seiner Ausrüstung ärgerte, mußte er für solch einen Fehler häufig mit dem Leben bezahlen.

Selten starben diese Monitore jedoch einzeln. Am Ende der Sequenz sah Conway, wie die gesamte Besatzung innerhalb weniger Minuten aus ihrem Transporthubschrauber herausgeholt wurde, weil es einem Mann unmöglich gewesen war, einem Wesen, das gerade einen Besatzungskollegen getötet hatte, freundliche Gedanken entgegenzubringen, selbst als sein eigenes Leben davon abhing. Der SRJH hatte dem Mann ein Gift injiziert, das so heftige Muskelkrämpfe auslöste, daß er sich praktisch jeden einzelnen Knochen im Körper brach. Dagegen gab es keinen Schutz und auch kein Heilmittel. Strapazierfähige Raumanzüge, die widerstandsfähig genug waren, um den Nadelspitzen der Blutegeltastköpfe standzuhalten, hätten den Korpsangehörigen für ihre Arbeit nicht genug Beweglichkeit ermöglicht — und diese Wesen töteten ebenso schnell, gründlich und bedenkenlos wie sie heilten.

»Um zusammenzufassen«, sagte der Chalder, als er den Projektor abschaltete, »die Transfusions- und künstlichen Ernährungsoperationen laufen im Moment zwar gut, aber wenn sich die Opfer weiterhin in dieser Geschwindigkeit häufen, dann wird der Vorrat für den vom Computer berechneten Bedarf gefährlich knapp werden. Ich rate deshalb dringendst, sofort mit der Operation des Schichtwesens zu beginnen.«

»Der Meinung bin ich auch«, stimmte ihm der Melfaner zu. »Angenommen, wir müssen sowohl ohne die Zustimmung als auch ohne die Mitarbeit des Patienten vorgehen, dann sollten wir unverzüglich anfangen.«

»Wie unverzüglich?« unterbrach Captain Williamson, der sich zum erstenmal zu Wort meldete. »Es dauert seine Zeit, ein komplettes Untergeschwader eines ganzen Sektors über dem Operationsgebiet in Position zu bringen. Meine Leute werden endgültige Instruktionen brauchen, und ... tja, ich fürchte, der Geschwaderkommandant macht sich über diesen Einsatz ein wenig Sorgen. Bis zum heutigen Zeitpunkt sind seine Operationen rein militärischer Natur gewesen.«

Conway schwieg und versuchte, sich zu der Entscheidung zu zwingen, der er mehrere Wochen lang aus dem Weg gegangen war. Wenn er erst einmal den Startschuß gab und damit anfing, chirurgische Einschnitte in dieser Größenordnung durchzuführen, dann hatte er sich ein für allemal festgelegt. Es würde keine Möglichkeit geben, diese Operation abzubrechen, um es später noch einmal zu versuchen — es gab keine Spezialisten, auf die er zurückgreifen konnte, wenn die Sache zu schwierig wurde, und, was am schlimmsten war, es blieb keine Zeit zu zaudern, weil der Zustand des Patienten schon längst eines operativen Eingriffs bedurft hätte.

»Machen Sie sich keine Sorgen, Captain«, sagte Conway und versuchte verzweifelt, das Vertrauen und die Beruhigung auszustrahlen, von denen er selbst nichts verspürte. »Soweit es Ihre Leute betrifft, ist dies eine militärische Operation geworden. Ich weiß, am Anfang haben Sie es lediglich als eine Art Katastrophenhilfeübung in ungewöhnlich großem Maßstab betrachtet, doch mittlerweile kann man es in Ihren Augen nicht mehr von einem Krieg unterscheiden. Denn im Krieg muß man mit Opfern rechnen, und die werden Sie ganz bestimmt haben. Das tut mir sehr leid, Sir. Ich hab nie solche schweren Verluste erwartet, und mir tut es persönlich sehr leid, daß ich diesen Werkzeugen heute morgen beigebracht hab zu gleiten — denn dieses Kunststück wird uns noch eine Menge mehr Opfer kosten ...«

»Das ließ sich nun mal nicht vermeiden, Doktor«, unterbrach ihn Williamson. »Und irgendwann wäre einer unserer Leute auf die gleiche Idee gekommen — die haben ja schon an praktisch alles mögliche gedacht, um diese Werkzeuge abzulenken. Aber was ich wissen möchte, ist ...«

»Wie bald unverzüglich ist«, beendete Conway die Frage für ihn. »Also, eingedenk der Tatsache, daß man die Operation eher nach Wochen als nach Stunden bemessen muß, und vorausgesetzt, es gibt keine logischen Gründe mehr zu zögern, dann schlage ich vor, mit der Arbeit übermorgen beim ersten Tageslicht zu beginnen.«

Williamson nickte, zögerte jedoch, bevor er entgegnete: »Zu der Zeit können wir in Stellung sein, Doktor. Aber vor kurzem hat sich etwas herausgestellt, das Sie vielleicht dazu veranlaßt, Ihre Meinung über den zeitlichen Ablauf doch noch zu ändern.«

Er deutete auf die Leinwand und fuhr fort: »Wenn Sie wollen, kann ich Ihnen die dazugehörigen Schaubilder und Zahlen zeigen, doch es geht schneller, wenn ich Ihnen zuerst die Resultate mitteile. Die Untersuchung der gesunden und weniger kranken Schichtkreaturen, um die Sie unsere Kontaktspezialisten gebeten hatten, ist jetzt abgeschlossen. Ihre Idee war ja, daß es einfacher sein müsse, die Kommunikation mit einem Wesen herzustellen, das keine ständigen Schmerzen hat, als im anderweitigen Fall. Insgesamt wurden achtzehnhundertvierundsiebzig infizierte Stellen auf allen uns bekannten Schichtkreaturen inspiziert und ein Werkzeug unbeaufsichtigt auf der Oberfläche zurückgelassen, das von weitem über Zeiträume von bis zu sechs Stunden überwacht wurde. Obwohl die Körpersubstanz der anderen Kreaturen mit der unseres Patienten praktisch identisch und bei allen auch eine etwas einfachere Form der Augenpflanze vorhanden war, fielen die Ergebnisse vollkommen negativ aus. Die getesteten Schichtkreaturen unternahmen keinerlei Versuch, die Werkzeuge auf irgendeine Weise zu kontrollieren oder zu verwandeln, und die auftretenden geringen Veränderungen ließen sich direkt auf geistige

Strahlung von Vögeln oder nichtintelligenten Bodentieren zurückführen. Wir haben diese Daten in den Computer der *Descartes* und dann in den taktischen Computer der *Vespasian* eingegeben. So leid es mir tut, die Schlußfolgerungen haben überhaupt keinen Zweifel gelassen.

Es gibt nur eine intelligente Schichtkreatur auf Drambo«, schloß Williamson grimmig, »und das ist unser Patient.«

Conway antwortete nicht sofort, und die Versammlung wurde immer chaotischer. Anfänglich wurden ein paar brauchbare Ideen vorgebracht — zumindest klangen sie gut, bis der Captain sie verwarf. Doch dann bekam Conway statt konstruktiver Ideen nur noch sinnlose Auseinandersetzungen zu hören und schlechte Laune zu spüren, und plötzlich wußte er auch, warum.

Als die Versammlung begonnen hatte, waren sie alle sowohl überarbeitet als auch übermüdet gewesen — und das war vor fünf Stunden. Die knöcherne Körperunterseite des Melfaners hing bis auf ein paar Zentimeter auf den Decksboden herab. Der Hudlarer war wahrscheinlich hungrig, weil das Wasser im Laderaum von aller eßbaren Substanz gereinigt worden war. Gleiches war mit dem Boden geschehen, was dem ständig rollenden Dramboner wohl gleichermaßen mißfiel. Über ihnen hatte der Chalder viel zu lange in einer verkrampften Haltung gehangen. Und die anderen Terrestrier mußten ihre Druckanzüge genauso lästig empfunden haben wie Conway seinen. Es war offensichtlich, daß auf dieser Versammlung von niemandem mehr ein brauchbarer Beitrag kommen würde, auch von ihm selbst nicht, und es war an der Zeit, die Besprechung zum Abschluß zu bringen.

Er bat durch ein Zeichen um Ruhe und sagte dann: »Ich danke Ihnen allen. Die Nachricht, daß unser Patient die einzige intelligente Schichtkreatur auf dem Planeten ist, macht es notwendig, daß wir uns noch mehr anstrengen — wenn das überhaupt möglich ist — die bevorstehende Operation zum Erfolg zu führen. Die Neuigkeit, die wir eben vernommen haben, ist kein stichhaltiger Grund, den chirurgischen Eingriff zu verschieben.

Sie alle werden zig Angelegenheiten zu klären haben, die Sie morgen in Anspruch nehmen«, schloß er. »Ich werde die verbleibende Zeit nutzen, um einen letzten Versuch zu unternehmen, die Zustimmung und Mitarbeit unseres Patienten zu erlangen.«

Erst vor drei Tagen waren die baulichen Veränderungen an zwei der Raupenbohrmaschinen abgeschlossen worden, durch die sie gegen die Werkzeuge so sicher wie möglich gemacht worden waren. Außerdem hatte man die in beide Richtungen arbeitende Scannerausrüstung erweitert, um es Conway zu ermöglichen, die Operation von überall auf oder in der Schichtkreatur zu beobachten oder, falls nötig, auch anzuleiten. Als erstes überprüfte er die Kommunikationsausrüstung.

»Ich hab nicht die Absicht, ein toter Held zu werden«, erläuterte Conway grinsend. »Wenn wir uns in irgendeiner Gefahr befinden sollten, werde ich der erste sein, der um Hilfe schreit.«

Harrison schüttelte den Kopf. »Der zweite.«

»Ladies first«, sagte Murchison in bestimmtem Ton.

Sie fuhren landeinwärts zu einem gesunden Gebiet, das dicht mit Augenpflanzen bewachsen war, hielten eine volle Stunde an, fuhren eine Stunde lang weiter und legten dann erneut einen Halt ein. Sie verbrachten den ganzen Morgen und den frühen Nachmittag damit, ohne erkennbare Reaktion des Patienten immer wieder anzuhalten und weiterzufahren. Manchmal fuhren sie in engen Kreisen herum und versuchten so, Aufmerksamkeit zu erregen, doch auch damit hatten sie keinen Erfolg. Nicht ein einziges Werkzeug tauchte auf. Die Bodensensoren gaben kein Signal, daß irgend etwas versuchte, sich ihnen zu nähern oder sie zu untergraben. Im großen und ganzen stellte es sich als ein äußerst frustrierender, wenn auch körperlich erholsamer Tag heraus.

Als sich die Dunkelheit herabsenkte, schalteten sie die Scheinwerfer des Raupenbohrers an und ließen die Lichtstrahlen umherstreichen. Sie konnten zwar sehen, wie sich wegen dieses künstlichen Sonnenscheins Tausende von Augenpflanzen öffneten und plötzlich wieder schlossen, doch die Schichtkreatur verschmähte den Köder trotzdem.

»Am Anfang muß das Wesen auf uns neugierig und darauf aus gewesen sein, alle seltsamen Gegenstände oder Ereignisse zu untersuchen«, sagte Conway. »Jetzt hat es einfach Angst und ist feindselig gegen uns eingestellt — anderswo gibt es für ihn viel bessere Ziele.«

Die Sichtschirme des Raupenbohrers zeigten mehrere Transfusions- und Ernährungsstellen, die unter ständigem Angriff durch Werkzeuge lagen, und zu viele dunkle Flecken auf dem Boden, die nicht aus Öl bestanden.

»Ich glaube immer noch, wir hätten eine größere Chance, direkt mit ihm zu kommunizieren, wenn wir nahe an sein Gehirn herankommen würden oder sogar in den Bereich, wo diese Werkzeuge hergestellt werden«, sagte Conway ernst. »Und falls die direkte Kommunikation nicht möglich ist, könnten wir so vielleicht wenigstens bestimmte Sektionen künstlich stimulieren, um dieser Kreatur glauben zu machen, große Objekte seien auf der Oberfläche gelandet. Dadurch würden wir sie zwingen, die Werkzeuge abzuziehen, die die Transfusionsinstallationen angreifen. Oder wenn wir Kenntnisse von der von ihr angewandten Technologie erlangen könnten, ließe sich das vielleicht als Druckmittel einsetzen ...«

Er brach ab, als Murchison den Kopf schüttelte. Sie rief ein Schaubild ab, das aus dreißig oder mehr transparenten Schichten bestand, die die Innenanordnung des Patienten so genau zeigten, wie es sechsmonatige Arbeit mit unzulänglichen Mitteln erlaubte. Ihre Gesichtszüge nahmen eine ernste Miene ein, als wollte sie einen Vortrag halten — ein Gesichtsausdruck, der nach Aufmerksamkeit und nicht nach Bewunderung verlangte.

»Wir haben schon versucht, den Sitz des Gehirns im Patienten zu finden, indem wir die Nerven zurückverfolgt haben«, sagte sie, »das heißt, das Netz aus Wurzelfasern mit metallischen Salzen, die elektrochemische Impulse übertragen können. Durch die willkürlich auf der Oberfläche angelegten Bohrlöcher und die direkte Beobachtung aus Raupenbohrern haben wir herausgefunden, daß sie nicht mit einem zentralen Gehirn verbunden sind, sondern mit einer Schicht aus ähnlichen Wurzelfasern, die direkt über der Planetenoberfläche liegen. Sie schließen sich nicht direkt an dieses neue Netz an, sondern verlaufen parallel dazu, und zwar so dicht daneben, daß durch Induktion Impulse überspringen können.

Ein Teil dieses Netzes ist wahrscheinlich für die Kontraktion der Muskeln auf dem Untergrund verantwortlich, die dem Patienten Beweglichkeit verliehen haben, bevor er diese spezielle Landmasse übernommen und damit aufgehört hat, über seine Feinde zu steigen und sie zu ersticken. Und natürlich ist anzunehmen, daß die Augenpflanzen oben und die Muskeln unten eine direkte Verbindung besitzen, da die Pflanzen die erste Warnung vor einer zweiten Schichtkreatur geben, die versucht, sich über die erste zu schieben, und die anschließende Muskelreaktion fast unwillkürlich wäre.

Doch in dieser Schicht befinden sich noch viele andere Wurzelnetze, deren Funktion wir nicht kennen«, fuhr sie fort. »Farblich unterscheiden sie sich nicht; bis auf winzige Unterschiede in der Dicke sehen sie alle vollkommen gleich aus. Die Sorte, die anscheinend dem Untergrundgestein Mineralien entzieht, kann in der

Dicke schwanken. Deshalb würde ich von jeder Art künstlicher Stimulation abraten. Du könntest ganz leicht eine Gruppe der Muskeln über dem Untergrund zum Zucken bringen. Und die Korpsmitglieder auf der Oberfläche müßten zusätzlich zu allem anderen auch noch mit örtlich begrenzten Erdbeben fertig werden.«

»Na schön«, entgegnete Conway, der sich nur deshalb ärgerte, weil ihre Einwände berechtigt waren. »Aber ich möchte trotzdem nahe an sein Gehirn oder an das Gebiet herankommen, wo die Werkzeuge hergestellt werden. Und wenn das Tier uns da nicht selbst hineinzieht, dann müssen wir eben danach suchen. Aber wir haben nicht mehr viel Zeit. Wo ist deiner Meinung nach der beste Ort zum Suchen?«

Murchison dachte einen Moment lang nach und antwortete dann: »Entweder könnte sich das Gehirn oder das Gebiet, wo die Werkzeuge hergestellt werden, in einer Vertiefung oder kleinen Senke in der Planetenoberfläche befinden, wo das Tier vermutlich die notwendigen Minerale aufnimmt. Es gibt in vierundzwanzig Kilometern Entfernung eine große steinige Vertiefung, genau hier, die den nötigen Schutz nach unten und zu allen Seiten bietet, während die darüberliegende Körpermasse es vor Verletzungen von oben bewahrt. Aber es gibt noch Dutzende von anderen Stellen, die genausogut in Frage kommen. Ach ja, dort müßte es natürlich auch eine ständige Versorgung mit Nahrung und Sauerstoff geben. Doch da dies beim Patienten ein quasipflanzlicher Prozeß mit Wasser als Funktionsflüssigkeit an Stelle von Blut ist, sollte eigentlich kein Problem darin bestehen, auch ein tief vergrabenes Gehirn zu versorgen ...«

Sie unterbrach sich, und ihr Gesicht und Unterkiefer versteiften sich wegen eines erfolgreich unterdrückten Gähnens. Bevor sie fortfahren konnte, sagte Conway: »Das ist ein ganz schönes Problem. Warum überschläfst du das nicht erst einmal?«

Auf einmal lachte sie. »Das tue ich ja gerade. Hast du das gar nicht gemerkt?«

Conway lächelte und entgegnete: »Jetzt mal im Ernst, ich würde gerne einen Hubschrauber rufen, der dich mitnimmt, bevor wir da runterfahren. Ich hab keine Ahnung, was uns dort erwartet, wenn wir das finden, wonach wir suchen. Vielleicht finden wir uns als Gefangene in einem unterirdischen Hochofen wieder oder werden durch die geistige Strahlung des Gehirns gelähmt. Mir ist klar, daß deine Neugier groß und vollkommen beruflicher Natur ist, aber mir wäre es sehr viel lieber, wenn du nicht mitkommen würdest. Schließlich sind durch wissenschaftliche Neugier schon viele Menschen umgekommen.«

»Bei allem Respekt, Doktor«, erwiderte Murchison, wobei sie sehr wenig davon zeigte, »du redest Quatsch. Es gibt keinerlei Anzeichen für ungewöhnlich hohe Temperaturen unter dem Schichtwesen. Und wir beide wissen, daß telepathische Aliens ihre Fähigkeiten nur innerhalb ihrer eigenen Spezies anwenden können. Die Werkzeuge sind eine völlig andere Angelegenheit, nämlich von sich aus inaktive, aber durch Gedanken formbare Gegenstände, die ...« Sie brach den Satz ab, holte tief Luft und schloß leise: »Es gibt noch einen zweiten Raupenbohrer genau wie diesen. Ich bin sicher, auf der *Descartes* findet sich ein Offizier oder anderer Gentleman, der bereit ist, mich mitzunehmen und dir darin zu folgen.«

Harrison seufzte laut auf und sagte: »Seien Sie nicht unsozial, Doktor. Wenn man jemanden nicht schlagen kann, muß man sich mit ihm zusammenschließen.«

»Ich werde jetzt eine Weile lang das Steuer übernehmen«, sagte Conway, indem er die einsetzende Meuterei auf die einzige Art behandelte, auf die er es unter diesen Umständen konnte — er ignorierte sie einfach. »Ich hab Hunger, und Sie sind dran, das Essen aufzutischen.«

»Ich helfe Ihnen, Lieutenant«, bot ihm Murchison an.

Als Harrison Conway den Platz des Fahrers überließ und zur Kombüse ging, murmelte er: »Sie wissen ja, Doktor, hin und wieder versalze ich jemandem gern die Suppe, besonders Ihnen.«

Es war kurz vor Mitternacht, als sie das Gebiet erreichten, wo sich die Vertiefung unter der Oberfläche befand, den Raupenbohrer auf die Nase stellten und sich hineinbohrten. Murchison starrte durch die Direktsichtluke, die sich neben ihr befand, und machte sich gelegentlich Notizen über das Flechtwerk aus feinen Wurzeln, das durch die feuchte korkähnliche Substanz verlief, die das Fleisch der Schichtkreatur darstellte. Es gab kein Anzeichen für eine herkömmliche Blutversorgung und nichts, was darauf hingewiesen hätte, daß das Tier jemals eher im tierischen als im pflanzlichen Sinne lebendig gewesen war.

Plötzlich brachen sie durch die Decke eines Magens und sanken zwischen den großen Pflanzensäulen herab, die die Decke hoben und senkten, nahrungsreiches Wasser aus dem Meer hereinsogen und viele Tage später die Abfallstoffe wieder ausstießen, soweit sie nicht bereits von spezialisierten Pflanzen absorbiert worden waren. Die pflanzlichen Stalaktiten erstreckten sich in allen Richtungen bis an die Grenzen der Scheinwerferreichweite. Jeder von ihnen war von dem zweiten spezialisierten Gewächs bedeckt, dessen Sekret die Säulen steif werden ließ, wenn der Magen zu lange leer gewesen war, und sie wieder in die entspannte Stellung brachte, sobald der Magen voll war. Andere Höhlen, die kleiner waren und in geringeren Abständen voneinander lagen als die Mägen, hielten lediglich den Wasserkreislauf im System aufrecht, ohne irgendeine Verdauungsfunktion zu erfüllen.

Kurz bevor sie auf dem Boden aufsetzten, brachte Harrison das Fahrzeug in Tauchposition und ließ die Frontmesser mit maximaler Geschwindigkeit rotieren.

Sie stießen sanft auf den Boden des Magens auf und gruben sich hinein. Eine halbe Stunde später wurden sie nach vorne in ihre Gurte geschleudert. Das leise, dumpfe Geräusch der Messerklingen hatte sich zu einem ohrenbetäubenden Kreischen gesteigert, das erst verstummte, als Harrison die Klingen abschaltete.

»Entweder haben wir die Planetenoberfläche erreicht, oder diese Kreatur ist ausgesprochen hartherzig«, sagte er trocken.

Sie zogen sich ein kleines Stück weit zurück und verringerten dann den Abstiegswinkel, um sich weiter hineingraben zu können. Dabei rollten die Ketten des Raupenbohrers über den felsigen Untergrund und die Messer fraßen sich durch eine Substanz, die jetzt das Aussehen von stark zusammengepreßtem und mit dikken Adern durchzogenem Kork hatte. Als sie ein paar hundert Meter weit vorgedrungen waren, gab Conway dem Lieutenant das Zeichen zum Anhalten.

»Das sieht nicht aus wie der Stoff, aus dem Gehirne gemacht sind«, sagte Conway. »Aber ich glaube, wir sollten uns das einmal genauer ansehen.«

Es gelang ihnen ein paar Proben zu sammeln und sich alles genau anzusehen, doch nicht lange — denn kaum hatten sie ihre Anzüge verschlossen und waren durch die Heckluke ausgestiegen, da sackte der von ihnen gegrabene Tunnel bereits gefährlich ein, und dort, wo der nasse grobkörnige Boden auf die Tunnelwände traf, sickerte eine ölige schwarze Flüssigkeit heraus, die ständig stieg, bis sie schließlich schon den ganzen Knöchel bedeckte. Conway wollte nicht allzuviel von dieser Flüssigkeit mit zurück in den Raupenbohrer mitnehmen, denn durch die früheren, durch Bohrungen entnommenen Proben wußten sie, daß sie zum Himmel stank.

Als sie sich wieder im Raupenbohrer befanden, hob Murchison eine der Proben auf, die ein wenig an eine terrestrische Zwiebel erinnerte, die seitlich durchgeschnitten war. Die flache Unterseite war von einem Belag aus kurzen wurmartigen Auswüchsen bedeckt. Und der einzelne Stiel verzweigte und verästelte sich viele Male, bevor er sich mit dem Nervennetz verband, das sich nur ein kurzes Stück über diesen Wucherungen befand.

»Ich würde sagen, die Pflanzensekrete lösen und nehmen Mineralien und/oder Chemikalien vom Gestein und Erdreich des Untergrunds auf«, folgerte Murchison. »Zusammen mit dem Wasser, das nach hier unten durchsickert, sorgen sie für die Schmierung, die es dem Tier ermöglicht, die Position zu wechseln, wenn die Versorgung mit Mineralien zu Ende geht. Doch es gibt hier keine Anzeichen von ungewöhnlichen oder konzentrierten Nervenbahnen, und auch keinerlei Spuren von Narben, die die Werkzeuge hinterlassen, wenn sie sich durch diese Substanz schneiden. Ich fürchte, wir müssen es noch einmal irgendwo anders versuchen.«

Fast eine Stunde verging, bevor sie die zweite Höhle erreichten, und weitere drei bis zur dritten. Conway hatte von Anfang an gegenüber der dritten Stelle einige Zweifel gehegt, weil sie seiner Meinung nach zu dicht am Rand lag, um ein Gehirn zu beherbergen. Doch trotzdem war die Möglichkeit von mehreren Gehirnen oder wenigstens einer Anzahl von neuralen Nebenstellen gerade bei einem Wesen von dieser Größe nicht ausgeschlossen. Murchison erinnerte ihn daran, daß der in alten Zeiten lebende Brontosaurus zwei Gehirne gehabt habe und mit ihrem Patienten verglichen mikroskopisch klein gewesen sei.

Die dritte Stelle lag zudem ziemlich nah am Anfang der ersten Einschnittlinie.

»Wir könnten den Rest unseres Lebens damit verbringen, Höhlen zu suchen, und trotzdem nicht das finden, was wir suchen«, fluchte Conway. »Und soviel Zeit haben wir nun mal nicht.«

Die Repeaterschirme zeigten weit über ihnen den Himmel, der heller wurde und an dem bereits schwere Kreuzer des Monitorkorps in Stellung gegangen waren. An den Transfusions- und Fütterungsinstallationen schaltete man Scheinwerfer ein und aus, und hin und wieder war kurz Edwards zu sehen, den man als leitenden medizinischen Verbindungsmann für die Dauer der Operation auf das Flaggschiff *Vespasian* versetzt hatte. Seine Aufgabe bestand darin, Conways medizinische Anweisungen für die ausführenden Geschwaderoffiziere in militärische Manöver zu übersetzen.

»Diese Testbohrungen ...«, sagte Conway plötzlich. »Ich nehme an, die sind in geographisch regelmäßigen Abständen vorgenommen worden, wobei man direkt in die Planetenoberfläche nach unten gebohrt hat, oder? Hat es irgendwelche Anzeichen dafür gegeben, daß es in bestimmten Gegenden mehr von der schwarzen Schmiere gibt, die der Patient als Gleitmittel verwendet, als in anderen? Ich versuche, einen Abschnitt dieser Kreatur zu finden, der beinahe bewegungsunfähig ist, weil ...«

»Natürlich!« unterbrach ihn Murchison aufgeregt. »Und das ist auch der wesentliche Faktor, durch den sich unser intelligenter Patient von all den kleineren und nichtintelligenten Schichtkreaturen unterscheidet. Zum besseren Schutz müßten sich das Gehirn und wahrscheinlich auch die Zentren der Werkzeugherstellung ziemlich sicher in einem feststehenden Abschnitt befinden. Auf Anhieb kann ich mich zwar nur an ein Dutzend Testbohrungen erinnern, wo das Schmiermittel nicht oder nur in ziemlich geringen Mengen vorhanden war, aber ich kann für dich die Verweise auf den Karten durchsehen. Dauert höchstens ein paar Minuten ...«

»Du weißt, daß ich dich immer noch nicht hierhaben möchte«, sagte Conway gefühlvoll, »aber ich bin froh, daß du mitgekommen bist.«

»Ich danke dir«, antwortete sie und fügte dann hinzu: »Glaube ich jedenfalls.«

Fünf Minuten später hatte Murchison alle verfügbaren Informationen beisammen. »In diesem Gebiet bildet die Planetenoberfläche eine kleine Ebene, die von Bergen umringt ist. Durch Luftsensoren wissen wir, daß sie ungewöhnlich reich an Mineralien ist, aber das trifft ja auch auf den Großteil der mittleren Landmasse zu. Unsere Testbohrungen sind sehr weit verteilt worden, weshalb wir die Entnahme von Gehirnsubstanz leicht verpaßt haben könnten. Aber ich bin mir jetzt ziemlich sicher, daß dort das Gehirn liegt.«

Conway nickte und sagte dann: »Harrison, das ist der nächste Halt. Aber das ist zu weit weg, um dahin auf oder unter der Oberfläche zu fahren. Bringen Sie uns nach oben, und fordern Sie einen Transporthubschrauber, der uns zu der Stelle bringt. Und würde es Ihnen etwas ausmachen, einen Umweg durch Rachentunnel dreiundvierzig zu machen und so nah an die Einschnittlinie heranzufahren, wie Sie es schaffen können, damit ich sehen kann, wie der Patient auf die Anfangsphase der Operation reagiert? Er muß doch irgendeine natürliche Abwehrreaktion gegen eine grobe Körperverletzung haben ...«

Er brach ab, und seine Stimmung verwandelte sich im Nu von heller Aufregung zu tiefster Frustration. »Ach, verdammt! Hätte ich mich bloß von Anfang an auf die Werkzeuge konzentriert, anstatt mich von diesen rollenden Drambonern ablenken zu lassen und dann zu glauben, diese übergroßen Leukozyten wären die intelligenten Werkzeugbenutzer. Ich hab viel zuviel Zeit vergeudet.«

»Im Moment vergeuden wir keine Zeit«, sagte Harrison und deutete auf die Repeaterschirme.

So oder so, der chirurgische Großeingriff hatte bereits begonnen.

Auf dem Hauptbildschirm waren die schweren Kreuzer zu sehen, die in einer Reihe am ersten Teil des Einschnitts entlang einen schwerfälligen Gänsemarsch nachahmten und ihre Pulsatorstrahlen tief in die Schnittstelle hineinbohrten, während sie mit den Pressorstrahlen die Ränder der Wunde auseinanderdrückten, um dem nächsten Schiff in der Reihe ein tieferes Eindringen zu ermöglichen. Wie alle großen Schiffe des Monitorkorps konnten auch diese Kreuzer eine große Bandbreite an Schrecken in sehr genau bemessenen Dosen verabreichen, die vom Einschläfern von ein paar Aufrührern bis hin zur atomaren Vernichtung eines ganzen Kontinents reichte. Das Korps ließ es zwar selten zu, daß sich eine Situation bis zu dem Punkt verschlechterte, an dem als einzige Lösung nur noch Massenvernichtungswaffen blieben, aber sie behielten die Kreuzer als schweren und starken Schlagstock bei. Denn die Monitore, die in erster Linie für die Aufrechterhaltung und Durchsetzung der Gesetze der Föderation verantwortlich waren, wußten als gute Polizisten, daß ein nicht gezogener Gummiknüppel bessere und dauerhaftere Wirkung zeigt, als einer, der zu eifrig Schädel einschlägt.

Die wirksamste und vielseitigste Kurzstreckenwaffe — vielseitig, weil sie gleich gut sowohl als Schwert als auch als Pflugschar verwendet werden konnte — war der Pulsatorstrahl.

Dabei handelte es sich um eine Entwicklung aus dem künstlichen Schwerkraftsystem, das die mörderischen Beschleunigungen der Raumschiffe der Föderation ausglich, und dem Repulsionsfeld, das vor Meteoriten schützte und es einem Schiff mit ausreichenden Energiereserven ermöglichte, wie ein lenkbares Luftschiff aus alter Zeit über eine Planetenoberfläche zu schweben. Der Pulsatorstrahl drückte und zog einfach mehrere Male in der Minute heftig mit einer Kraft von bis zu achtzig, kurzfristig sogar von bis zu einhundert Ge.

Das Korps war nur sehr selten gezwungen, die Pulsatorstrahlen im Kampf einzusetzen — normalerweise mußten sich die zuständigen Offiziere hinter den Kontrollpulten damit zufriedengeben, mit ihnen unebenen Boden für neugegründete Kolonien einzuebnen und zu kultivieren. Und für die optimale Wirkung mußte der Strahl wirklich scharf gebündelt sein. Doch selbst ein diffuser Strahl konnte verheerende Wirkungen haben, besonders für ein kleines Ziel, wie zum Beispiel ein Aufklärungsschiff. Anstatt große Teile der Außenhaut abzureißen und die darunterliegende Konstruktion vollkommen zu zertrümmern, schüttelte er das ganze Schiff, bis die Besatzung im Innern völlig durchgerüttelt war.

Bei dieser Operation war der Strahl jedoch äußerst scharf gebündelt und seine Reichweite bis auf den letzten Zentimeter bekannt.

Optisch war die Operation überhaupt nicht spektakulär. Jeder Kreuzer besaß zwar drei Pulsatoraggregate, die man anwenden konnte, aber die Strahlen drückten und zogen so schnell, daß die Oberfläche kaum bewegt zu werden schien. Lediglich die zwischen die Pulsatorstrahlen gerichteten, relativ sanften Traktorstrahlen schienen etwas auszurichten: sie zogen einen schmalen Keil der gelösten Substanz nach oben und zerstückelten die Vegetation, damit der nächste Pulsatorstrahl in der Reihe den Einschnitt vertiefen konnte. Erst wenn der Einschnitt weit unter die Planetenoberfläche reichte und um mehrere Kilometer verlängert worden war, würden die restlichen Staffeln, die sich noch immer im Orbit befanden, hinzukommen, um den Schnitt, wie sie alle hofften, zu einem Graben auszuweiten, der breit genug wäre, um die Ausbreitung der Pflanzeninfektion durch die herausgeschnittene und sich zersetzende tote Substanz aufzuhalten.

Als Untermalung der Bilder konnte Conway die abgehackten Stimmen der technischen Offiziere hören, die pausenlos Bericht erstatteten. Es schien Hunderte von ihnen zu geben, und alle sagten das gleiche, allerdings mit so wenig Worten wie möglich. In unregelmäßigen Abständen wurden die Berichte von einer ruhigeren, gelasseneren Stimme unterbrochen, die das Gesamtunternehmen billigte, lenkte und koordinierte — der Stimme von Gott, manchmal auch als Geschwaderkommandant Dermod bekannt, dem ranghöchsten Offizier des Monitorkorps im galaktischen Sektor zwölf und als solcher der taktische Leiter von mehr als dreitausend Hauptgeschwadereinheiten, Versorgungs- und Kommunikationsschiffen, Hilfsstützpunkten, Schiffsfertigungsstraßen und der gewaltigen Menge an Lebewesen — egal, ob terrestrisch oder extraterrestrisch — die an der Operation beteiligt waren.

Falls die Operation schiefgehen sollte, würde sich Conway sicherlich nicht über die Qualität der Hilfe beklagen können. Allmählich entwickelte sich bei ihm im Stillen eine gewisse Zufriedenheit mit dem Verlauf der Dinge.

Die Zufriedenheit währte die ganzen zehn Minuten, während der sich die Einschnittlinie durch den Tunnel Nummer dreiundvierzig grub, in den sie gerade mit dem Raupenbohrer eingedrungen waren. Conway konnte die Innenseite der Tunneldichtung sehen, eine dicke gewellte Wurst aus widerstandsfähigem Kunststoff, die auf einen Druck von dreieinhalb Kilogramm pro Quadratzentimeter aufgepumpt war und damit gegen die Tunnelwände drückte. Um einem Verlust von Funktionsflüssigkeit vorzubeugen, waren spezielle Vorkehrungen getroffen worden, denn die Heilungsprozesse der Schichtkreatur verliefen bestürzend langsam. Ihr Blut bestand ganz und gar aus Wasser — und eine wichtige Eigenschaft, die Wasser nicht besitzt, ist die Fähigkeit zu gerinnen.

Neben der Dichtung hielten zwei Angehörige des Monitorkorps und ein melfanischer Arzt Wache. Sie schienen aufgeregt zu sein, aber im Tunnel schwammen so viele Leukozyten herum, daß Conway den Grund dafür nicht sehen konnte. Seine Bildschirme zeigten die Einschnittlinie, die diesen Rachentunnel kreuzte. Zwischen der Dichtung und dem Einschnitt flossen viele hundert Liter Wasser ab — wenn man die Größe des Patienten bedachte, war das allerdings kaum mehr als ein Tropfen. Die Pulsator- und Traktorstrahlen drangen weiter vor, verlängerten und vertieften den Schnitt, während die unsichtbaren Pressorstrahlen, die immateriellen Pfähle, die das gewaltige Gewicht der Kreuzer trugen, die Ränder auseinanderdrückten, bis sich der Einschnitt in eine immer breiter und tiefer werdende Schlucht verwandelte. Eine kleine Ladung von chemischen Sprengstoffen brachte den geräumten Tunnelabschnitt zum Einsturz und verstärkte dadurch die Kunststoffdichtung. Alles schien genauso zu laufen wie geplant, bis auf Conways Pult die Signallampe zu blinken begann, die sofortige Aufmerksamkeit verlangte, und Major Edwards' Gesicht auf dem Bildschirm erschien.

»Conway«, sagte der Major eindringlich. »Die Dichtung in Tunnel dreiundvierzig wird von den Werkzeugen angegriffen.«

»Aber das ist doch unmöglich«, entgegnete Murchison in einem fast empörten Ton, der an jemanden erinnerte, der seinen Freund beim Falschspielen erwischte. »Der Patient hat doch noch nie unsere Innenoperationen gestört. Es gibt hier keine Augenpflanzen, die unsere Position verraten könnten, und auch kein nennenswertes Licht, und die Dichtung ist nicht einmal aus Metall. Auf der Oberfläche haben die Werkzeuge noch nie Kunststoff angegriffen, immer nur Lebewesen und Maschinen.«

»Und Lebewesen greifen sie nur deshalb an, weil wir unsere Anwesenheit verraten, indem wir versuchen, die geistige Kontrolle über sie zu erlangen«, fügte Conway schnell hinzu. Dann sagte er an Edwards gewandt:

»Lassen Sie die an der Dichtung postierten Leute sofort in den Versorgungsschacht gehen, Major, schnell! Ich kann nicht direkt mit den dreien sprechen. Und sagen Sie ihnen, sie sollen versuchen, auf keinen Fall an die ...«

Er brach ab, als die Dichtung vor ihm in einer gedämpften Explosion aus weißen Blasen verschwand, die durch das Tunnelgewölbe auf sie zuschossen. Außerhalb des Raupenbohrers konnte er überhaupt nichts mehr sehen und im Innern nur Edwards' Gesicht und Bilder von Schiffen, die sich in einer Linie formiert hatten.

»Doktor, die Dichtung ist geplatzt!« schrie der Major, während seine Augen zur Seite huschten. »Der Schutt hinter der Dichtung wird weggespült. Harrison, *graben Sie sich ein!*«

Aber der Lieutenant konnte das Fahrzeug nicht eingraben, weil es die vorbeitosenden Blasen unmöglich machten, etwas zu sehen. Er schaltete die Raupenketten schnell in die entgegengesetzte Richtung, doch die Strömung, die an ihnen entlangrauschte, war so stark, daß der Raupenbohrer kaum noch Kontakt mit dem Boden hatte. Edwards löschte die Scheinwerfer, weil sie durch das vom Schaum außerhalb der Kanzel reflektierte Licht geblendet wurden. Aber vor ihnen war immer noch ein Lichtfleck, der ständig größer wurde ...

»Edwards, *stellen Sie sofort die Pulsatorstrahlen ab ...!*«

Ein paar Sekunden später wurden sie als Teil eines Wasserfalls aus dem Tunnel herausgespült, der über eine organische Klippe in eine Schlucht hinunterstürzte, die keinen Boden zu haben schien. Das Fahrzeug flog aber nicht in seine Einzelteile auseinander, und sie endeten auch nicht als Erdbeermarmelade — also war klar, daß Major Edwards in der Lage gewesen war, die Pulsatorprojektoren rechtzeitig abzuschalten. Als sie eine subjektive Ewigkeit später krachend zum Stillstand kamen, verabschiedeten sich zwei der Repeaterschirme mit spektakulären Implosionen, und der Wasserfall, der ihren Sturz auf dem Weg nach unten abgedämpft hatte, donnerte jetzt gegen die Fahrzeugseite und schob und rollte den Raupenbohrer über den Boden des Einschnitts.

»Jemand verletzt?« fragte Conway.

Murchison lockerte die Sicherheitsgurte und zuckte zusammen. »Ich bin überall grün und blau und ... und hab am ganzen Körper Dellen.«

»Die würde ich mir zu gerne ansehen«, bemerkte Harrison in einem Ton, der darauf schließen ließ, daß er sich nicht verletzt hatte.

Erleichtert und gereizt zugleich entgegnete Conway: »Zuerst sollten wir uns doch wohl lieber den Patienten ansehen.«

Der einzig noch funktionierende Bildschirm übertrug ein von einem über dem Einschnitt postierten Hubschrauber aufgenommenes Bild. Die schweren Kreuzer hatten sich ein kurzes Stück zurückgezogen, um das Operationsfeld für Rettungs- und Beobachtungshubschrauber freizumachen, die wie große Metallfliegen über der Wunde brummten und hinabtauchten. Pro Minute strömten Tausende von Litern Wasser — die unzählige Leukozyten und Farmerfische, unvollständig verdaute Nahrung und Klumpen von lebenswichtigen inneren Pflanzen mit sich führten — aus dem durchtrennten Rachentunnel in die Schlucht hinab und darin entlang. Conway gab Edwards ein Zeichen.

»Wir sind zwar in Sicherheit«, sagte er, bevor der Major sprechen konnte, »aber das hier ist ein schöner Schlamassel. Wenn wir diesen Flüssigkeitsverlust nicht stoppen können, wird das Verdauungssystem zusammenbrechen, und dann haben wir unseren Patienten getötet, anstatt ihn zu heilen. Verdammt, warum hat er nicht irgendein Verfahren, sich selbst gegen grobe körperliche Verletzungen zu schützen? Von mir aus eine Rückschlagventilvorrichtung oder sonst was! Ich hab überhaupt nicht damit gerechnet, daß so etwas passieren kann ...«

Conway riß sich zusammen, weil er merkte, daß er anfing, zu jammern und nach Ausreden zu suchen, statt Anweisungen zu erteilen. In forschem Ton fuhr er fort: »Ich brauche den Rat von Fachleuten. Haben Sie einen Spezialisten für Kurzstreckenwaffen mit geringer Explosionsstärke dabei?«

»Kein Problem«, entgegnete Edwards, und ein paar Sekunden später meldete sich eine neue Stimme: »Hier technischer Ordonnanzoffizier der *Vespasian,* Major Holroyd. Kann ich Ihnen helfen, Doktor?«

Das will ich doch stark hoffen, dachte Conway, während er laut fortfuhr, das Problem zu umreißen.

Sie waren mit der Notsituation eines auf dem Operationstisch verblutenden Patienten konfrontiert. Ob das betroffene Lebewesen nun groß oder klein, ob seine Körperflüssigkeit nun terrestrisches Blut, überhitztes flüssiges Metall wie bei den TLTUs vom Planeten Threcald fünf oder das ein wenig unreine Wasser war, das Nährstoffe und spezialisierte innere Organismen zu den weit auseinanderliegenden Extremitäten des Körpers der drambonischen Schichtkreatur transportierte, alles würde auf das gleiche hinauslaufen — stetig absinkender Blutdruck, immer größer werdender Schock, sich ausbreitende Muskellähmung und schließlich der Tod.

Die normale Verfahrensweise wäre unter diesen Umständen, die Blutung zu stillen, indem man das beschädigte Blutgefäß abband und die Wunde nähte. Doch dieses bestimmte Gefäß war ein Tunnel mit Wänden, die nicht stabiler oder elastischer waren als die sie umgebende Körpersubstanz, weshalb sie nicht abgebunden und noch nicht einmal abgeklemmt werden konnten. So, wie Conway es sah, war die einzige verbleibende Möglichkeit, das aufgebrochene Gefäß zu verstopfen, indem man die Tunneldecke zum Einsturz brachte.

»Die TR-7-Torpedos für den Nahbereich«, sagte der technische Offizier wie aus der Pistole geschossen. »Die haben eine gute Aerodynamik, deshalb wird es kein Problem sein, sie in die Strömung zu schießen. Und vorausgesetzt, es gibt in der Nähe der Tunnelöffnung keine scharfen Kurven, dann kann man sie bis zu jeder gewünschten Tiefe eindringen lassen, indem man ...«

»Nein«, unterbrach ihn Conway mit bestimmtem Ton. »Ich mache mir über die Kompressionsauswirkungen einer großen Explosion im Tunnel Sorgen. Die Druckwelle würde sich bis tief ins Innere ausbreiten und dabei eine große Anzahl von Farmerfischen und Leukozyten töten, ganz zu schweigen von den riesigen Mengen der empfindlichen inneren Vegetation. Wir müssen den Tunnel so nah wie möglich am Einschnitt versiegeln, Major, und den Schaden auf diesen Abschnitt beschränken.«

»Dann die B-22, die sind in der Lage, Panzer zu durchschlagen«, schlug Holroyd prompt vor. »In diese Substanz könnten sie ohne Schwierigkeiten fünfzig Meter weit eindringen. Ich schlage vor, drei Raketen gleichzeitig abzuschießen, die in einigem Abstand übereinander oberhalb der Tunnelöffnung einschlagen, damit sie genügend loses Material zum Einsturz bringen, um den Tunnel selbst gegen den Druck von Wasser zu versperren, das es beim Sinken wegzuspülen versuchen sollte.«

»Der Vorschlag klingt doch schon viel besser«, erwiderte Conway.

Aber der technische Offizier der *Vespasian* konnte weit mehr als nur Vorschläge machen. Innerhalb weniger Minuten zeigte der Bildschirm einen Kreuzer, der tief über den Einschnitt schwebte. Conway sah nicht, wie die Raketen abgeschossen wurden, weil ihm plötzlich einfiel zu überprüfen, ob ihr Raupenbohrer weit genug weggeschwemmt worden war, um nicht vom Schutt begraben zu werden — das war glücklicherweise der Fall. Den ersten Hinweis, daß überhaupt etwas passiert war, bekam er, als der Wasserstrom auf einmal trübe wurde, sich zu einem Rinnsal verlangsamte und schließlich zum Stillstand kam. Ein paar Minuten später begannen große Klumpen von dickem, zähflüssigem Schlamm über den Tunnelrand zu quellen, und plötzlich sackte ein riesiger Teil des Bereichs um die Öffnung herum ab, zerbrach und rutschte wie eine Masse aus braunem Porridge in die Schlucht.

Die Tunnelöffnung war jetzt fünf-, sechsmal so groß wie vorher, und der Patient blutete weiterhin mit unverminderter Stärke.

»Tut mir leid, Doktor«, meldete sich Holroyd. »Soll ich ihm noch mal eine Dosis verpassen und versuchen, sie tiefer hineinzubekommen?«

»Nein, warten Sie.«

Conway versuchte verzweifelt nachzudenken. Er wußte zwar, daß er eine chirurgische Operation durchführte, aber er konnte es nicht recht glauben — sowohl die Schwierigkeiten als auch der Patient waren einfach zu groß. Wenn sich ein Terrestrier in derselben Verfassung befunden hätte, dann wüßte er — selbst wenn ihm keine Instrumente oder Medikamente zur Verfügung gestanden hätten —, was zu tun wäre: den Blutfluß an einem Druckpunkt aufhalten, eine Aderpresse anlegen ... *Das* war es!

»Holroyd, setzen Sie noch einmal drei Raketen an dieselbe Stelle und genauso tief wie beim letztenmal!« ordnete er rasch an. »Aber können Sie, bevor Sie die Raketen abschießen, die Pressorstrahlen Ihres Schiffs so einstellen, daß so viele wie möglich genau über die Tunnelöffnung gerichtet sind? Und lassen Sie sie nicht gerade strahlen, sondern biegen sie die Strahlen, wenn möglich, direkt auf die Wand des Einschnitts um. Meine Idee dabei ist, das Gewicht Ihres Schiffs dafür auszunutzen, die von den Raketen zum Einsturz gebrachte Substanz zusammenzupressen und abzustützen.«

»Wird erledigt, Doktor.«

Die *Vespasian* brauchte weniger als fünfzehn Minuten, um ihre unsichtbaren Beine neu einzustellen und auszurichten und die Raketen abzuschießen. Der Wasserfall versiegte fast im Nu — und diesmal anscheinend endgültig. Die Tunnelöffnung war verschwunden, und an ihrer Stelle befand sich eine große, untertassenförmige Mulde in der Wand des Einschnitts, auf die die Steuerbordpressorstrahlen der *Vespasian* gerichtet waren. Zwar sickerte immer noch Wasser durch die zusammengepreßte Dichtung, doch solange der Kreuzer in Position blieb und sein nicht unerhebliches Gewicht dagegen stemmte, würde sie halten. Als zusätzliche Sicherheitsvorkehrung brachte man bereits eine weitere aufblasbare Dichtung in den Versorgungstunnel.

Plötzlich wurde das Bild durch ein Gesicht ersetzt, das trotz der unverkennbaren Altersfalten jung geblieben war. Es war der Geschwaderkommandant höchstpersönlich, auf dessen grüner Uniformjacke ein nicht unbeträchtliches Gewicht von Rangabzeichen lastete.

»Doktor Conway. Mein Flaggschiff war im Laufe seiner Dienstzeit schon an einigen merkwürdigen Übungen beteiligt, wir sind aber bisher noch nie gebeten worden, eine Aderpresse zu halten.«

»Entschuldigen Sie, Sir. Das schien die einzige Möglichkeit zu sein, die Situation in den Griff zu bekommen. Aber im Augenblick möchte ich, daß Sie, wenn es Ihnen nichts ausmacht, unseren Raupenbohrer hochheben lassen und zu den Koordinatennummern ...«

Er brach ab, weil ihm Harrison zuwinkte. Der Lieutenant sagte leise: »Nicht *diesen* Raupenbohrer. Bitten Sie ihn darum, den anderen überprüfen und auf uns warten zu lassen, sobald man uns hier herausgezogen hat.«

Drei Stunden später saßen sie in dem zweiten umgebauten und verstärkten Raupenbohrer, der unter einem Transporthubschrauber hing, und erreichten das Gebiet, in dem sich, wie sie hofften, das Gehirn der Schichtkreatur und/oder die Einrichtungen zur Werkzeugherstellung befanden. Der Flug verschaffte ihnen die Möglichkeit, ein paar konstruktive Theorien über ihren Patienten aufzustellen.

Sie waren jetzt überzeugt, daß er sich ursprünglich aus einer beweglichen Pflanzenform entwickelt hatte. Er war schon immer groß und ein Allesfresser gewesen. Und als diese Lebensformen anfingen, voneinander zu leben, nahmen sie an Größe und Komplexität zu und in der Anzahl ab. Es schien keine Art und Weise zu geben, auf die sich die Schichtkreatur selbst vermehren konnte. Sie lebte und wuchs einfach weiter, bis sie von einem größeren Lebewesen ihrer eigenen Spezies getötet wurde. Der Patient war die größte, älteste, widerstandsfähigste und klügste Kreatur ihrer Art. Als alleinige Bewohnerin ihrer Landmasse seit vielen Tausenden von Jahren bestand für sie nicht mehr die Notwendigkeit, sich körperlich zu bewegen, weshalb sie wieder Wurzeln geschlagen hatte.

Dabei hatte es sich aber um keinen Degenerationsprozeß gehandelt. Ohne die Möglichkeit, andere Wesen ihrer eigenen Spezies zu fressen, hatte sie Methoden gefunden, ihr Wachstum zu kontrollieren und den Metabolismus leistungsfähiger zu machen, indem sie Werkzeuge entwickelte, die Arbeiten wie Graben, die Erforschung der Planetenoberfläche und die Verarbeitung notwendiger Minerale für ihr Nervennetz ausführten. Der ursprüngliche Farmerfisch war wahrscheinlich eine Spezies, die wie der biblische Jonas nur im Magen der Schichtkreatur überleben konnte. Im Magen wuchsen später sowohl für die Kreatur, in der er sich befand, als auch für den Farmerfisch selbst Pflanzenzähne, um beide gleichermaßen vor Raubtieren zu schützen, die durch die Mäuler eingesogen wurden. Wie die Leukozyten dort hineingelangt waren, war noch nicht klar, aber die rollenden Dramboner stießen hin und wieder auf Angehörige einer kleineren, weniger hochentwikkelten Art, die wahrscheinlich die wilden Vettern dieser quallenartigen Blutegel waren.

»Doch ein Punkt, den wir nicht vergessen dürfen, wenn wir versuchen, mit der Schichtkreatur zu reden, ist, daß der Patient nicht nur blind, taub und stumm ist, sondern auch nie ein zweites Lebewesen seiner Art hatte, mit dem er reden konnte«, beendete Conway seine Erläuterungen mit ernster Stimme. »Unser Problem besteht nicht darin, einfach nur irgendeine bestimmte und besonders schwierige ET-Sprache zu lernen, sondern wir müssen mit einem Wesen kommunizieren, das nicht einmal die Bedeutung des Wortes ›kommunizieren‹ kennt.«

»Falls du versuchst, meine Moral zu heben«, merkte Murchison trocken an, »muß ich dich leider enttäuschen.«

Conway hatte nach vorn durch die Vorderkanzel gestarrt, hauptsächlich, um nicht auf das auf den Repeaterschirmen dargestellte Gemetzel blicken zu müssen, wo die Angriffe der Werkzeuge auf die Fütterungs- und Transfusionsstellen immer größere Ausmaße annahmen.

Plötzlich sagte er: »Der vermutliche Gehirnbereich ist viel zu umfangreich, um schnell durchsucht zu werden, aber — korrigiert mich bitte, falls ich unrecht hab — ist das hier nicht auch die Gegend, wo die *Descartes* ihre erste Landung gemacht hat? Wenn das der Fall ist, dann hatten die zu ihrer Untersuchung geschickten Werkzeuge eine relativ geringe Entfernung zurückzulegen. Wenn es nun möglich wäre, dem Weg eines Werkzeugs durch das vernarbte Fleisch zu folgen, das es in der Körpersubstanz hinterläßt ...«

»Und ob das möglich ist!« bestätigte Murchison mit aufgeregter Stimme. Harrison gab dem Hubschrauberpiloten neue Anweisungen, ohne dazu aufgefordert werden zu müssen, und ein paar Minuten später waren sie unten, und die Messerklingen drehten und fraßen sich in die nachgiebige fleischähnliche Körpersubstanz des Patienten.

Doch statt des großen zylindrischen, aus der Körpersubstanz herausgeschnittenen Pfropfens fanden sie einen flachen, auf dem Kopf stehenden kegelförmigen Schnitt vor, der sich scharf zu einer engen, beinahe haarfeinen Wunde zuspitzte, die fast genau in Richtung des vermuteten Gehirnbereichs verlief.

»Offensichtlich wäre unser Schiff neulich nur ein kurzes Stück unter die Oberfläche gezogen worden«, folgerte Murchison. »Weit genug, damit die Werkzeuge in der Lage gewesen wären, mit seiner gesamten Oberfläche in Berührung zu kommen, während es von der Körpersubstanz gestützt worden wäre. So konnten die Werkzeuge aber nur einen flüchtigen Kontakt herstellen, indem sie in die Luft gesprungen sind. Aber hast du bemerkt, wie es die Dinger geschafft haben, Verletzungen des Wurzelnetzes zu vermeiden, das ihre gedanklichen Anweisungen überträgt, obwohl sie sich mit Höchstgeschwindigkeit hindurchgeschnitten haben müssen ...?«

»Beim gegenwärtigen Abstiegswinkel sind wir ungefähr zwanzig Minuten von der Planetenoberfläche entfernt«, unterbrach Harrison. »Die Sonaranzeigen deuten auf die Existenz von Höhlen oder tiefen Gruben hin.«

Bevor Conway einem von beiden antworten konnte, flammte Edwards' Bild auf dem Hauptschirm auf. »Doktor, die Dichtungen achtunddreißig bis einundvierzig sind geplatzt. Und auf die Dichtungen achtzehn, sechsundzwanzig und dreiundvierzig drücken wir bereits Aderpressen, aber das ...«

»Gleiche Verfahrensweise!« befahl Conway knapp.

Es ertönte ein dumpfes Dröhnen, dem über die ganze Länge des Raupenbohrers verlaufende metallische Knirschgeräusche folgten. Die Geräusche wiederholten sich mit rasch zunehmender Häufigkeit. Ohne aufzusehen berichtete Harrison: »Werkzeuge, Doktor, Dutzende von Werkzeugen. Durch dieses nachgiebige Zeug können sie keinen großen Schwung aufnehmen und uns damit treffen, und unsere zusätzliche Panzerung sollte damit eigentlich fertig werden. Aber ich mach mir um das Antennengehäuse Sorgen.«

Bevor Conway fragen konnte, warum, wandte sich Murchison von der Sichtluke ab, und sagte: »Ich hab die ursprüngliche Spur verloren — das Gewebe in diesem Gebiet ist durch die von den Werkzeugen geschlagenen Wunden praktisch völlig vernarbt. Der Verkehr muß in dieser Gegend sehr stark sein.«

Die Sekundärschirme zeigten logistische Schaubilder über die Aufstellung von Schiffen, Maschinen zur Erdbewegung und Ausrüstung zur Dekontaminierung und über Bewegungen in die Fütterungs- und Transfusionsgebiete hinein und aus ihnen heraus. Auf dem Hauptschirm war zu sehen, daß sich die *Vespasian* nicht mehr in Position über Tunnel dreiundvierzig befand. Sie verlor Höhe und trudelte in schwerfälliger seitlicher Drehrichtung, während der Pilot offenbar schwer dagegen ankämpfte, sie davon abzuhalten, sich auf den Rücken zu legen.

Bei der nächsten Drehung sah Conway, daß einer ihrer vier Pressorstrahlenprojektoren wie von einem gigantischen Hammer eingeschlagen worden war, und er wußte, ohne daß man es ihm gesagt hatte, das es sich um den Pressorstrahl handelte, der den aufgebrochenen Tunnel dreiundvierzig zugedrückt hatte. Als das Schiff näher auf den Boden zutrudelte, wollte er die Augen schließen, doch dann sah er, wie die Drehung abgefangen und die Oberflächenvegetation von den drei verbliebenen Pressorstrahlen niedergedrückt wurde, die mit maximaler Leistung fächerförmig ausgebreitet waren, um das Schiffsgewicht zu tragen.

Die *Vespasian* machte zwar eine harte, aber keine

Bruchlandung. Ein zweiter Kreuzer ging über Tunnel dreiundvierzig in Position, während Bodentransporter und Hubschrauber auf das notgelandete Schiff zurasten, um ihm zu helfen. Sie trafen gleichzeitig mit einer Gruppe gedankengesteuerter Werkzeuge ein, die allerdings überhaupt nichts unternahmen, um zu helfen.

Plötzlich füllte Dermods Kopf den Bildschirm.

»Doktor Conway«, sagte der Geschwaderkommandant mit kalter Wut in der Stimme, »das ist zwar nicht das erstemal, daß ein Schiff um mich herum zu Schrott verwandelt worden ist, aber ich hab mich nie daran gewöhnt, an solch einem Erlebnis Spaß zu haben. Der Unfall wurde verursacht, weil wir versucht haben, wirklich das gesamte Schiffsgewicht auf einem einzigen stark gebündelten Pressorstrahl zu balancieren, und das Ergebnis war, daß sich die Stützkonstruktion verbogen hat und verdammt nah davor war, das Schiff in ein Wrack zu verwandeln.«

Als er fortfuhr, wurde sein Ton zwar ein wenig freundlicher, aber nur vorübergehend. »Wenn wir auf jeden Tunnel Aderpressen drücken müssen, während die Werkzeuge jede einzelne Dichtung angreifen, dann sieht es ganz so aus, als ob wir folgendes tun müssen: Entweder lasse ich meine Schiffe zu größeren Konstruktionsänderungen zurückziehen, oder ich lasse sie immer für ungefähr eine Stunde im Einsatz und überprüfe sie nach jeder Dienstperiode auf einsetzende Konstruktionsmängel. Aber das würde eine viel größere Anzahl von Schiffen mit unproduktiven Tätigkeiten auslasten. Und je mehr wir den Einschnitt erweitern, desto mehr Tunnel gibt es, auf denen wir hocken müssen, und desto langsamer geht die Arbeit voran. Die Operation wird schnell zu einer logistischen Unmöglichkeit. Und die Opferzahlen und Materialverluste führen dazu, daß diese Operation nicht mehr von einer ausgewachsenen Schlacht zu unterscheiden ist. Wenn ich glauben würde, Doktor, daß das einzige Ergebnis die Befriedigung Ihrer Neugier und die der Leute vom Kulturkontakt wäre, dann würde ich sofort einen unbefristeten Stopp verhängen. Ich denke wie ein Polizist und nicht wie ein Soldat — der Föderation ist das auch lieber so. Ich will hier keine sinnlosen Ruhmestaten vollbringen ...«

Der Raupenbohrer ruckelte, und einen Augenblick lang hatte Conway ein in dieser Umgebung eigentlich für unmöglich gehaltenes Gefühl — nämlich das des freien Falls. Dann krachte es gewaltig, als das Fahrzeug auf steinigem Boden aufschlug. Es landete auf der Seite, überschlug sich zweimal und bewegte sich wieder vorwärts, schleuderte und schlingerte und blieb schließlich auf einer Seite liegen. Der Lärm der Werkzeuge, die gegen den Rumpf schlugen, war ohrenbetäubend.

Auf der Stirn des Geschwaderkommandanten erschienen zwei senkrechte Falten. Er fragte: »Haben Sie irgendwelche Probleme, Doktor?«

Wegen des ständigen Knallens der Werkzeuge war es schwer zu denken. Conway nickte und antwortete: »Ich hatte nicht mit Angriffen auf die Dichtungen gerechnet, aber jetzt ist mir klar, daß der Patient nur versucht, sich dort zu verteidigen, wo er glaubt, den schwersten Attacken ausgesetzt zu sein. Mir ist jetzt auch klar, daß sein Tastsinn nicht nur auf die Körperoberfläche beschränkt ist. Sehen Sie, er ist zwar blind, taub und stumm, scheint aber in der Lage zu sein, in drei Dimensionen zu tasten. Die Augenpflanzen und die Wurzelnetze unter der Oberfläche ermöglichen ihm zu spüren, wo örtlich begrenzter Druck ausgeübt wird, wenn auch nur vage und ohne Details. Um die feinen Einzelheiten zu ertasten, schickt er Werkzeuge, die äußerst empfindlich sind — und zwar empfindlich genug, um in der Gestalt eines Gleiters die Luftströmung auf den Flügeln zu spüren und die Form nach Belieben selbst zu reproduzieren. Unser Patient lernt sehr schnell. Und dieser

Gleiter, als den ich mir damals das Werkzeug vorgestellt hab, hat eine Menge Leben gekostet. Ich wollte ...«

»Doktor Conway«, unterbrach ihn der Geschwaderkommandant barsch. »Entweder versuchen Sie jetzt, Ausflüchte zu machen, oder mir einen sehr elementaren Vortrag über Dinge zu halten, die mir längst bekannt sind. Ich hab für keins von beidem Zeit. Wir stehen vor einer operativen und taktischen Notlage. Ich brauche Anweisungen.«

Conway schüttelte heftig den Kopf. Er hatte das Gefühl, gerade etwas Wichtiges gesagt oder gedacht zu haben, aber er wußte nicht, was es war. Er mußte bei seinem gegenwärtigen Gedankengang bleiben, wenn er ihn wieder ans Tageslicht ziehen wollte.

Er fuhr fort: »Der Patient sieht und spürt alles durch das Tastgefühl. Bisher sind die Werkzeuge der einzige gemeinsame Verbindungspunkt. Sie sind durch Gedanken gesteuerte Ausdehnungen des Tastsinnes, die sich über den gesamten Körper des Patienten und ein kurzes Stück darüber erstrecken. Unsere eigene geistige Strahlung und Steuerung ist enger konzentriert und besitzt eine stark begrenzte Reichweite. Die Situation ist wie die von zwei Fechtern gewesen, die versucht haben, sich nur mit den Spitzen ihrer Florette zu verständigen ...«

Conway brach unvermittelt ab, weil er zu einem leeren Bildschirm sprach — bei allen drei Repeaterschirmen brannten zwar noch die Kontrollampen, sie hatten aber weder Bild noch Ton.

Harrison brüllte: »Das hatte ich befürchtet, Doktor. Wir haben zwar die Panzerung des Rumpfs verstärkt, konnten das Antennengehäuse jedoch lediglich mit einer Radarkuppel aus Kunststoff abdecken, um den Sprechverkehr in beide Richtungen aufrechtzuerhalten. Die Werkzeuge haben unseren wunden Punkt gefunden. Jetzt sind wir ebenfalls taub, stumm und blind.

Und uns fehlt ein Bein, weil die Backbordraupenkette nicht funktioniert.«

Der Raupenbohrer war auf einem flachen Felsvorsprung in einer riesigen Höhle liegengeblieben, die steil in die Planetenoberfläche hinein verlief. Über und hinter ihnen hing eine große Masse von der Körpersubstanz der Kreatur, aus der Tausende von Wurzelfasern herauskamen, die zusammenliefen und sich vereinigten, bis sie zu dicken silbrigen Strängen wurden, die sich reglos über den Boden, die Wände und die Decke der Höhle schlängelten, bevor sie in den Tiefen des Planeten verschwanden. Jeder Strang besaß mindestens eine Knospe, die wie ein Blatt aus zerknittertem Stanniolpapier aus ihm hervorsproß. Die besser entwickelten Knospen zuckten und versuchten, die Form der Werkzeuge anzunehmen, die den Raupenbohrer angriffen.

»Das ist einer der Orte, an dem die Kreatur die Werkzeuge herstellt«, sagte Murchison, wobei sie einen Scheinwerfer als Zeiger benutzte. »Oder sollte ich lieber sagen, wachsen läßt? Ich kann immer noch nicht entscheiden, ob das hier hauptsächlich eine tierische oder eine pflanzliche Lebensform ist. In dieser Gegend scheint das Zentrum des Nervensystems zu liegen, deshalb ist es ziemlich sicher auch ein Teil des Gehirns. Und es ist empfindlich; seht ihr, wie vorsichtig die Werkzeuge beim Angriff auf uns diesen silbernen Strängen aus dem Weg gehen?«

»Dann machen wir es denen nach«, entgegnete Conway und sagte dann an Harrison gewandt: »Das heißt, wenn Sie den Raupenbohrer mit einer Kette dort zu der überhängenden Wand mit den Strängen, die darauf verlaufen, fahren können, ohne die beiden Stränge auf dem Boden zu zerquetschen.«

Eine Beschädigung in dieser empfindlichen Gegend konnte für ihren Patienten sehr ernsthafte Folgen haben.

Der Lieutenant nickte und begann, den Raupenbohrer über den Vorsprung vor und zurück zu schaukeln, bis er dicht an der bezeichneten Wand stand. Durch die empfindlichen Stränge von oben, den Höhlenboden von unten und die Felswand von Steuerbord geschützt, beschränkte sich die Attacke der Werkzeuge auf die ungeschützte Backbordseite. Sie konnten sich zwar ein weiteres Mal laut überlegen hören, aber Harrison wies mit entschiedenem, jedoch bedauerndem Ton darauf hin, daß sie mit nur einer Kette den Abhang nicht hinaufklettern und sich auch nicht nach draußen graben konnten, daß sie nicht in der Lage waren, um Hilfe zu bitten, und nur noch Luft für vierzehn Stunden hatten, und das auch nur dann, wenn sie später ihre Anzüge verschließen und die Luft aus den Sauerstoffbehältern mit verbrauchen würden.

»Machen wir das doch gleich«, schlug Conway energisch vor, »und dann steigen wir aus. Stellt euch an jedem Ende des Raupenbohrers unter den Strängen und mit dem Rücken zur Höhlenwand auf. Auf diese Weise müßt ihr nur Angriffe von vorn durch Gedanken abwehren — denn jedes Werkzeug, das sich durch den Fels hinter euch zu schneiden versucht, erzeugt viel zuviel Lärm, um euch überraschen zu können. Ich möchte auch, daß ihr euch weit genug von meinem Standort mittschiffs entfernt, damit sich eure geistige Strahlung nicht auf die Werkzeuge auswirkt, die ich zu steuern versuche ...«

»Ich kenne diesen selbstgefälligen und selbstzufriedenen Blick nur zu gut«, erzählte Murchison dem Lieutenant, als sie ihren Helm versiegelte. »Unser Doktor hat einen plötzlichen Geistesblitz gehabt. Ich glaube, er hat vor, mit dem Patienten zu *reden.*«

»Und in welcher Sprache?« fragte Harrison trocken.

»Ich nehme an, man könnte es eine dreidimensionale Blindenschrift nennen«, entgegnete Conway und lächelte siegesgewiß, um das Selbstvertrauen auszustrahlen, von dem er selbst allerdings überhaupt nichts verspürte.

Rasch erklärte er, was er hoffte, tun zu können, und ein paar Minuten später befanden sie sich außerhalb des Raupenbohrers an ihren Plätzen. Conway saß mit dem Rücken zum Gehäuse der Backbordkette etwas mehr als einen Meter von einer mit Wasser gefüllten Vertiefung im Höhlenboden entfernt. In der Mitte der Mulde befand sich ein Loch von unbekannter Tiefe, durch das sich ein Strang oder eine ähnliche Erz aufnehmende Pflanze in den Stein hineingefressen hatte. Auf seiner einen Seite hatte sich eine Gruppe von sieben oder acht Werkzeugen zu einem Metallband zusammengeschlossen, daß sich um den Fahrzeugrumpf gespannt hatte, um ihn zusammenzudrücken, und ein Teil des Panzers begann auch schon, an den Schweißnähten aufzuplatzen. Conway stellte sich einen Riß in dem Metallband vor, und dann rollte er es wie einen großen Klumpen aus lebendem silbrigen Teig in die Vertiefung. Schließlich machte er sich an die Arbeit.

Er unternahm keinen Versuch, sich selbst gegen angreifende Werkzeuge zu schützen. Er hatte vor, sich so stark auf eine ganz bestimmte Form zu konzentrieren, daß alles, was in die Reichweite seiner geistigen Strahlung kam, seine gefährlichen Spitzen und Kanten verlieren würde.

Die äußere Erscheinung der Kreatur durch Gedanken zu formen war einfach. Innerhalb weniger Minuten lag in der Mitte des Tümpels ein großer, silberner Pfannkuchen — eine Nachbildung des Patienten in kleinem Maßstab. Aber sich die Mäuler, Mägen und ihre Verbindungstunnel in drei Dimensionen vorzustellen, war schon nicht mehr so einfach. Noch schwieriger war die Phase, als Conway sich vorstellte, wie sich die kleinen Mägen weiteten und zusammenzogen und das sandige, mit Algen durchsetzte Wasser in sein maßstabsgetreues Modell sogen und wieder ausstießen.

Es war ein primitives, grob vereinfachtes Modell. Das Beste, was er einmal hinbekam, waren acht Mäuler und damit verbundene Mägen, und er fürchtete sehr stark, daß sein Modell mit dem Patienten die gleiche Ähnlichkeit aufwies wie eine Puppe mit einem lebenden Baby. Aber dann ließ er sein Modell auch die kriechenden Bewegungen nachahmen, die er bei kleineren und jüngeren Schichtkreaturen beobachtet hatte, wobei er jedoch die Stellen um die Mulde in der Mitte herum reglos hielt, und hoffte, mit den Pumpbewegungen der Mägen den Eindruck eines lebendigen Organismus zu erwecken. Der Schweiß rann ihm von der Stirn und in die Augen, aber bis jetzt machte es nichts aus, daß er nicht richtig sehen konnte, da die Teile, die er formte, sowieso nicht zu sehen waren. Dann stellte er sich bestimmte Stellen als massiv, bewegungslos und tot vor. Er dehnte diese toten, bewegungs- und detaillosen Stellen aus, bis allmählich das ganze Modell ein massiver, lebloser Klumpen war.

Er blinzelte sich den Schweiß aus den Augen und fing noch einmal ganz von vorn an und schließlich noch einmal. Und plötzlich standen die anderen beiden neben ihm.

»Sie greifen uns nicht mehr an«, berichtete Harrison leise. »Und bevor die ihre Meinung ändern, werde ich schnell versuchen, die beschädigte Kette in Ordnung zu bringen. Wenigstens herrscht hier ja kein Mangel an Werkzeugen.«

Murchison fragte: »Kann ich helfen, außer an nichts zu denken, damit ich dein Modell nicht entstelle?«

Ohne aufzublicken antwortete Conway: »Ja, bitte. Ich werde es nochmal die gleiche Abfolge durchlaufen lassen, doch an dem Punkt anhalten, bis zu dem sich die toten Stellen gegenwärtig erstrecken. Wenn ich das tue, möchte ich, daß du dir die Positionen unserer Einschnitte vorstellst und sie verlängerst und verbreiterst, während ich die aufgebrochenen Rachentunnel versiegle und mir die Fütterungs- und Transfusionsschächte vorstelle. Du mußt die herausgeschnittene Substanz ein kurzes Stück wegziehen und sie dir massiv — das heißt tot — vorstellen, und ich versuche gleichzeitig, die Vorstellung zu vermitteln, daß der Rest gesund und munter ist und das wahrscheinlich auch bleiben wird.«

Murchison begriff sehr schnell, aber Conway hatte keine Möglichkeit festzustellen, ob ihr Patient die Botschaft verstanden hatte oder überhaupt verstehen konnte. Hinter ihnen arbeitete Harrison an der beschädigten Laufkette, während vor ihnen das Modell des Patienten und die Wirkungen ihrer momentanen Operation immer deutlicher wurden — bis hin zu den gewellten Miniaturdichtungen und dem, was mit der Kreatur geschah, wenn eine von ihnen aufbrach. Doch immer noch kam vom Patienten kein Hinweis darauf, daß er verstanden hatte, was sie ihm mitzuteilen versuchten.

Plötzlich stand Conway auf und kletterte den ansteigenden Boden hoch. »Tut mir leid«, sagte er, »aber ich muß mal eine Minute aus der Reichweite heraus, um geistig wieder zu Atem zu kommen.«

»Ich auch«, verkündete Murchison ein paar Minuten später. »Ich komme zu dir ... sieh mal!«

Conway hatte in die Dunkelheit des Höhlendachs gestarrt, um sowohl seinen Gedanken als auch den Augen eine Ruhepause zu gönnen. Er blickte schnell nach unten, weil er dachte, sie würden wieder angegriffen, und sah, wie Murchison auf das Modell zeigte, das *sich formende* Modell.

Obwohl es sich außerhalb der Reichweite ihrer beider Gedanken befand, war es nicht in sich zusammengefallen und hatte keine Details verloren. Irgend jemand hielt die Form genau so aufrecht, wie sie es getan hatten. Auf einmal vergaß Conway seine körperliche und geistige Erschöpfung.

Aufgeregt sagte er: »Das muß seine Art sein, uns zu

sagen, daß er uns versteht. Aber wir müssen die Verständigung ausweiten, ihm mehr über uns erzählen. Sammelt noch ein paar Werkzeuge zusammen und stellt euch ein Modell von der kompletten Höhle mit den Nervensträngen vor; ich werde den Raupenbohrer maßstabsgerecht mit sich bewegenden Modellen von uns dreien formen. Sie werden natürlich etwas primitiv ausfallen, aber am Anfang brauchen wir nur die Vorstellung von unserer geringen Größe und der Verwundbarkeit gegen die Angriffe der Werkzeuge zu vermitteln. Dann entfernen wir uns ein Stückchen und formen ein Modell eines aktiven Raupenbohrers, danach von Planierraupen, Hubschraubern und Aufklärungsschiffen auf der Oberfläche — natürlich nichts so Großes und Kompliziertes wie die *Descartes,* wenigstens am Anfang nicht. Wir müssen alles sehr einfach halten.«

In kürzester Zeit war der Felsvorsprung um den Raupenbohrer herum mit Modellen bedeckt, deren Formen von dem Patienten aufrechterhalten wurden, sobald sie fertig waren. Und immer mehr Werkzeuge rollten schwerfällig, jedoch sehr behutsam auf sie zu, begierig darauf, ebenfalls geformt zu werden. Aber ihre Visiere waren vom Schweiß fast undurchsichtig geworden, und ihnen ging in den Anzügen allmählich die Luft aus. Murchison behauptete, sie habe nur noch Zeit, ein weiteres Modell zu formen, ein großes, das über zwanzig Werkzeuge benötigte, als Harrison hinter dem Raupenbohrer hervorkam.

»Ich muß nach drinnen«, sagte der Lieutenant. »Im Gegensatz zu gewissen anderen Leuten hab ich hart gearbeitet und meinen Sauerstoffvorrat aufgebraucht ...«

»Gib ihm von mir einen Tritt! Du bist näher dran.«

»... aber der Raupenbohrer wird mit ungefähr einem Viertel der normalen Geschwindigkeit fahren können«, fuhr Harrison ungerührt fort. »Und wenn er das nicht tut, dann sind wir vielleicht immer noch in der Lage, um Hilfe zu bitten. Ich hab ein Werkzeug benutzt, um eine neue Antenne zu formen — mir sind nämlich die genauen Abmessungen bekannt —, so daß wir eventuell zusätzlich zum Sprechverkehr in beide Richtungen sogar noch Bilder...«

Er brach abrupt ab und starrte auf das, was Murchison mit den Werkzeugen gerade tat.

Ein wenig verärgert erklärte sie: »Als Pathologin der Gruppe ist es meine Aufgabe, den Patienten wissen zu lassen, wie wir aussehen oder, richtiger, wie wir uns anfühlen. Dieses Modell besitzt ein stark vereinfachtes Atmungs-, Verdauungs- und Kreislaufsystem und, wie Sie sehen können, Gelenkverbindungen an allen Hauptgelenken. Natürlich ist dieser Vertreter der Menschheit in Wirklichkeit weiblich, da ich über mich selbst ein wenig mehr weiß als über jeden anderen. Genauso wichtig ist, daß ich den Patienten nicht unnötigerweise verwirren möchte, indem ich Kleidung hinzufüge.«

Harrison hatte nicht mehr genügend Sauerstoff übrig, um eine Antwort geben zu können. Sie folgten ihm in den Raupenbohrer, und während Conway Kontakt mit der Oberfläche herstellte, hob Murchison instinktiv die Hand als Abschiedsgruß an die Höhle und die über den Vorsprung verstreuten Gestalten der Werkzeugmodelle. Sie mußte sehr intensiv an den Abschied gedacht haben, denn ihr letztes Modell hob ebenfalls die Hand und hielt sie oben, während der Raupenbohrer langsam aus der Reichweite der Gedanken herauskroch.

Plötzlich liefen alle drei Repeaterschirme wieder und Dermod, dessen Gesicht Besorgnis, Erleichterung und Aufregung, zuerst der Reihe nach und dann gleichzeitig widerspiegelte, starrte Conway an. Dann sagte er: »Doktor, ich hab geglaubt, wir hätten Sie verloren — Sie waren seit vier Stunden verschwunden. Aber ich kann Fortschritte melden. Mit dem Einschnitt kommen wir voran, und vor einer halben Stunde haben alle Werkzeugattacken aufgehört. Von den Tunneldichtungen werden auch keine Probleme mehr mit Werkzeugen gemeldet, auch nicht von den Dekontaminierungsteams oder irgendwo aus den Transfusionsschächten. Ist das nur ein vorübergehender Zustand, Doktor?«

Conway ließ seinen Atem in einen langen, lauten Seufzer der Erleichterung übergehen — ihr Patient war ein sehr aufgeweckter Bursche, ungeachtet seiner langsamen Körperreaktion. Er schüttelte den Kopf und antwortete: »Die Werkzeuge werden Ihnen keine Schwierigkeiten mehr bereiten. Sie werden sogar feststellen, daß Sie Ihnen helfen, die Ausrüstung zu warten, und in schwierigen Bereichen des Einschnitts von Nutzen sind, wenn wir dem Patienten erst einmal unsere Bedürfnisse klargemacht haben. Sie können es auch vergessen, diesen Isolierungsgraben anzulegen — unser Patient besitzt noch genügend Beweglichkeit, um sich selbst von der jüngst herausgeschnittenen Substanz zurückzuziehen. Das bedeutet, die Schiffe, die sonst mit dem Anlegen dieses Grabens ausgelastet gewesen wären, sind jetzt frei, um den Einschnitt schneller zu verlängern, wodurch die Operation in einem Bruchteil der ursprünglich veranschlagten Zeit abgeschlossen sein wird.

Sie sehen, Sir, wir haben jetzt die aktive Mitarbeit unseres Patienten«, schloß Conway.

Der chirurgische Großeingriff wurde in etwas weniger als vier Monaten abgeschlossen, und man beorderte Conway wieder ins Orbit Hospital zurück. Die postoperative Behandlung würde eine ganze Reihe von Jahren erfordern und zusammen mit der Erforschung des Planeten und der genaueren Untersuchung seiner Lebensformen und Kulturen voranschreiten. Vor dem Abflug hatte Conway einmal den Wert und den Nutzen dessen, was sie getan hatten, hinterfragt, da er sich von dem Gedanken an die vielen Todesopfer einfach nicht hatte losreißen können. Ein etwas neunmalkluger Kontaktspezialist hatte es ihm sehr einfach verständlich zu machen versucht, indem er behauptet hatte, daß alle Unterschiede zwischen verschiedenen Spezies, egal, ob es sich um kulturelle, physiologische oder technologische handelte, ungeheuer wertvoll seien. Von der Schichtkreatur und den rollenden Drambonern würde man eine Menge lernen, während man sie gleichzeitig unterrichtete. Conway sah das ein, wenn auch nur mit einigen Schwierigkeiten. Er konnte sich auch damit abfinden, daß seine Arbeit als Chirurg auf Drambo getan war. Viel schwerer war es dagegen hinzunehmen, daß das Pathologenteam, besonders ein Mitglied davon, noch eine Menge Arbeit auf dem Planeten zu erledigen hatte.

O'Mara freute sich zwar nicht offen über Conways Kummer, zeigte andererseits aber auch kein Mitleid.

»Hören Sie auf, so laut vor sich hin zu leiden, Conway«, forderte ihn der Chefpsychologe nach seiner Rückkehr auf, »und sublimieren Sie sich — vorzugsweise in ungelöschtem Kalk. Und wenn das nicht klappt, dann gibt es immer noch genügend Arbeit. Übrigens ist gerade ein seltsamer Fall eingeliefert worden, den Sie sich bestimmt mal gerne ansehen würden. Das war natürlich höflich ausgedrückt. Es *ist* Ihr Fall, und zwar ab sofort. Sehen Sie her!«

Der große Bildschirm hinter O'Maras Schreibtisch ging an, und der Chefpsychologe fuhr fort: »Dieses Wesen wurde in einer der bislang unerforschten Regionen des Galaxis gefunden und ist das Opfer eines Unfalls, der sein Schiff und den Patienten selbst praktisch in zwei Hälften getrennt hat. Luftdichte Schotts haben den unbeschädigten Teil abgeriegelt, und Ihr Patient war in der Lage, seinen Körper, oder einen Teil seines Körpers, wegzuziehen, bevor sie sich geschlossen haben. Es war ein großes Schiff, gefüllt mit einer Art

Nährboden, und das Opfer ist noch am Leben — oder sollte ich vielleicht besser sagen, halb am Leben? Wissen Sie, wir haben keine Ahnung, welche Hälfte wir von ihm gerettet haben. Also?«

Conway starrte auf den Bildschirm und dachte sich bereits Methoden aus, einen Teil des Patienten zur Untersuchung und Behandlung ruhigzustellen, synthetisch Vorräte des Nährbodens zu erzeugen, der inzwischen praktisch ausgelaugt sein mußte, und sich mit den Bedienungselementen des Wracks zu befassen, um sich so Informationen über die Sinnesorgane des Patienten zu verschaffen. Wenn der Unfall, der das Schiff zerstört hatte, infolge einer Explosion der Generatoren geschehen war, was nahezuliegen schien, dann konnte der Teil, der überlebt hatte, sehr gut die vordere Hälfte sein, die das Gehirn enthielt.

Sein neuer Patient war nicht gerade die Midgardschlange, aber viel kürzer war er auch nicht. Sich schlängelnd und windend füllte er praktisch das ganze gewaltige Hangardeck aus, das man räumen mußte, um ihn überhaupt unterbringen zu können.

»Also, was ist?« fragte O'Mara nochmals.

Conway stand auf. Bevor er sich zum Gehen wandte, lächelte er und sagte: »Ganz schön klein, wie?«

HEYNE BÜCHER

DER WÜSTENPLANET

von
Frank Herbert

»Der beste Science-Fiction-Roman aller Zeiten«
(Publisher's Weekly)

Der ganze Roman-Zyklus in 6 Bänden, in Kassette

06/3108

06/3266

06/3615

06/3916

06/4141

06/4234